Versteckte Botschaften

Wolfgang Kleinwächter
Macht und Geld im Cyberspace
Wie der Weltgipfel zur Informationsgesellschaft die Weichen für die Zukunft stellt
2004, 192 Seiten, 16 €

Craig Morris
Zukunftsenergien
Die Wende zum nachhaltigen Energiesystem
2005, 180 Seiten, 16 €

Peter Krieg
Die paranoide Maschine
Computer zwischen Wahn und Sinn
2005, 219 Seiten, 16 €

Brigitte Zarzer
Einfach GEN:ial
Die grüne Gentechnik: Chancen, Risiken und Profite
2006, 190 Seiten, 16 €

Erik Möller
Die heimliche Medienrevolution
Wie Weblogs, Wikis und freie Software die Welt verändern
2., erweiterte und aktualisierte Auflage
2006, 247 Seiten, 19 €

Alfred Krüger
Angriffe aus dem Netz
Die neue Szene des digitalen Verbrechens
2006, 220 Seiten, 19 €

Olga Drossou, Stefan Krempl, Andreas Poltermann (Hrsg.)
Die wunderbare Wissensvermehrung
Wie Open Innovation unsere Welt revolutioniert
2006, 192 Seiten, 18 €

Vanessa Diemand, Michael Mangold, Peter Weibel (Hrsg.)
Weblogs, Podcasting und Videojournalismus
Neue Medien zwischen demokratischen und ökonomischen Potenzialen
2007, 234 Seiten, 18 €

Peter Bürger
Bildermaschine für den Krieg
Das Kino und die Militarisierung der Weltgesellschaft
2007, 224 Seiten, 18 €

Stefan Iglhaut, Herbert Kapfer, Florian Rötzer (Hrsg.)
what if ?
Zukunftsbilder der Informationsgesellschaft
2007, 238 Seiten, 18 €

Andreas Lober
Virtuelle Welten werden real
Second Life, World of Warcraft & Co: Faszination, Gefahren, Business
2007, 174 Seiten, 16 €

Stephan Schleim
Gedankenlesen
Pionierarbeit der Hirnforschung
2008, 184 Seiten, 18 €

Rainer Sommer
Die Subprime-Krise und ihre Folgen
Von faulen US-Krediten bis zur Kernschmelze des internationalen Finanzsystems
2009, 232 Seiten, 19 €

Stefan Weber
Das Google-Copy-Paste-Syndrom
Wie Netzplagiate Ausbildung und Wissen gefährden
2., aktualisierte Auflage
2009, 196 Seiten, 16 €

Klaus Schmeh ist Informatiker mit Schwerpunkt Verschlüsselungstechnik und Codes sowie erfolgreicher Sachbuchautor. Er hat bis heute 15 Bücher und etwa 130 Artikel veröffentlicht. Klaus Schmehs Stärke ist es, komplexe Themen anschaulich zu erklären.

Klaus Schmeh

Versteckte Botschaften

Die faszinierende Geschichte der Steganografie

Heise

Klaus Schmeh
klaus.schmeh@dpunkt.de

Reihenherausgeber: Florian Rötzer, München, fr@heise.de

Copy-Editing: Annette Schwarz, Ditzingen
Lektorat: Susanne Rudi, Heidelberg
Herstellung: Nadine Berthel
Umschlaggestaltung: Hannes Fuß, www.exclam.de
Druck und Bindung: Koninklijke Wöhrmann B.V., Zutphen, Niederlande

Bibliografische Information Der Deutschen Bibliothek
Die Deutsche Bibliothek verzeichnet diese Publikation in der Deutschen Nationalbibliografie; detaillierte bibliografische Daten sind im Internet über http://dnb.ddb.de abrufbar.

ISBN 978-3-936931-54-9

1. Auflage 2009

Inhaltsverzeichnis

Teil 2:
Klassische Steganografie 105

Geleitwort von Norbert Ryska

Norbert Ryska ist Geschäftsführer des Heinz Nixdorf MuseumsForum in Paderborn, dem größten Computermuseum der Welt.

Seit Anbeginn ihrer Geschichte entwickeln die Menschen Techniken zur Tarnung wie zur Ausspähung von geheimen Informationen. Dahinter stecken militärische, politische, wirtschaftliche, religiöse oder einfach private Motive. Eine besondere Form der Geheimhaltung ist die Steganografie. Sie wird als die Kunst oder Wissenschaft der verborgenen Speicherung oder Übermittlung von Informationen bezeichnet. Im Unterschied zur Kryptografie, die Informationen unverständlich macht, beruht ihr Prinzip und damit ihre Sicherheit darauf, Informationen unsichtbar zu machen.

So alt und weit verbreitet die Steganografie auch war und ist, so unbekannt sind ihre Methoden und technischen Hilfsmittel in der Öffentlichkeit. Diesem Defizit macht dieses Buch von Klaus Schmeh, das sich in bisher unbekannter Breite und Tiefe mit dem Thema auseinandersetzt, ein Ende. Wie Schmeh an zahlreichen Beispielen belegt, ist die Steganografie in ihren verschiedenen Ausprägungen gleichermaßen ein Kind der Phantasie wie Ergebnis langwieriger Labortätigkeit. Was zunächst wie eine einfache Aufgabe klingen mag, kann im konkreten Fall sehr komplizierte Verfahren erfordern. Die Menschen haben im Laufe der Geschichte ungeheuer phantasievolle und wirksame Techniken des Verbergens von Informationen aller Art entwickelt. Die geheime Übertragung von Informationen von Ort zu Ort beziehungsweise von Person zu Person bezieht unterschiedlichste Transportmittel und Medien ein. Jetzt wird sogar an »Tarnkappen« gearbeitet, die Objekte richtiggehend unsichtbar machen, indem durch den Gebrauch so genannter Metamaterialien das Licht in allen drei Raumdimensionen um Objekte herumgelenkt wird.

Das Thema hat inzwischen auch in der Ausstellungsszene Konjunktur. Nach seiner stark besuchten Sonderausstellung »Mata Hari, James Bond und Co.« im Jahre 2005 hat das Heinz Nixdorf MuseumsForum in Paderborn aufgrund der großen Resonanz bereits zwei Jahre später eine Foyerausstellung folgen lassen, die sich diesmal auf das Gebiet der Steganografie konzentrierte, also technische Geräte und Instrumente zur Geheimhaltung, Tarnung und Täuschung zeigte. Ein eigener Ausstellungsbereich widmete sich dabei dem bisher weitgehend unbekannten Gebiet der Tarnschriften. In diesem Genre werden brisante politische oder ideologische Texte in unverfänglicher Literatur wie Kochbüchern, Kalendern oder Erste-Hilfe-Ratgebern versteckt.

Diese in einer Nussschale verborgene Verschlüsselungstabelle befand sich im Besitz eines Westspions in der DDR. Das Foto entstand während der Foyerausstellung »Krypto & Stegano« im Heinz Nixdorf MuseumsForum.

Ähnliche Ausstellungen in Kerkrade (Niederlande) und Nürnberg zogen viele Besucher an. »Camouflage« (Tarnung) hieß eine thematisch benachbarte interdisziplinäre Ausstellung, die im Jahre 2007 mit großem Erfolg im Imperial War Museum in London gezeigt wurde und einen globalen Kult der Tarnung in der Mode und im Design entdeckte. Und das »International Spy Museum« in Washington ist seit 2002 die weltweite Anlaufstelle für steganografische Objekte erster Güte.

Die Steganografie ist aber nicht nur ein ergiebiges Ausstellungsthema, sondern wäre meines Erachtens auch ein gutes schulisches Querschnittsthema für den Projektunterricht. Das Spektrum der Fächer wäre breit: Geschichte, Mathematik, Physik, Chemie, Technik und Gesellschaftskunde haben Anteile an diesem Thema, – wobei es sicher auch um die Frage gehen muss, wie viel geheime Kommunikation und geheime Kanäle eine Demokratie verträgt.

Es wäre erfreulich, wenn das Buch von Klaus Schmeh die Beschäftigung mit der Steganografie auch in Forschung und Lehre weiter anregen würde. Die Materialfülle und Themenbreite in Schmehs Buch verlangt geradezu nach Diskussion und der Entwicklung einer Systematik, wie sie die Schwesterwissenschaft, die Kryptografie, schon lange besitzt.

Paderborn, am 14. August 2008

Norbert Ryska

Einführung

Till Eulenspiegel, der mittelalterliche Schalk und Possenreißer, steht im Mittelpunkt eines literaturwissenschaftlichen Rätsels. Die älteste Quelle, die den berühmten Witzbold erwähnt, ist ein Buch aus dem 16. Jahrhundert, das anonym veröffentlicht wurde. Seit etwa 200 Jahren fragen sich Historiker, wer diese Sammlung von Schwänken verfasst hat. Immerhin gibt es einen Verdächtigen. Auf diesen stößt man, wenn man in einer frühen Fassung des Eulenspiegelbuchs die Anfangsbuchstaben der Kapitel aneinanderreiht. Auf diese Weise entsteht der Vorname »Erman« (das ist eine damals übliche Form von »Hermann«), gefolgt vom Buchstaben B. Dies deutet darauf hin, dass der Braunschweiger Schriftsteller Hermann Bote den Text verfasst und seinen Namen darin versteckt hat. Leider gibt es ansonsten so gut wie keine Anhaltspunkte, die Licht in das Eulenspiegelrätsel bringen könnten.

Steganografie

Der verborgene Autorenname in Till Eulenspiegels Streichen ist ein Beispiel für eine Technik, die man »Steganografie« nennt. Steganografie bezeichnet das versteckte Übertragen von Informationen, sei es durch Geheimtinte, Mikropunkte, unauffällig markierte Buchstaben in einem Text, das Verbergen eines Mikrofilms im Schuhabsatz oder eben das Kodieren einer Nachricht mit Hilfe von Anfangsbuchstaben. Eine gleichbedeutende Bezeichnung ist »Datenschmuggel«. Nicht zu verwechseln ist die Steganografie mit ihrer bekannteren Schwester, der Kryptografie (Verschlüsselungstechnik). Die Kryptografie hat den Zweck, Daten durch Verschlüsselung unlesbar zu machen. Im Gegensatz zur Steganografie verfolgt sie nicht das Ziel, die Existenz der Daten zu verbergen.

Dieses Buch beschäftigt sich mit der faszinierenden Geschichte der Steganografie. Es soll eine Lücke schließen. Während über die Geschichte der Kryptografie bereits mehrere Bücher erschienen sind, ist die Steganografie diesbezüglich bisher leer ausgegangen. Das Buch, das Sie gerade in den Händen halten, ist das erste, das sich ausschließlich der Geschichte dieses interessanten

Themas widmet (auf eine Ausnahme werde ich weiter unten noch eingehen). Warum die Steganografie häufig im Schatten der Kryptografie steht, ist einfach zu erklären. Letztere spielt – zumindest auf den ersten Blick – eine wichtigere Rolle als die Steganografie. Dies ist auch der Grund dafür, dass ich selbst zunächst ein Buch über die Geschichte der Kryptografie geschrieben habe (es hat den Titel »Codeknacker gegen Codemacher«[1]), bevor ich mich an das vorliegende Werk machte.

Bei genauerem Hinsehen steht die Steganografie jedoch völlig zu Unrecht im Schatten ihrer Schwester. So war das Verstecken von Informationen in der Geschichte lange Zeit wichtiger als das Verschlüsseln. Dies belegt eine Zusammenstellung des griechischen Militärexperten Aeneas der Taktiker (Aeneas Tacticus), der in diesem Buch noch eine Rolle spielen wird, aus dem vierten vorchristlichen Jahrhundert. Aeneas nennt in seiner Aufzählung etwa 15 steganografische Techniken, jedoch nur eine kryptografische. Auch sonst findet sich in der altgriechischen Literatur nur wenig Kryptografisches, dafür umso mehr Steganografie. Manche Schriftkulturen (beispielsweise die chinesische) entwickelten erst gar keine Verschlüsselungstechnik, sondern verließen sich ausschließlich auf das Verstecken von Daten.

In unserem Kulturkreis dauerte es bis zum Ende des Mittelalters, bis die Kryptografie der Steganografie an Bedeutung das Wasser reichen konnte. Allerdings erwiesen sich über Jahrhunderte hinweg alle bekannten Verschlüsselungsverfahren als knackbar, wodurch das Verstecken von Daten oft genug die bessere Entscheidung war. Erst nach dem Ersten Weltkrieg entstanden erste sichere Verschlüsselungsmethoden, die in vielen Fällen das Verbergen von Daten unnötig machen.

Davon abgesehen wird ein weiterer Gesichtspunkt häufig übersehen: Während die Verschlüsselung in Form von Maschinen und Computerprogrammen gezielt eingesetzt wird, nutzen viele die Steganografie eher beiläufig und im Kleinen. Ein versteckter Hinweis beim Kartenspielen, ein auf die Hand geschriebener Text während der Klassenarbeit oder ein unauffälliges Codewort am Telefon sind Beispiele für den Datenschmuggel – auch wenn dies kaum jemandem bewusst ist. Auch Arbeitszeugnisse oder die Ankündigungen eines Zentralbankpräsidenten haben oft eine verborgene Bedeutung und gehören daher zur Steganografie.

Trotz der genannten Beispiele spielt auch der bewusste Einsatz von Steganografie eine wichtige Rolle. Bereits seit Jahrhunderten nutzen Geheimdienste ausgeklügelte Methoden, um Nachrichten durch feindliche Linien zu schmuggeln. In jüngerer Zeit haben teilweise steganografische Computerprogramme diese Aufgabe übernommen. Als Teil dieser Entwicklung sind interessante

1) Klaus Schmeh: *Codeknacker gegen Codemacher.* W3L, Bochum 2007

neue Anwendungen wie digitale Wasserzeichen entstanden – aber auch neue Bedrohungen wie Covert Channels. Bereits etwas älter ist der Trend, in Texten, Musikstücken, Gebäuden und Bildern nach versteckten Botschaften zu suchen (man denke etwa an den Bibel-Code oder den Da-Vinci-Code). Meist existieren diese verborgenen Nachrichten jedoch nur in der Fantasie ihrer vermeintlichen Entdecker.

Die Vielfalt der Steganografie ist also beträchtlich. Trotzdem hat sich bisher noch nie jemand die Mühe gemacht, das Wissenswerte aus Geschichte und Gegenwart des Datenschmuggels gezielt zu sammeln und in übersichtlicher Form zu beschreiben. Dieses Buch soll diese Lücke schließen. Da die Steganografie sehr vielschichtig ist, gestaltet sich dieses Buch zwangsläufig äußerst abwechslungsreich. Wo sonst stehen Rätsel der Literaturgeschichte neben spektakulären Kriminalfällen, skurrile Esoterik-Ergüsse neben aktueller Forschung und Taschenspielertricks neben Geheimdienstmethoden?

Trotz dieser Vielfalt habe ich beim Schreiben dieses Buchs bewusst auf einen allzu systematischen Aufbau verzichtet und dafür Spannung und eine gute Lesbarkeit in den Vordergrund gestellt. Wenn Sie einen zusammenfassenden Überblick über die Steganografie suchen, dann finden Sie diesen im Anhang. Da der Datenschmuggel – im Gegensatz zur Kryptografie – in den meisten Fällen ohne Mathematik auskommt, müssen Sie sich an keiner Stelle durch theoretische Abhandlungen quälen.

Wie Sie sehen werden, habe ich die Inhalte dieses Buchs aus zahlreichen unterschiedlichen Quellen zusammengetragen. Dies war notwendig, da es bisher keine umfassende Sammlung steganografischen Wissens gibt. Die Suche gestaltete sich oft schwierig, da die Steganografie meist nur eine kleine Nuance in einem größeren Zusammenhang bildet. Daher musste ich so manchen langen Text in die Hand nehmen, in dem gerade einmal ein bis zwei Abschnitte für dieses Buch relevant waren. Um den besonders interessierten Lesern unter Ihnen eine solche Sucherei zu ersparen, habe ich großen Wert auf ein vollständiges und aussagekräftiges Quellenverzeichnis gelegt. Alle Quellen sind mit hochgestellten Nummern referenziert, bei Büchern ist (wo sinnvoll) auch die Seitennummer angegeben.

Zum Schluss möchte ich nicht verschweigen, dass ich bei meinen Recherchen festgestellt habe, dass ich doch nicht der Erste bin, der ein Buch über die Geschichte der Steganografie veröffentlicht. Der Italiener Nicola Amato ist mir mit dem (nur auf Italienisch erschienenen) Büchlein *La steganografia da Erodoto a Bin Laden* zuvorgekommen.[2] Allerdings handelt es sich dabei um eine vergleichsweise kurze Abhandlung, durch die ich den Sinn des Buchs, das Sie gerade in den Händen halten, nicht gefährdet sehe.

---

2) Nicola Amato: *La steganografia da Erodoto a Bin Laden*. Iuculano, Pavia 2007

Bitte um Mithilfe

Wie vermutlich jeder Buchautor freue ich mich über Leserpost aller Art. Falls Sie also Anregungen oder Kritik loswerden wollen, schreiben Sie mir doch einfach eine E-Mail (klaus.schmeh@dpunkt.de). Dieser Aufruf ist für dieses Buch besonders wichtig, denn ich erhoffe mir von Ihnen Hinweise, die ich in einer eventuellen zweiten Auflage dieses Werks nutzen könnte. Da die Steganografie allgegenwärtig ist, gehe ich davon aus, dass so gut wie jeder Leser die eine oder andere steganografische Anekdote kennt. Wenn Sie also beispielsweise beim Kartenspielen geheime Signale einsetzen, in einem Text eine Botschaft zwischen den Zeilen versteckt haben oder als Kind einen Jargon-Code verwendet haben, dann würde ich mich über eine Mitteilung freuen. Genauso interessiert bin ich an steganografischen Episoden, die sich im Laufe der Geschichte zugetragen haben oder die in irgendwelchen Romanen, Erzählungen oder Filmen beschrieben werden. Es wird sicherlich nie möglich sein, die Steganografie auch nur halbwegs vollständig zu beschreiben – mit Ihrer Hilfe kann ich diesem unerreichbaren Ziel jedoch ein kleines Stück näher kommen.

Dankesliste

Für dieses Buch haben folgende Personen wichtige Unterstützung geleistet:

- Nicola Amato
- Bernhard Angermayr
- Dr. Christiane Angermayr
- Dominik Birk
- Prof. Dr. Jana Dittmann
- Russell Dodge
- Frank Gnegel (Museum für Kommunikation Frankfurt)
- Bernd Harder
- Inge Hüsgen
- David Kahn
- Didier Müller
- Klaus Kopacz
- Roland Krüger
- Bernd Lippmann
- Dr. Martin Mahner
- Lioba Nägele (Museum für Kommunikation Frankfurt)
- Dr. Heinrich Peyers
- Norbert Ryska (Heinz Nixdorf MuseumsForum)
- Volker Schmeh

Teil 1:

Ein Streifzug durch die Steganografie

1 Sag's mit Puppen und Zigarren – Jargon-Codes

Im Zweiten Weltkrieg war in den USA das Verschicken von Kreuzworträtseln verboten.[1] Briefe – insbesondere solche, die die Vereinigten Staaten verließen oder dorthin geschickt wurden – gingen damals über die Schreibtische der Zensurbehörde, und diese sortierte nicht nur Kreuzworträtsel grundsätzlich aus. So kamen auch internationale Fernschachpartien in den USA nach deren Kriegseintritt zum Erliegen, da die Zensoren keine Schachzug-Mitteilungen mehr passieren ließen. Gleiches galt für Kinderzeichnungen und Zeitungsausschnitte.

Der Grund für diese Zensurmaßnahmen ist einfach nachzuvollziehen: Die Amerikaner fürchteten seinerzeit deutsche und japanische Spione, die in den USA ihr Unwesen trieben. Für diese waren Kreuzworträtsel, Schachzüge und ähnliches Datengewirr eine naheliegende Methode, um unbemerkt mit ihren Kontaktleuten im Ausland zu kommunizieren. So konnte ein Schachzug wie »De3-g5« in Wirklichkeit eine versteckte Nachricht sein, genauso wie der Inhalt eines speziell konstruierten Kreuzworträtsels.

Die Sorgen der Amerikaner kamen nicht von ungefähr, denn die Deutschen und die Japaner betrieben zur damaligen Zeit tatsächlich umfangreiche Spionageringe in den USA. Diese übermittelten nicht nur Staatsgeheimnisse, sondern oft auch Informationen aus der Tageszeitung oder Angaben zu Schiffen, die (für jedermann sichtbar) in einem Kriegshafen vor Anker lagen. Was man heute mit Hilfe von Internet, Spionagesatelliten oder Reisen einfach herausfindet, mussten damals Spitzel vor Ort in Erfahrung bringen.

Das Einsammeln solcher Informationen war für einen Spion oft einfacher als deren getarntes Verschicken an den Auftraggeber. Die Zensurmaßnahmen der USA im Zweiten Weltkrieg machten es den Agenten besonders schwer. Über 14.000 Personen öffneten zu Spitzenzeiten täglich etwa eine Million Postsendungen. Zu den Inhalten, die sie aussortierten, gehörten auch Schulzeugnisse, die stolze Eltern an die Großeltern in einer anderen Stadt schickten. In Blumenbestellungen entfernte die Zensurbehörde die Blumensorte und den Auslieferungszeitpunkt – der Blumenladen musste also selbst entscheiden, an welchem Tag er einen Geburtstagsgruß übermittelte und ob er diesem Rosen

1) David Kahn: *The Codebreakers*. Scribner, New York 1996. S. 513

oder Nelken beifügte.[2] In anderen Fällen begnügten sich die staatlichen Schnüffler damit, die Plausibilität der jeweiligen Informationen zu überprüfen. Wenn ein Musiknotenblatt eine spielbare Melodie enthielt, durfte es passieren.

Puppen und Zigarren

Der bekannteste Fall, in dem die Bemühungen der US-Zensur von Erfolg gekrönt waren, ist die Geschichte der in New York lebenden Puppenhändlerin Velvalee Dickinson.[3] Diese spionierte im Zweiten Weltkrieg für die Japaner. Wie viele andere Spione der damaligen Zeit hatte Dickinson zwar keinen Zugang zu geheimen Informationen, lieferte aber dennoch wichtige Daten. Auf Reisen beobachtete sie vor allem Marinehäfen in den USA und übermittelte Informationen über dort verkehrende Schiffe an den japanischen Geheimdienst. Ihre Mitteilungen waren als Briefe getarnt, in denen es um Puppenbestellungen oder -reparaturen ging. Als angebliche Absender gab sie stets die Adresse von Puppenliebhaberinnen an, die tatsächlich existierten und mit denen sie geschäftlich zu tun gehabt hatte. Die Briefe gingen an unauffällige Empfänger im Ausland, die dem japanischen Geheimdienst zuarbeiteten.

Allerdings unterschätzten die Japaner die amerikanischen Postzensoren. 1942 stießen diese erstmals auf einen der ungewöhnlichen Puppenbriefe und machten das FBI darauf aufmerksam. Es handelte sich dabei um ein Schreiben an eine Adresse in Argentinien, das als unzustellbar in die USA zurückgekommen war. Darin war von einem »wunderschönen Puppenkrankenhaus« und von drei alten englischen Puppen die Rede. Außerdem ging es um Fischernetze und Ballone. Das FBI kam schnell dahinter, was damit gemeint war: Die drei angeblichen Puppen standen für drei Kriegsschiffe, und das Puppenkrankenhaus war ein Dock an der Westküste. Die Fischernetze und Ballone gaben zusätzliche Informationen zu den Schiffen.

Die US-Zensoren achteten nun auf weitere Briefe, die an dieselbe Adresse gerichtet waren. In der Tat fanden sich vier weitere. In einem davon war von einem Mr. Shaw die Rede, der »krank war, aber bald wieder arbeiten kann«. Damit war offensichtlich der US-Zerstörer USS Shaw gemeint, der beim Angriff auf Pearl Harbor beschädigt worden war und anschließend an der US-Westküste repariert wurde. Ein anderer Brief erwähnte sieben chinesische Puppen, die offensichtlich auf einen Schiffskonvoi hinwiesen, der kurz zuvor in San Francisco zu beobachten gewesen war. In einem weiteren Schreiben

2) David Kahn: *The Codebreakers*. Scribner, New York 1996. S. 516
3) David Kahn: *The Codebreakers*. Scribner, New York 1996. S. 520

ging es um eine Puppe, die eine siamesische Tempeltänzerin darstellte: »Sie wurde beschädigt und war in der Mitte zerbrochen. Aber sie ist nun repariert, und sie gefällt mir sehr gut. Ich konnte für diese siamesische Tänzerin keine Gefährtin finden, also ziehe ich jetzt eine kleine gewöhnliche Puppe siamesisch an. (...)« Damit war der Flugzeugträger USS Saratoga gemeint, der bei einem Torpedoangriff beschädigt und in der Nähe von Seattle repariert worden war. Zusätzlich rüstete die US-Marine damals ein weiteres Kriegsschiff zu einem Flugzeugträger um, was Dickinson als »siamesisch anziehen« bezeichnete.

I will now catch up with my correspondence and
attend to my household chores and hobbies.My Rock
Garden is beautiful just now.As to my doll collection
I am trying to purchase a few foreign ones no longer
in the shops.
I just secured a lovely Siamese Temple Dancer,it had
been damaged,that is torein the middle,but it is now
repaired and I like it very much.I could not get a
mate for this Siam dancer,so I am redressing just a
small plain ordinary doll into a second Siam doll.
I cannot say that I like this would be future Siam
doll now,yet I hope after a while I will perform
a miracle and have a mate to my Siamese dancer.My
future production will be rather smaller than the
original repaired one yet I am copying the costume

Ein Brief von Velvalee Dickinson: Scheinbar geht es um Puppen, doch in Wirklichkeit sind Kriegsschiffe gemeint.

Ein dritter Brief erwähnte eine deutsche Puppe, die mit einem Baströckchen bekleidet war und deren Reparatur in der ersten Februarwoche des Jahres abgeschlossen sein sollte. Bei einer Überprüfung stieß das FBI auf ein Schiff, das beim Angriff auf Pearl Harbor beschädigt worden war. Dieses wurde bei Seattle repariert und sollte zum beschriebenen Zeitpunkt fertig sein.

Der Inhalt der Briefe war also eindeutig. Allerdings war dem FBI zunächst nicht bekannt, wer sie geschrieben hatte. Die vorgeblichen Absenderinnen waren unterschiedliche Puppenliebhaberinnen in den USA, doch gegenüber dem FBI versicherten alle glaubhaft, keine derartigen Briefe geschrieben zu haben. Eine der Frauen lebte in Ohio, und ihr Brief war in New York aufgegeben, obwohl sie sich dort noch nie aufgehalten hatte. Eine Überprüfung ergab zudem, dass die Unterschriften gefälscht waren. Der Schreibstil deutete darauf hin, dass alle Briefe vom selben Urheber stammten.

Das FBI überprüfte nun das Umfeld der vermeintlichen Absenderinnen und stellte fest, dass alle in Verbindung mit einer Puppenhändlerin namens Velvalee Dickinson standen. So wurde deren Identität schnell gelüftet. Das FBI fand heraus, dass Dickinson ursprünglich in San Francisco gelebt hatte, wo sie in Kontakt mit mehreren japanischen Personen gekommen war. Nach einem Umzug nach New York hielt sie weiterhin Kontakt zu Japanern und begann sogar eine Liebesbeziehung mit einem japanischen Diplomaten. Mit diesem bereiste sie die Westküste. Die vom FBI analysierten Briefe ließen sich mit den jeweiligen Aufenthaltsorten des Liebespaars in Einklang bringen. Das FBI fand in den besuchten Hotels sogar die Schreibmaschinen, mit denen die Briefe geschrieben worden waren. Auch Zahlungen, die Dickinson von japanischen Quellen erhalten hatte, ließen sich nachweisen. Am 21. Januar 1944 wurde Velvalee Dickinson verhaftet. Mit einer zehnjährigen Gefängnisstrafe kam sie im Vergleich zu anderen Spionen glimpflich davon.

Bereits im Ersten Weltkrieg hatte es einen Spionagefall gegeben, in dem getarnte Nachrichten eine Rolle spielten. In deren Mittelpunkt standen die beiden deutschen Agenten Haicke Janssen und Willem Roos, die sich als niederländische Zigarrenhändler ausgaben, als sie 1915 in Großbritannien einreisten.[4] Anschließend besuchten sie unabhängig voneinander mehrere britische Hafenstädte, wo sie scheinbar gute Geschäfte machten und entsprechende Bestellungen per Telegramm in die Niederlande schickten.

In Wirklichkeit hatten es die beiden jedoch auf britische Hafenanlagen abgesehen, wo sie Ausschau nach Kriegsschiffen hielten. Die angeblichen Zigarren-Bestellungen waren getarnte Mitteilungen über die Anzahl von Schiffen in einem bestimmten Hafen. Bestellte einer der beiden beispielsweise 10.000 Zigarren der Marke Corona nach Portsmouth, dann stand dies für 10 Aufklärungsschiffe (Kreuzer), die er in den dortigen Hafenanlagen gesichtet hatte. Empfänger dieser Bestellungen war eine angebliche Zigarrenfirma in den Niederlanden, hinter der der deutsche Geheimdienst steckte.

Allerdings überwachten auch die Briten in Kriegszeiten die Auslandspost. So kam es, dass sich einige Zensoren über die hohen Bestellzahlen wunderten – 10.000 Zigarren waren schlichtweg zu viel für eine Stadt wie Portsmouth. Außerdem fiel ihnen auf, dass alle Bestellungen aus Städten mit einem Militärhafen stammten. Die Spionage-Tour von Janssen und Roos dauerte daher nur wenige Wochen, bevor ihnen der britische Geheimdienst auf die Schliche kam. Die beiden wurden verhaftet und vor Gericht gestellt. Beim Prozess sagten mehrere Zigarrenexperten aus, dass die genannten Marken gar nicht existierten. Am Ende standen Todesurteile für die beiden Deutschen.

Etwa zur gleichen Zeit arbeitete der Deutsche Carl Hans Lody in England als deutscher Geheimagent. Dazu tarnte er sich als amerikanischer Briefmarkensammler, der mit anderen Sammlern in mehreren europäischen Ländern korrespondierte und dabei Marken tauschte.[5] Durch die Beobachtung von Häfen gelang es ihm, eine Reihe wichtiger Informationen für den Geheimdienst in Berlin zu beschaffen. Lodys Tauschpartner waren Agenten des deutschen Geheimdienstes, und jede verschickte Marke stellte eine bestimmte Frage oder Antwort dar – nach einem Geheimcode, der vorher in Berlin ausgearbeitet worden war.

---

4) David Kahn: *The Codebreakers*. Scribner, New York 1996. S. 519

5) Hans Reichardt: *Was ist Was? Briefmarken*. Neuer Tessloff Verlag,Hamburg 1973. S. 23

Doch auch Lody flog auf. Schuld daran war keine seiner Briefmarken-Nachrichten, sondern ein Telegramm mit folgendem Wortlaut: »Aunt, please send money immediately. I am absolutely broke. Thank heaven those German swine are on the run.« (»Tante, bitte schick mir sofort Geld. Ich bin total pleite. Dem Himmel sei Dank, dass diese deutschen Schweine endlich abhauen.«) Eine Zensorin, die diese Zeilen las, wurde stutzig. Schließlich bezahlte man ein Telegramm nach der Anzahl der Wörter, und warum sollte ein mittelloser Mensch Geld für eine nutzlose Beschimpfung der Deutschen ausgeben? Leider ist nicht überliefert, welche Nachricht Lody mit diesem Telegramm übermitteln wollte (vermutlich ging es tatsächlich um eine Geldforderung). Es war auf jeden Fall Lodys letzte getarnte Nachricht. Anschließend wurde er verhaftet und hingerichtet.

Jargon-Codes

Alle soeben genannten Fälle haben eines gemeinsam: Die Kommunikationspartner verwendeten harmlos klingende Begriffe (»englische Puppe«, »Corona-Zigarre«, »beschädigt«), um damit unbemerkt geheime Informationen zu übermitteln. Eine solche Methode bezeichnet man als »Jargon-Code«. Jargon-Codes, die als Teilgebiet der Steganografie betrachtet werden können, gab es schon lange vor dem 20. Jahrhundert. Ein frühes Beispiel stammt von dem Abt und Gelehrten Johannes Trithemius, der mit seinem Buch »Steganographia« den Begriff Steganografie prägte. In einem weiteren Buch (»Polygraphiae«) beschreibt Trithemius einen Jargon-Code, mit dem sich eine beliebige Nachricht als gebetsähnlicher Text tarnen lässt. Man spricht daher auch von der Ave-Maria-Chiffre.

In der Ave-Maria-Chiffre wird jeder Buchstabe mit Hilfe eines lateinischen Worts dargestellt. Pro Buchstabe stehen stets mehrere Wörter zur Auswahl, damit der Text nicht zu monoton klingt. Für jeden Buchstaben gibt es sowohl Hauptwörter als auch Adjektive, wobei in einem Text stets zwischen den beiden Wortarten abgewechselt wird. Die folgende Tabelle zeigt einen kleinen Ausschnitt aus der Originalbeschreibung von Trithemius, wobei ich mich auf die Buchstaben A bis H und auf jeweils ein Substantiv und ein Adjektiv pro Buchstabe beschränke:

- A: deus (Gott), clemens (sanftmütig)
- B: creator (Schöpfer), clementissimus (sanftmütigster)
- C: conditor (Gründer), pius (fromm)
- D: opisex (Führer), piissimus (frömmster)
- E: dominus (Herr), magnus (groß)
- F: dominator (Herrscher), excelsus (erhaben)

- G: consolator (Tröster), maximus (größter)
- H: arbiter (Richter), optimus (bester)

Der Satz »deus clementissimus creator magnus« (»sanftmütigster Gott, großer Schöpfer«) steht demnach für ABBE. Das Wort FACH lässt sich als »dominator clemens conditor optimus« kodieren (»gnädiger Beherrscher, bester Gründer«). Beide Sätze könnten tatsächlich aus einem Lobgebet stammen. Besonders praktikabel ist die Ave-Maria-Chiffre allerdings nicht, weshalb mir auch kein Fall bekannt ist, in dem sie praktisch eingesetzt wurde.

Sehr wohl praktisch eingesetzt wurde dagegen ein Jargon-Code, der aus dem Jahr 1755 stammt.[6] Damals reiste der französische Spion Chevalier Douglas im Auftrag des Königs Ludwig XV. nach Russland. Dort gab er sich als Pelzhändler aus. In Wirklichkeit interessierte sich der Agent jedoch für die militärische und politische Lage im Zarenreich. Seine Erkenntnisse schickte er als vermeintliche Pelzhändler-Korrespondenz nach Frankreich. Dabei verwendete er beispielsweise den Ausdruck »der Fuchs war nicht teuer« mit der Bedeutung »der Einfluss der englischen Partei steigt«. Weitere Nachrichten lauteten »der Hermelin war in Mode« (»der Einfluss der russischen Partei steigt«), »der Wolf hatte seinen Preis« (»die österreichische Partei behält ihren überwiegenden Einfluss«). Auch einige Fachausdrücke aus dem Pelzhandel (etwa »Grauwerk«) hatten eine festgelegte Bedeutung und standen etwa für Militäreinheiten oder bestimmte Personen. Tatsächlich übermittelte Chevalier Douglas auf diese Weise wichtige Informationen nach Frankreich.

Ein weiteres Beispiel stammt aus dem Ersten Weltkrieg. Damals erhielt ein US-Soldat in den Niederlanden ein Telegramm von seiner Familie. Darin stand: »Father is dead« (»Vater ist tot«).[7] Private Telegramme an die Streitkräfte wurden jedoch von Zensoren überprüft, um die Übermittlung von kriegswichtigen Geheimnissen zu verhindern. In diesem Fall wurde der Zensor misstrauisch und änderte den Wortlaut in »Father is deceased« (»Vater ist gestorben«). Kurze Zeit später schickte der Soldat ein Telegramm mit folgendem Inhalt zurück: »Is father dead or deceased?« (»Ist Vater tot oder gestorben?«) Leider ist nicht überliefert, welche Bedeutung die beiden Nachrichten hatten. Man kann jedoch vermuten, dass die Todesnachricht eine versteckte Bedeutung hatte und dass der Empfänger durch die Änderung irritiert war.

Im Zweiten Weltkrieg arbeitete auch die Résistance in Frankreich mit einem Jargon-Code. Die BBC strahlte damals Meldungen aus, die zwar harmlos klangen, für Mitglieder der Widerstandsbewegung jedoch eine versteckte Bedeutung hatten. Die bekannteste dieser Nachrichten war zweigeteilt. Am 1. Juni 1944 verlas ein BBC-Sprecher in den 21-Uhr-Nachrichten die erste Hälfte

6) Friedrich Bauer: *Entzifferte Geheimnisse*. Springer Verlag, Berlin 1995. S. 11
7) David Kahn: *The Codebreakers*. Scribner, New York 1996. S. 515

des Gedichts *Chanson d'automne* von Paul Verlaine. Am 5. Juni folgte die zweite Hälfte. Diese Mitteilung kündigte Eingeweihten die bevorstehende Landung der Alliierten in der Normandie am 6. Juni 1944 an.

Etwa zur gleichen Zeit nutzten auch die Japaner einen Jargon-Code.[8] Dieser basierte auf Wettermeldungen. Wie man sich leicht vorstellen kann, sind Wettermeldungen gut dafür geeignet, geheime Nachrichten unauffällig zu übertragen, was im Laufe der Steganografie-Geschichte zahlreiche Wetter-Codes hat entstehen lassen. Im Falle der Japaner sah der Code folgende Code-Mitteilungen vor:

- »higashi no kaze, ame« (Ostwind, Regen): Gefahr für die Beziehungen zwischen Japan und den USA.
- »kita no kaze, kumori« (Nordwind, wolkig): Gefahr für die Beziehungen zwischen Japan und der Sowjetunion.
- »nishi no kaze, hare« (Westwind, gutes Wetter): Gefahr für die Beziehungen zwischen Japan und Großbritannien, drohende Invasion der Briten in das mit Japan verbündete Thailand.

Dieser Wetter-Code diente als Signal, mit dem die Regierung in Tokio die japanischen Vertretungen im Ausland warnen konnte. Diese waren über die Bedeutung informiert und hatten Anweisungen, wie sie im jeweiligen Fall verfahren sollten. Ein Vorteil dieses Codes war, dass er auch funktionierte, wenn andere Mittel der Kommunikation nicht mehr brauchbar waren. Der Code kam tatsächlich zum Einsatz. Am 19. November 1941 (zwei Wochen vor dem Angriff auf Pearl Harbor) funkten die Japaner »higashi no kaze, ame« und am 7. Dezember (kurz nach dem Angriff) »nishi no kaze, hare«.

Auch in der Fiktion kommen immer wieder Wetter-Codes vor. Ein bekanntes Beispiel findet sich im Film *Frühstück bei Tiffany* mit Audrey Hepburn. Darin gerät die Hauptperson Holly Golightly in den Verdacht, einen inhaftierten Kriminellen beim Kokainhandel unterstützt zu haben, was sie sogar kurzzeitig ins Gefängnis bringt. In Wirklichkeit hat sie jedoch nur vermeintliche Wetternachrichten des Gangsters überbracht, ohne zu wissen, dass es sich dabei um einen Jargon-Code für den Drogenhandel handelte. Von der Polizei darauf angesprochen, gibt sie zu Protokoll, nichts davon gewusst zu haben. Ihr fiel lediglich auf, dass »Schnee in New Orleans« nicht besonders wahrscheinlich klingt.

Manchmal besteht ein Jargon-Code auch nur aus einer einzigen Nachricht, die als Erkennungszeichen, Alarmsignal oder Quittung dient. Als beispielsweise der Spion Klaus Fuchs 1944 in New York seinen Kontaktmann traf, fragte dieser: »Können Sie mir den Weg zur Grand Central Station erklären?«

---

8) Friedrich Bauer: *Entzifferte Geheimnisse*. Springer Verlag, Berlin 1995. S. 13

Dies war das verabredete Erkennungszeichen in Form eines Jargon-Codes. Fuchs hatte seinerseits einen Tennisball in seiner Hand gehalten, damit ihn sein Kontaktmann erkennen konnte (auch dies war eine Form der Steganografie).

Ein Beispiel für ein steganografisches Alarmzeichen ist der amerikanische Militärmarsch *The Stars and Stripes Forever*, der unter anderem aus der Werbung für den Allzweckreiniger »Der General« bekannt ist. In den USA spielen die Musikkapellen in Zirkussen und Varietés dieses Stück nur, wenn (beispielsweise durch ein ausgebrochenes Feuer) Gefahr für die Zuschauer besteht. Das Personal weiß in diesem Fall, dass es eine Evakuierung durchführen muss. Das Publikum erfährt dagegen erst einmal nichts von der drohenden Katastrophe, wodurch eine Panik vermieden wird.

Das tödliche Doppel

Im November 1941 erschienen in der US-Zeitschrift *The New Yorker* zwei ungewöhnliche Werbeanzeigen. Die kleinere davon – sie war innerhalb der Ausgabe mehrfach abgedruckt – zeigte zwei Spielwürfel, auf denen die Zahlen 12, XX und 24 sowie 5, 0 und 7 zu erkennen waren. Außerdem verwies das Inserat auf die deutlich größere zweite Anzeige, die sich auf Seite 86 befand. Dort waren ein paar Personen in einem Luftschutzkeller abgebildet, die sich während eines Bombenangriffs mit einem Würfelspiel vergnügten.[9]

Die beiden Anzeigen stammten von einer Firma namens Monarch Publishing. Sie warben für ein damals neues Würfelspiel namens »Deadly Double«, für das man zwei auf die dargestellte Weise bedruckte Würfel benötigte. In der größeren Anzeige war ein Text zu lesen, in dem dazu aufgefordert wurde, sich angesichts der unsicheren Zeiten Gedanken über mögliche Nächte im Luftschutzkeller zu machen. In denen wäre man über ein vorbereitetes Paket mit den wichtigsten Utensilien (Wasserflaschen, Kerzen, warme Kleidung usw.) sicherlich froh. Zudem wäre etwas Zerstreuung im Luftschutzkeller nicht verkehrt – eben mit einem flotten Würfelspiel wie Deadly Double. Unter dem Text war ein stilisierter Adler abgebildet, der an ein offizielles Wappen erinnerte. Beide Anzeigen waren zusätzlich mit dem dreisprachigen Hinweis »Achtung, Warning, Alerte!« versehen.

Drei Wochen nach Erscheinen der Anzeigen griffen die Japaner Pearl Harbor auf Hawaii an. Für die USA begann damit der Zweite Weltkrieg. Nach weiteren vier Wochen stieß ein FBI-Agent auf Hawaii auf eine merkwürdige Beobachtung: Der linke Würfel in der New-Yorker-Anzeige zeigte unter anderem die Zahl 12, der rechts unter anderem die Zahl 7. Dies konnte man als einen Hinweis auf den 7. Dezember interpretieren – den Tag des Pearl-Harbor-

9) Louis Kruh: *The Deadly Double Advertisement.* Cryptologia 3/1979

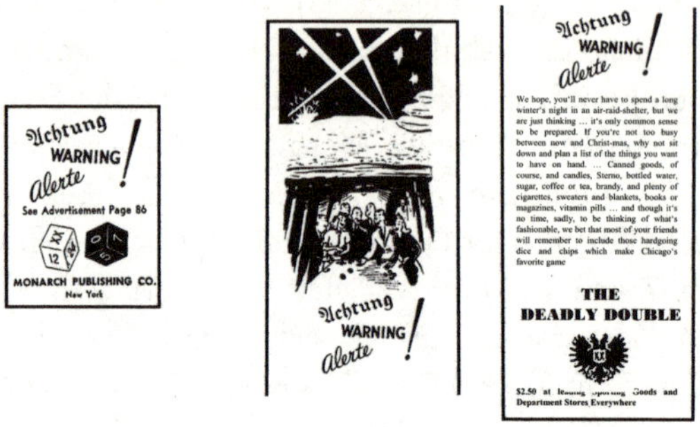

Kündigte diese Werbeanzeige in der Zeitschrift *The New Yorker* den Angriff auf Pearl Harbor an?

Angriffs. Eine mögliche Erklärung war schnell gefunden: Hatte vielleicht der japanische Geheimdienst über eine Tarnfirma diese Anzeigen geschaltet, um seine Agenten in den USA vor dem bevorstehenden Angriff zu warnen? War das angebliche Werbeinserat also in Wirklichkeit eine über die Medien verbreitete Jargon-Code-Botschaft, die nur für Eingeweihte zu verstehen war?

Auf den ersten Blick klingt diese Theorie durchaus plausibel. Zweifellos gab es in den USA bei Kriegsausbruch zahlreiche japanische Agenten. Und zweifellos wäre es für den Geheimdienst zu aufwendig gewesen, alle davon innerhalb weniger Wochen über die üblichen Kommunikationskanäle (Tote Briefkästen, Funksender usw.) zu informieren. Eine Anzeige im *New Yorker*, die auf eine vorher vereinbarte Weise kodiert war, war die deutlich einfachere Alternative. Der stilisierte Adler, der an den deutschen Reichsadler erinnerte, diente hierbei möglicherweise als Erkennungszeichen.

Der Verdacht war also erst einmal in der Welt, und so sorgte die Deadly-Double-Affäre über Jahrzehnte hinweg für Diskussionen. Das FBI stellte eine Untersuchung an, bei der herauskam, dass hinter der Firma Monarch Publishing ein Geschäftsmann namens Roger Craig steckte. Dieser hatte das Unternehmen ein Jahr vor Erscheinen der Anzeige gegründet, und bereits im Jahr danach verschwand Monarch Publishing wieder vom Markt. War Craig also nur ein Strohmann der Japaner gewesen?

Weitere Untersuchungen förderten allerdings nichts Verdächtiges mehr zutage. Das Spiel Deadly Double war tatsächlich auf den Markt gekommen und wurde im Einzelhandel verkauft (wenn auch ohne Erfolg). Das FBI fand keinen Hinweis darauf, dass Craig in irgendeiner Form Kontakt mit Japanern gehabt hätte. Auch unbekannte Geldgeber waren nicht auszumachen. Bis heute gibt es zudem keine Zeitzeugen (z. B. ehemalige japanische Agenten oder Geheimdienstmitarbeiter), die einen eventuellen Anzeigen-Geheimcode bestätigen.

Auch steganografische Argumente lassen Zweifel aufkommen. So ist es nicht gerade zwingend, die beiden Würfel mit dem Datum 7.12. in Verbindung zu bringen. Je nach Interpretationsweise kann man auch den 20.12, den 24.12., den 5.12., den 5.7., den 7.5., den 24.5. oder den 24.7. darin erkennen. Zudem können die sechs Zahlen auf den beiden Würfeln so ziemlich alles darstellen, sofern ihnen ein entsprechender Jargon-Code zugrunde liegt.

Abgesehen von diesen Argumenten gibt es noch ein weiteres: Anzeigen von Monarch Publishing mit demselben Würfelmotiv hatte es im *New Yorker* bereits ein Jahr vorher gegeben. Die Wahrscheinlichkeit, dass damals bereits auf den Tag genau festgelegt war, wann ein Angriff auf Pearl Harbor stattfinden sollte, ist gleich null. Die ominöse Deadly-Double-Anzeige war daher vermutlich nur eines: Zufall.

Kein Zufall war dagegen eine Nachricht, die ein US-Geheimdienstmitarbeiter bereits ein Jahr vor dem Angriff auf Pearl Harbor testweise hatte verbreiten lassen. Unter einem Vorwand veranlasste er den Moderator eines landesweit gesendeten Interviews mit dem Boxer Max Baer, die damalige englische Königsgattin Elizabeth (in späteren Jahren als Königinmutter bekannt) zu erwähnen.[10] Die eingeweihten Testteilnehmer, die das Interview sahen, konnten dieser Aussage gemäß einem zuvor vereinbarten Jargon-Code folgende Nachricht entnehmen: »Die Queen Elizabeth läuft heute Nacht mit Hunderten von Flugzeugen nach Halifax aus.« Weder der Moderator noch der Interviewte bemerkte die übermittelte Nachricht. Diese Erfahrung ließ die US-Zensur ihre Vorsichtsmaßnahmen weiter verstärken.

10) David Kahn: *The Codebreakers*. Scribner, New York 1996. S. 516

2 Punkt, Punkt, Komma, Strich – Semagramme

Die US-Zensoren, die im Zweiten Weltkrieg die Post überwachten, achteten nicht nur auf seltsame Formulierungen und unsinnige Bestellungen (siehe Kapitel 1). Auch Symbole aller Art erregten schnell ihren Verdacht. Damals war es beispielsweise üblich, dass Verliebte ihren Liebesbriefen Kreuze in Form eines X hinzufügten, was Küsse symbolisieren sollte. Da die Zensoren hinter solchen Kreuzchen einen Geheimcode vermuten mussten, entfernten sie die Symbole meistens[1]. Wenn ein Zensor dies nicht übers Herz brachte, dann konnte er auch ein paar Kreuze hinzufügen.

Semagramme

Mit Kreuzen am Ende eines Briefs lassen sich versteckte Nachrichten übermitteln, die man als Semagramme bezeichnet. Während beim Jargon-Code jeweils eine Wortfolge eine geheime Zweitbedeutung hat, kommt es beim Semagramm auf die Position eines Symbols oder auf das Aussehen an. So könnte beispielsweise der Abstand eines Kreuzes vom Rand der Postkarte einen Buchstaben kodieren.

Die Angst vor Semagrammen führte unter anderem dazu, dass die US-Zensoren im Zweiten Weltkrieg bei einer Ladung Uhren, die exportiert werden sollten, die jeweilige Zeigerposition verstellten.[2] Mindestens ein Fall ist bekannt, in dem eine Zensorin das Strickmuster eines Pullovers aus einem Brief selbst nachstrickte.[3] Als sich zeigte, dass das Muster tatsächlich einen Pullover ergab, durfte die Sendung passieren. Vermutlich dachten die Amerikaner damals an den Roman *Eine Geschichte aus zwei Städten* von Charles Dickens.[4] Darin listet eine gewisse Madame Defarge die designierten Opfer der französischen Revolution auf – mit Hilfe eines Codes, der auf den Maschen beim Stricken beruht.

---

1) David Kahn: *The Codebreakers*. Scribner, New York 1996. S. 515
2) David Kahn: *The Codebreakers*. Scribner, New York 1996. S. 522
3) David Kahn: *The Codebreakers*. Scribner, New York 1996. S. 515
4) Charles Dickens: *Eine Geschichte aus zwei Städten*. Insel, Frankfurt 2005 (Original von 1859)

Oftmals ersetzten die amerikanischen Zensoren die auf Briefen angebrachten Briefmarken – insbesondere, wenn diese ein ungewöhnliches Muster bildeten.[5] Schließlich konnte sich dahinter ein Semagramm verbergen. Hier diente unter anderem der bereits in Kapitel »Puppen und Zigarren« auf Seite 9 erwähnte Spion Carl Hans Lody als warnendes Beispiel. Lody, der sich im Ersten Weltkrieg als Briefmarkensammler tarnte, soll Briefmarken nicht nur für Jargon-Codes, sondern auch für Semagramme genutzt haben, um mit seiner deutschen Heimat zu korrespondieren. Die Position einer Briefmarke auf dem Umschlag stand hierbei für eine bestimmte Nachricht. Zwar wurde Lody am Ende verhaftet, doch seine Marken-Semagramme fielen offenbar nicht auf.

Sogar in Gegenständen lassen sich Semagramme verstecken. Das wussten schon die Alten Griechen. Der Militärexperte Aeneas der Taktiker, von dem noch ausführlich die Rede sein wird, beschrieb ein Verfahren, bei dem eine Schnur mehrfach durch die Löcher eines Gegenstands gezogen wird, wobei jedes Loch für einen Buchstaben steht. Der Empfänger musste die Schnur sorgfältig abrollen und sich das jeweilige Loch notieren, worduch er am Ende die Nachricht in umgekehrter Reihenfolge erhielt. In Kapitel 11 gibt es mehr zu diesem Thema.

Über zwei Jahrtausende später kam ein ähnliches Verfahren zum Einsatz.[6] Im Zweiten Weltkrieg gab es deutsche Agenten in England, die ihre Berichte über im Bau befindliche Schiffe der Alliierten als Strickpullover nach Deutschland schickten. Empfänger war scheinbar ein Gefängnisinsasse, doch in Wirklichkeit landeten die Kleidungsstücke beim Geheimdienst. Dort zog man den jeweiligen Pullover wieder auf, wodurch Wollfäden voller Knoten zum Vorschein kamen. Die Abstände zwischen den Knoten standen für jeweils einen Buchstaben des Alphabets.

Auch Diagramme und Grafiken lassen sich gut für Semagramme nutzen. Der englische Adlige Edward von Worcester (1601–1667) beschrieb 1655 ein entsprechendes Verfahren, bei dem jeder Buchstabe durch eine Halbellipse oder einen Halbkreis dargestellt wird (siehe die folgende Abbildung). Bei geeigneter Tarnung fällt ein derart kodierter Text kaum als solcher auf. Leider schreibt von Worcester nicht, welche Erklärung man parat haben sollte, falls jemand nachfragt.

---

5) David Kahn: *The Codebreakers*. Scribner, New York 1996. S. 515

6) Fred B. Wrixon: *Geheimsprachen*. Ullmann, Hamburg 2006. S. 482

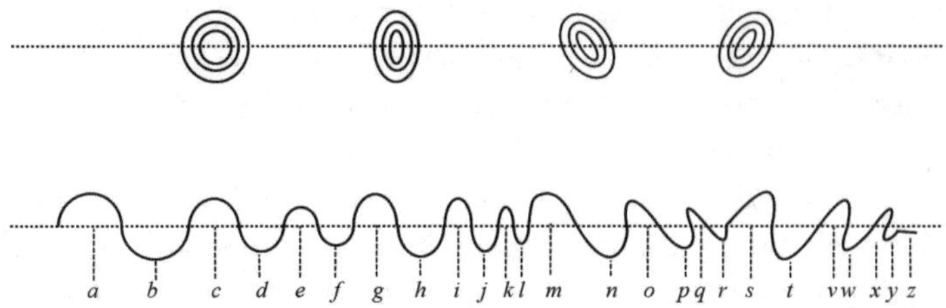

Mit diesem Code, den ein englischer Adliger im 17. Jahrhundert entwickelte, lassen sich Nachrichten als Diagramme tarnen.

Semagramme in Bildern

Besonders einfach und wirkungsvoll ist es oft, Semagramme in Bildern zu verstecken. Diese Technik kannte bereits der französische Verschlüsselungspionier Blaise de Vigenère (1523–1596). In seinem Buch *Traicté des Chiffres, ou Secrètes Manières d'Escrire* aus dem Jahr 1587 verwendete er die Darstellung von Wolken und Sternen, um eine Nachricht zu kodieren (siebe Abbildung unten). Die Wolken sind nur Beiwerk, während die Sterne durch ihre Position jeweils einen Buchstaben symbolisieren. Um die Botschaft zu entschlüsseln, muss man das Bild in 16 mal 20 Quadrate gleicher Größe aufteilen. Die Position eines Sterns im jeweiligen Quadrat zeigt den zugehörigen Buchstaben an. Die versteckte Nachricht lautet: LES CIEUX EN CHACUN LIEU, LA PUISSANCE DE DIEU RACOMPTENT AUX HUMAINS: CE GRAND ENTOUR ESPARS NONCE DE TOUTES PARTS, L'OUVRAGE DE SES MAINS. Dies ist ein Zitat aus dem Alten Testament (Psalm 19).

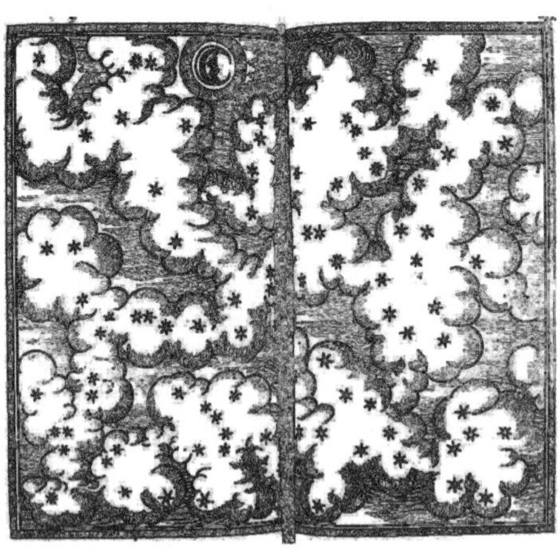

Die Positionen der einzelnen Sterne bilden einen Code.

Die Grashalme in dieser Zeichnung bilden eine Morse-Nachricht.

Einfacher ist es meist, Morsezeichen in ein Bild einzufügen. Die Abbildung oben zeigt ein Beispiel, das US-Zensoren in San Antonio zu Übungszwecken anfertigten.[7] Die Nachricht wird von den Grashalmen am linken und rechten Flussufer dargestellt, die einen Morse-Code bilden. Ein kurzer Halm steht für einen Punkt, ein langer für einen Strich. Am linken Ufer ergibt sich so folgende dreizeilige Nachricht:

COMP
LI
MENTSOFCP

Am rechten Ufer liest man:

SAMATOOURCHIEFCOLHAROLDRSHAWONHISVISITTO
SANANTONIOMAY11TH1945

Setzt man die Buchstaben zusammen und ergänzt an den richtigen Stellen Zwischenräume, dann entsteht folgende Nachricht: COMPLIMENTS OF CPSA MA TO OUR CHIEF COL HAROLD R SHAW ON HIS VISIT TO SAN ANTONIO MAY 11TH 1945.

7) David Kahn: *The Codebreakers*. Scribner, New York 1996. S. 523

Zwar diente das genannte Beispiel nur Übungszwecken, doch Morse-Semagramme kamen durchaus auch in der Praxis zum Einsatz. Ein interessanter Fall wurde 2006 bekannt, als das britische Nationalarchiv Unterlagen aus dem Zweiten Weltkrieg freigab. Darunter war auch eine Modezeichnung, die offensichtlich ein deutscher Agent angefertigt hatte (siehe Abbildung unten).[8] Die Punkte und Striche der Entwürfe dienten als verschlüsselte Morse-Elemente. Die kodierte Botschaft lautete: »Massive Feindverstärkungen werden stündlich erwartet.«

Diese Modezeichnung aus der Zeit des Zweiten Weltkriegs enthält eine versteckte Morse-Nachricht.

Einige andere Morse-Semagramme in Bildern dienen nur der Unterhaltung. Ein Beispiel sehen Sie in der Abbildung auf der nächsten Seite, wo ein Ausschnitt aus der französischen Zeitschrift *Spirou* dargestellt ist.[9] Es ist nicht schwer zu erkennen, dass drei Morse-Nachrichten in diesem Bild versteckt sind. Alle drei ergeben die Namen von Automarken: Die Raben auf dem Baum stehen für VW, die Blumen für VOLVO und die Latten des Zauns für BUICK.

Punktchiffren

1977 berichtete der US-Historiker Albert C. Leighton in einer Fachzeitschrift über einen interessanten Fund.[10] In einem Archiv in München war er auf ein aus 20 Blättern bestehendes Manuskript gestoßen, das mit von Hand aufgetragenen Karolinien sowie mit zahlreichen Punkten und ein paar wenigen Symbolen beschrieben war. Das Manuskript war offensichtlich um das Jahr 1583 entstanden und erfüllte keinen unmittelbar erkennbaren Zweck. Da die Blätter im Archiv zusammen mit einigen Verschlüsselungsunterlagen aufbewahrt

8) *Nazi-Botschaften in Modezeichnungen*. Spiegel Online vom 4.9.2007

9) Spirou, Album 146, 1977

10) Albert C. Leighton: *The earliest use of a dot cipher.* Cryptologia 2/1977

Drei Morse-Nachrichten sind in dieser Zeichnung aus der französischen Zeitschrift *Spirou* versteckt.

wurden, vermutete er, dass die seltsamen Punkte eine geheime Nachricht darstellten.

Leighton hielt es für wahrscheinlich, dass er auf eine Punktchiffre gestoßen war. Eine Punktchiffre ist ein steganografisches Verfahren, das (in seiner gebräuchlichsten Form) wie folgt funktioniert: Man nehme ein Achsenkreuz und trage auf der y-Achse die Buchstaben von A bis Z ab. Auf der x-Achse werden die Zahlen 1, 2, 3 usw. abgetragen. Ist der erste Buchstabe des zu verschlüsselnden Texts ein S, dann zeichnet man an der Koordinate (1,S) einen Punkt. Ist der zweite Buchstabe ein T, dann folgt ein zweiter Punkt bei (2,T). Weitere Punkte wären beispielsweise (3,E), (4,G), (5,A), (6N), (7,O), (8,G), (9,R), (10,A), (11,F), (12,I) und (13,E).

Eine Punktchiffre lässt sich leicht tarnen. Beispielsweise kann der Absender die korrekte Beschriftung der x- und y-Achse weglassen und die Punkte stattdessen als Aktienkurse oder Temperaturverläufe deklarieren. Bettet man ein solches Diagramm in einen dazu passenden Text ein, dann wird kaum jemand Verdacht schöpfen. Auch die anfangs erwähnten Kreuze unter einem Liebesbrief können eine Punktchiffre bilden.

Im Falle des Manuskripts aus dem Münchner Archiv hatte der Autor ganz auf ein Achsenkreuz verzichtet und seine Punkte einfach auf das Karomuster geschrieben. Eine weitere Tarnung gab es nicht. So stand Albert C. Leighton vor einem Stapel Karopapier, auf dem sich pro Blatt ein paar Dutzend Punkte ohne zusätzliche Information verloren. Die Bedeutung dieser Punktesammlung zu ermitteln, war keine einfache Aufgabe. Notizen auf den Zetteln zeig-

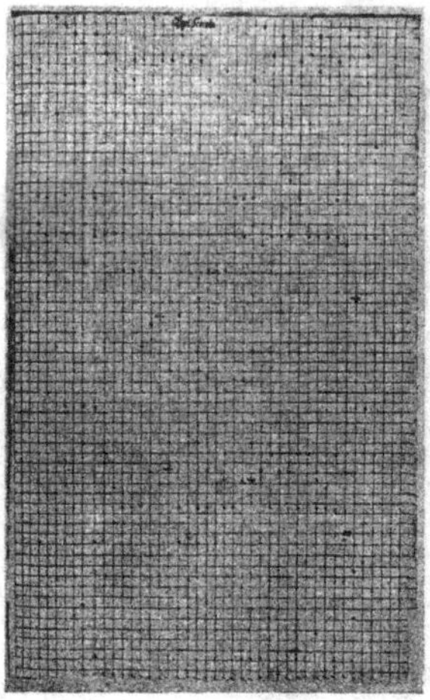

Auf diesem Karopapier aus dem 16. Jahrhundert fand der Historiker Albert C. Leighton eine getarnte Nachricht.

ten, dass schon zuvor (wahrscheinlich irgendwann im 19. Jahrhundert) jemand einen Entzifferungsversuch unternommen hatte – vermutlich ohne Erfolg.

Doch Leighton hatte das Glück des Tüchtigen. An anderer Stelle im Archiv fand er vier Papierstreifen, auf denen Buchstaben sowie einige Wörter (hauptsächlich Namen und Orte) notiert waren. Eine Prüfung ergab, dass sich diese Streifen tatsächlich als Achsenkreuze für die Entschlüsselung der Punktchiffre nutzen ließen. Das erste Wort, das Leighton – 400 Jahre nach der Verschlüsselung – zum Vorschein bringen konnte, hieß ANFANG. Ohne größere Mühe entzifferte Leighton auch den Rest der Punktchiffre. Diese erwies sich als in deutscher Sprache verfasst (obwohl damals noch Latein die vorherrschende Schriftsprache war) und enthielt beispielsweise folgenden Absatz:

Die babstlich heiligkeit hat noch als vil uns bewyst nyt mer dan zehen tausend kronen zu hilff hiher geschichkt, die ist man khnehten zuvor schan schultig gewest, wie E.L. selb zu erwegen, das mit so schlehter somma nit vil krieg zu feyrn.

Der Absender beklagte sich also, dass ihm der Papst nur 10.000 Kronen zur Verfügung gestellt hatte, was für kriegerische Zwecke nicht besonders viel war. Historiker Leighton hatte keine Mühe, den Text richtig einzuordnen. Er stammte aus der Zeit der Gegenreformation, als die katholische Kirche versuchte, gegen den in Deutschland um sich greifenden Protestantismus vorzugehen. Zu den Protagonisten, die auf der Seite des Papsts kämpften, gehörte der Freisinger Bischof Ernst von Bayern (1554–1612), der um 1577 auch Erzbischof von Köln werden wollte. Ein Vertrauter Ernsts, der an den dortigen Verhandlungen teilnahm, war offensichtlich der Absender der getarnten Botschaft. Sie war an Ernsts Bruder adressiert, aber offenbar vor allem für ihn selbst bestimmt. Gemäß dem Inhalt der Nachricht hätte der Vertraute gerne mehr finanzielle Unterstützung durch den Papst erhalten.

Bei seiner weiteren Suche im Archiv entdeckte Leighton noch eine zweite Punktchiffre, die mit dem gleichen Verfahren verschlüsselt wurde. Diese wurde offensichtlich von Ernst selbst verfasst. Der Adressat und die genaue Entstehungszeit sind nicht bekannt. Darin berichtet Ernst über ein Bündnis, das er mit anderen Bischöfen geschlossen hat, um seine Interessen durchzusetzen. Zwar waren diese Informationen Historikern bereits bekannt, doch immerhin brachten die entschlüsselten Quellen ein paar neue Facetten ans Licht.

Die von Leighton aufgefundene Punktchiffre ist die älteste bekannte ihrer Art. Leider weiß man heute nicht mehr, wer auf die Idee kam, sie zu nutzen, und wie die Nachrichten übertragen wurden. Die Idee, die Botschaften zu verschlüsseln und zu verstecken, ist angesichts der damaligen Machtspiele sicherlich nachvollziehbar. Allerdings sind keine weiteren Punktchiffren aus dem Umfeld des Ernst von Bayern überliefert. Vermutlich hatte der Bischof mit dem üblichen Problem zu kämpfen: Ein Semagrammverfahren ist für längere Nachrichten oft zu umständlich und nicht praktikabel.

Erst etwa 50 Jahre nach Ernst von Bayern ist die nächste Punktchiffre belegt. Sie findet sich in einem Buch des englischen Geistlichen und Wissenschaftlers John Wilkins (1614–1672), der sich ausführlich mit der Steganografie beschäftigte. Allerdings beschreibt Wilkins dieses Verfahren nur, ohne dass es zu einem praktischen Einsatz gekommen wäre. Auch die meisten anderen bekannten Beispiele sind eher Spielereien als ernst zu nehmende Werkzeuge für die geheime Kommunikation.

Immerhin machen sich Punktchiffren gut als Rätsel, so wie der in der Abbildung gezeigte Brief, der wiederum aus dem französischen Magazin *Spirou* stammt.[11] Der Text, den vermeintlich ein Enkel an seine Oma geschrieben hat, ist unwichtig. Die eigentliche Nachricht ist mit Hilfe der Bienen als Punktchiffre kodiert. Nimmt man die unter dem Bild abgetragene Buchstabenfolge als x-Achse, dann ergibt sich daraus folgende Nachricht: RENSEIGNEMENTS ARRIVENT. Das heißt: »Auskünfte kommen.«

Musikalische Botschaften

Zu den nächstliegenden Dokumenten, in die sich eine geheime Botschaft einkodieren lässt, gehören Notenblätter. Wenn jede Note für einen bestimmten Buchstaben steht, dann kann ein Datenschmuggler problemlos einen längeren Text als Musikstück notieren und unauffällig versenden. Allerdings fällt die

11) Spirou, Album 146, 1977

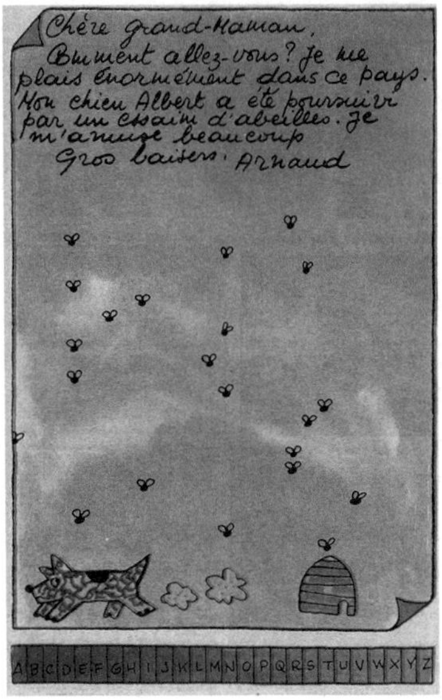

Dieser Kinderbrief aus der französischen Zeitschrift *Spirou* enthält eine versteckte Nachricht.

Tarnung schnell auf, sobald jemand versucht, das Werk zu spielen. Für diesen Fall sollte der Besitzer vorsichtshalber vorgeben, Anhänger einer besonders progressiven Musikrichtung zu sein.

Die Idee, mit Noten Buchstaben darzustellen, ist schon sehr alt.[12] Bereits Johann Sebastian Bach verewigte seinen Nachnamen in zahlreichen Werken, indem er die Tonfolge B-A-C-H einbaute. Bach hatte das Glück, dass es zu jedem der vier Buchstaben einen gleichnamigen Ton gibt. Mindestens 300 andere Komponisten (darunter so bekannte Namen wie Beethoven, Schumann und Liszt) übernahmen in den folgenden Jahrhunderten diese Tonfolge und setzten Bach damit ein Denkmal.

Vor allem im 19. Jahrhundert war es unter Komponisten eine verbreitete Praxis, den eigenen Namen oder sonstige Buchstabenkombinationen mit Noten zu kodieren. So stellte beispielsweise der deutsche Violinist Friedrich Fesca (1789–1826) die Tonfolge F-E-Es-C-A an den Anfang eines Streichquartetts. Ähnliches versuchte Fescas Kollege und Zeitgenosse Louis Spohr (1784–1859) in einem seiner Werke. Da es zu den Buchstaben P, O und R jedoch keine passenden Noten gibt, musste er tricksen. Er begann seine Tonfolge mit einem Es, gefolgt von den Buchstaben »po«, die für »piano« stehen. Darauf folgte ein H und schließlich eine mit dem Hals nach unten dargestellte Viertelnote, die eine gewisse optische Ähnlichkeit mit einem »r« hat. Besonders elegant wirkt dies zwar nicht, aber immerhin.

12) Eric Sams: *Musical Cryptography.* Cryptologia 3/1979

Der irische Komponist John Field (1782–1837) wollte dem offenbar nicht nachstehen. Anstatt seinen Namen in Musikform zu pressen (was nicht wirklich funktioniert hätte), versuchte er es mit den Tonfolgen B-E-E-F (Rindfleisch) und C-A-B-B-A-G-E (Kohl). Diese Melodien waren seiner Haushälterin gewidmet, die ihn offensichtlich mit guten Mahlzeiten versorgte. Falls Sie derartige Tonfolgen nachspielen wollen, sollten Sie beachten, dass die Note B im Englischen eine andere Bedeutung hat als im Deutschen. Hierzulande ist das B ein vermindertes H und daher klanglich mit dem Ais identisch. International kennt man dagegen kein H, sondern bezeichnet diesen Ton als B. Mit anderen Worten: Das deutsche B klingt einen Halbton tiefer als das englische.

Die bisherigen Beispiele wirken recht harmlos im Vergleich zu den Tonspielereien, die Robert Schumann in seine Kompositionen einbaute. Mehrfach kommen in seinen Stücken die Töne Es-C-H-A vor, wobei es sich um die spielbaren Buchstaben seines Nachnamens handelt. Teilweise variierte er auch die Reihenfolge. Weitere von ihm verwendete Folgen sind A-B-E-G (Name eines Freunds), G-A-D-E (ebenfalls der Name eines Freunds), F-A-E (frei aber einsam), A-D-E, A-C-H und B-Es-D-H (Name eines Freunds, eigentlich Bezeth). Schumanns steganografisches Meisterwerk lautet zweifellos LASSDASFADEFASSDASAECHDE, was für »Lass das Fade, fass das Echte« steht.

Ende des 19. Jahrhunderts reichte es einigen Komponisten offenbar nicht mehr aus, nur mit den Buchstaben A bis H zu arbeiten. Einige der Tonmeister entwickelten daher Codes, die jedem Buchstaben eine Note zuordneten. Das Beispiel in der folgenden Abbildung stammt von dem französischen Komponisten Francis Poulenc. Dieser nutzte den Code, um in seinem Stück *Pièce brève sur le nom d'Albert Roussel* (»Kurzes Stück über den Namen Albert Roussel«) den Namen seines Kollegen Albert Roussel zu verarbeiten. Bekannte Komponisten, die mit ähnlichen Codes arbeiteten, waren Claude Debussy, Arthur Honegger und Maurice Ravel.

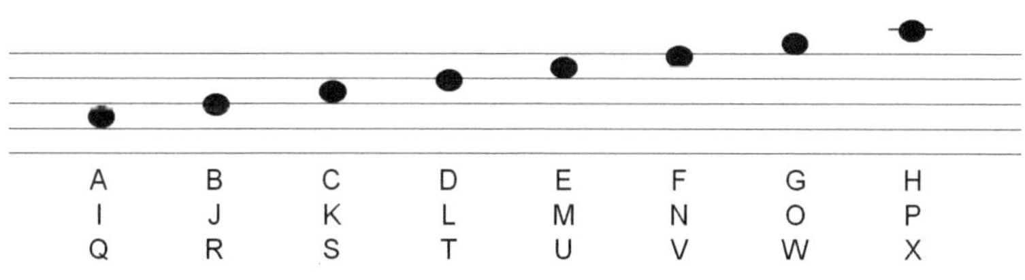

Dieser Notencode stammt von dem französischen Komponisten Francis Poulenc.

Neben Musikern beschäftigten sich auch Verschlüsselungsexperten mit Noten-Codes. Entsprechende Aktivitäten sind erstmals für das 16. Jahrhundert belegt. Unter anderem experimentierte Philipp II. von Spanien damit. Im Vatikan entstand 1596 ein ähnliches System. Dieses sah neun Noten vor, die jeweils acht Werte annehmen konnten, wodurch 72 unterschiedliche Symbole zur Verfügung standen. Leider ist nicht bekannt, in welchem Umfang die päpstlichen Verschlüsselungsexperten dieses System nutzten.

Den einflussreichsten Musik-Code veröffentlichte um das Jahr 1563 der Italiener Giovanni della Porta (1535–1615) in seinem Buch *De furtivis literarum notis*. Er legte elf Töne fest, die es in jeweils zwei Werten gab (siehe Abbildung unten). Damit konnte er die 22 für die lateinische Sprache relevanten Buchstaben kodieren (J, K, V und W ließ er weg). Dieser Code fand in den folgenden Jahrhunderten den Weg in zahlreiche Musik- und Verschlüsselungsbücher. Es gab mehrere Abwandlungen und Erweiterungen. Michael Haydn (1737–1806), der Bruder des bekannteren Komponisten Joseph Haydn, zählt zu den prominentesten Personen, die sich mit diesem Thema befassten.

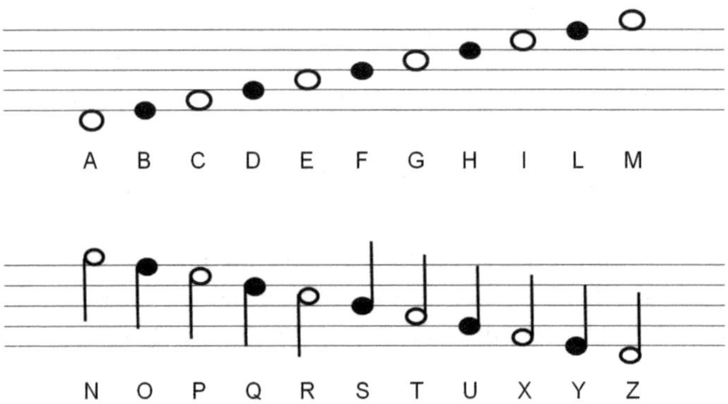

Der Italiener Giovanni della Porta entwickelte im 16. Jahrhundert diesen Code, mit dem sich ein Text als Musikstück tarnen ließ.

Musikalische Steganografie fand jedoch nicht nur in Büchern, sondern auch in der Praxis statt. So verwendeten um das Jahr 1800 zwei französische Diplomaten eine Porta-ähnliche Technik, um miteinander zu kommunizieren. Leider ist nicht bekannt, ob dieses System seinerzeit jemandem auffiel und ob es gebrochen wurde. Für das Jahr 1950 ist ein weiterer Fall belegt. Damals fing die Polizei in New York ein Notenblatt ab, dessen Inhalt sich als nicht spielbar erwies. Eine Überprüfung zeigte, warum: Es handelte sich um einen illegalen Wettschein.

3 Der Mikrofilm im Schuhabsatz – Die originellsten Datenverstecke

Eine der bekanntesten steganografischen Methoden überhaupt wurde 1535 von dem italienischen Wissenschaftler Giovanni della Porta beschrieben. Sie funktioniert wie folgt: Man nehme einen Becher Essig, gebe eine Unze Alaun dazu und schreibe mit dieser Lösung auf die Schale eines hartgekochten Eis. Nach dem Trocknen ist die Flüssigkeit von außen nicht mehr zu sehen. Schält man jedoch das Ei, dann ist die Schrift auf dessen Oberfläche deutlich zu erkennen.

Die Datenverstecke der Weltgeschichte

Giovanni della Portas Ei-Methode ist zwar originell, doch mir ist kein Beispiel bekannt, in dem sie in der Praxis eingesetzt wurde. Dennoch ist die Weltgeschichte voll von einfallsreichen und kuriosen Datenverstecken. Man bezeichnet diese Form des Datenschmuggels auch als technische Steganografie (siehe Anhang A). Die frühesten überlieferten Beispiele gab es bei den alten Griechen. So scherte der Provinzadlige Histiaios einem Sklaven den Kopf, um ihm anschließend eine Nachricht auf die Kopfhaut zu tätowieren. Als die Haare nachgewachsen waren, konnte sich der Sklave unbehelligt auf den Weg zum Empfänger machen. Da die alten Griechen noch weit mehr derartige Techniken anwendeten, werde ich auf deren Steganografie in einem gesonderten Kapitel zurückkommen (Kapitel 11).

Eine frühe Blüte erreichte die Steganografie auch bei den Chinesen. Diese entwickelten mehrere Hochkulturen, die neben der berühmten Mauer auch einige interessante Datenschmuggelmethoden hervorbrachten. Die bekannteste davon sah vor, dass der Absender seine Nachricht auf ein Seidentuch oder ein Stück Papier schrieb, das er anschließend in ein Wachskügelchen einhüllte. Dieses Kügelchen versteckte der Bote am Körper oder in einer Körperöffnung. Manche Überbringer schluckten es, um es beim Empfänger auf naheliegende Weise wieder zum Vorschein zu bringen.[1]

1) David Kahn: *The Codebreakers*. Scribner, New York 1996. S. 73

Das große Interesse der Chinesen an der Steganografie ist kein Zufall. Bekanntlich kennt man im Reich der Mitte keine Buchstabenschrift, sondern verwendet Schriftzeichen, die jeweils ganze Wörter darstellen. Solche Schriftzeichen sind schwer zu verschlüsseln. Die Chinesen mussten daher auf andere Methoden der Geheimhaltung ausweichen und fanden diese in der Steganografie. Ein interessantes Beispiel dafür sind die in China heute noch populären Mondkekse, die während der mongolischen Besatzung als Datenversteck dienten. Damals wollte der Ming-Revolutionär Zhu Yuanzhang Gleichgesinnte zum Kampf gegen die Besatzer aufrufen. Dazu stellte er spezielle Kekse her, in die er jeweils eine Nachricht einbackte, in der zum Aufstand an einem bestimmten Tag aufgerufen wurde. Anschließend setzte er das Gerücht in die Welt, dass eine gefährliche Seuche umginge und dass man eine Ansteckung nur durch das Essen der Kekse verhindern könne. In der Tat fand Zhu Yuanzhang auf diese Weise genug Mitstreiter für einen Aufstand.[2]

Eine andere chinesische Methode sah vor, eine Nachricht direkt auf die Mondkekse zu schreiben. Dies erfolgte auf vier Mondkekse verteilt, wobei der Absender zusätzlich alle Mondkekse viertelte. Die so entstandenen 16 Teile musste der Empfänger wie ein Puzzle zusammensetzen, um die Nachricht rekonstruieren zu können. Anschließend sollte der Empfänger die Mondkekse essen, um die Nachricht zu vernichten.

Nach Erfindung der Mikrofotografie nutzten die Chinesen auch Mikrofilme zum Datenschmuggel. Der Historiker William White berichtet über Praktiken, Mikrofilme unter den Fingernägeln, zwischen den Zehen oder in den Nasenlöchern zu transportieren.[3] Es gab laut dieser Quelle sogar kleine Elfenbeinbehälter für Mikrofilme, die ein Bote schlucken konnte, wenn er die Gefahr einer Entdeckung sah. Das Elfenbein wurde nicht verdaut und wieder ausgeschieden.

In Europa zählte die schottische Königin Maria Stuart zu den Nutzern von Datenverstecken. Während ihrer Gefangenschaft in England korrespondierte sie mit ihren dortigen Unterstützern über verschlüsselte Nachrichten, die in Bierfässern versteckt waren. Dieses Unterfangen ging jedoch genauso schief wie der Plan, ihre Gegenspielerin Elizabeth I. vom Thron zu stoßen. Deren Helfer fanden nicht nur die versteckten Schreiben, sondern konnten auch den verwendeten Verschlüsselungscode knacken. Dadurch hatte Elisabeth I. genug Beweise in der Hand, um ihre Rivalin Maria Stuart 1587 hinrichten zu lassen.

Ebenfalls wenig Glück hatte eine Frau, die anfangs des Ersten Weltkriegs für die Deutschen spionierte.[4] Leider nennt die Quelle weder den Namen noch

---

2) Gregory Kipper: *Investigator's Guide to Steganography.* Auerbach Publishers, Boca Raton 2003. S. 18

3) William White: *The Microdot history and application.* Phillips Publications, Williamstown 1992. S. 22

den Aufenthaltsort dieser Dame. Offensichtlich wurde sie irgendwann vom gegnerischen Geheimdienst aufgegriffen, der in ihrer Schuhsohle ein scheinbar unbeschriebenes Blatt Papier fand. Als die Geheimdienstler das Blatt erwärmten, kam eine mit Geheimtinte geschriebene Nachricht zum Vorschein. Dieser Vorfall veranlasste die Deutschen, sowohl ihre Datenverstecke als auch ihre Geheimtinten zu verbessern. Dabei sollen Schals und Socken zum Einsatz gekommen sein.

Eine oftmals wirkungsvolle Methode zur Übermittlung geheimer Nachrichten waren früher Brieftauben. Das Grundprinzip dieser Idee kannte schon der griechische Militärschriftsteller Aeneas der Taktiker, von dem in Kapitel 11 ausführlich die Rede sein wird. Aeneas setzte noch auf Hunde, die ihren Heimweg finden sollten. Brieftauben kamen dagegen erst im Mittelalter zum Einsatz. Einen Höhepunkt erlebte der Datenschmuggel per Taube während der Belagerung von Paris im Deutsch-Französischen Krieg (1870–871).

Militärisch genutzte Brieftauben gab es auch noch im 20. Jahrhundert. Die Abbildung unten zeigt einen aus London stammenden Bus, der im Ersten Weltkrieg zu einem Taubentransporter umgebaut und jenseits des Ärmelkanals eingesetzt wurde. Auch im Zweiten Weltkrieg setzten die Alliierten Brieftauben zur Nachrichtenübermittlung zwischen Großbritannien und dem Kontinent ein. Teilweise warfen Flugzeuge die Tauben in Weidenkörbchen über dem von den Deutschen besetzten Frankreich an Fallschirmen ab. Mitglieder des Widerstands befestigten dann Nachrichten in Hüllen an Halsbändern, die von den Tauben in ihre Heimatschläge nach England zurückgebracht wurden. Diese Form des Nachrichtentransports war zwar umständlich, aber recht sicher.

Noch im Zweiten Weltkrieg waren Brieftauben ein gängiges Mittel für den sicheren Datentransport. Das Bild zeigt einen Taubentransporter, der in Nordfrankreich und Belgien eingesetzt wurde.

4) Gregory Kipper: *Investigator's Guide to Steganography.* Auerbach Publishers, Boca Raton 2003. S. 31

Etwa zur gleichen Zeit standen auch deutsche Widerstandsgruppen vor dem Problem, Flugblätter und andere schriftliche Unterlagen unbemerkt transportieren zu müssen. Dem Überbringer drohte bei Entdeckung die Todesstrafe. Die in den folgenden beiden Abbildungen gezeigten Ausstellungsstücke – sie stammen aus der Ausstellung »Krypto & Stegano« des Heinz Nixdorf MuseumsForum – zeigen, mit welchen Tricks Hitlers Gegner damals arbeiteten. Sie versteckten Broschüren in Verpackungen für Sammlerbriefmarken, Tomatensamen und Teebeuteln.[5]

Eine Widerstandsgruppe im Dritten Reich verschickte Informationsmaterial in Samen- und Teeverpackungen.

Eine ganz andere Form der versteckten Datenübermittlung während des Zweiten Weltkriegs ist aus dem Warschauer Ghetto überliefert. Verzweifelte Juden fertigten dort Berichte über die Greueltaten der Nazis an, um sie für die Nachwelt festzuhalten. Die Verbrechen im Ghetto sollten dadurch nicht in Vergessenheit geraten. Die Verfasser steckten ihre Niederschriften in verschließbare Kannen und vergruben sie. Zu den wenigen, die währenddessen den Juden im Warschauer Ghetto beistanden, gehörte die Krankenschwester Irina Sendler (1910–2008). Da diese in der Seuchenkontrolle arbeitete, hatte sie Zugang zum abgeschotteten Bereich. Dies nutzte sie, um zusammen mit Helfern etwa 2500 jüdische Kinder herauszuschmuggeln. Um eine spätere Rückführung der Kinder zu ihren Eltern zu ermöglichen, führte Sendler verschlüsselte Namenslisten, die sie in Einmachgläsern unter einem Apfelbaum versteckte. Dieses Datenversteck flog nicht auf, obwohl die Widerstandskämpferin von den Nazis verhaftet und gefoltert wurde. Für ihren Einsatz erhielt Irina Sendler später hohe Auszeichnungen in Israel.

5) Volkhard App: *Thomas Mann im Teebeutel*. Deutschlandradio Kultur vom 8.5.2007

Auch in Verpackungen für Sammlerbriefmarken ließen sich verbotene Broschüren verstecken.

Im Kalten Krieg

Im Juni 1953 ließ ein Zeitungsjunge in New York einen Dollarschein wechseln.[6] Dafür erhielt er unter anderem ein 5-Cent-Stück, das in den USA traditionell als »Nickel« bezeichnet wird. Dem Jungen fiel auf, dass die Münze etwas leichter war als ein normaler Nickel und außerdem eine Einkerbung auf der Randseite hatte. Als der Zeitungsjunge das Geldstück fallen ließ, brach es entzwei, und ein kleines Foto kam zum Vorschein. Dieses zeigte eine Reihe von Zahlen. Der Junge übergab seinen Fund an die Polizei, die schließlich das FBI einschaltete.

Beim FBI untersuchte man die Münze. Sie war aus zwei Nickel-Exemplaren hergestellt worden, die man jeweils abgeschliffen und ausgehöhlt hatte. Im Buchstaben R von »IN GOD WE TRUST« war ein kleines Loch angebracht, über das sich die Münze öffnen ließ. Kein Zweifel, dieses Datenversteck war das Werk von Profis. Für das FBI begann nun eine langwierige und zunächst erfolglose Suche nach der Herkunft des Geldstücks. FBI-Spezialisten verglichen den hohlen Nickel mit anderen Trickmünzen, wie sie beispielsweise von Zauberkünstlern eingesetzt werden, doch ohne Erfolg. Auch die Zahlenreihe auf dem Foto, bei der es sich offensichtlich um eine verschlüsselte Nachricht handelte, half nicht weiter, da das FBI den Code nicht knacken konnte.

Nach vier Jahren kam dem FBI schließlich ein Zufall zu Hilfe. Der sowjetische Spion Reino Häyhänen, der vom Geheimdienst KGB in seine Heimat zurückbeordert worden war, stellte sich den US-Behörden und packte aus. Auf diese Weise erfuhr das FBI wertvolle Details über sowjetische Spionagepraktiken in den USA. Häyhänen übergab den Behörden außerdem eine ausgehöhlte

6) *Famous Cases: Rudolph Ivanovich Abel (Hollow Nickel Case)*. FBI History (www.fbi.gov/fbihistory.htm)

finnische Münze. Eine Untersuchung in den Labors des FBI ergab, dass diese nach genau derselben Methode wie der hohle Nickel hergestellt worden war. Mit Häyhänens Hilfe gelang es dem FBI schließlich auch, die Nachricht im hohlen Nickel zu entschlüsseln. Es handelte sich um eine Willkommensnachricht für den Agenten, in der einige Anweisungen für die Aufnahme seiner Tätigkeit standen. Offensichtlich war das Geldstück versehentlich in Umlauf geraten, bevor es seinen Empfänger erreicht hatte.

Mit diesen Informationen konnte das FBI schließlich auch den Kopf des Spionagerings ausfindig machen. Es handelte sich dabei um einen als Fotografen getarnten New Yorker Agenten, der seinen wahren Namen nach der Verhaftung mit Rudolf Iwanowitsch Abel angab. In Abels Atelier fand man eine umfangreiche Sammlung von Agentenwerkzeugen, unter denen sich auch zahlreiche Datenverstecke befanden. Unter anderem hatte der ertappte Agent Rasierpinsel und Manschettenknöpfe mit eingebauten Hohlräumen verwendet. Das Beweismaterial reichte, um Abel wegen seiner Spionageaktivitäten zu 45 Jahren Gefängnis zu verurteilen.

Der Fall des hohlen Nickels zeigt, welchen Erfindungsreichtum die Geheimdienste im Kalten Krieg an den Tag legten, wenn es um Datenverstecke ging. Die folgende Liste nennt ein paar weitere Beispiele:

- Das Spion-Ehepaar Morris und Lona Cohen, das unter den Falschnamen Peter und Helen Kroger in London lebte, tarnte sich als Buchhändler-Ehepaar und konnte so Mikrofilme unauffällig in Büchern oder Buchrücken verstecken.[7]
- Der Spion Gordon Lonsdale schmuggelte Mikrofilme im Rücken gebundener Zeitschriften.[8]
- Ein weiterer Spion, der DDR-Bürger Adolf-Henning Frucht, empfing Nachrichten von einem Kurier, der diese in einer Zigarettenpackung versteckt hatte.[9] Derselbe Kurier transportierte ein wissenschaftliches Dokument in einer Socke.[10]
- Der Hamburger Stasi-Spitzel Wolfgang Jaeger verpackte Mikrofilme in Kerzen und Pralinen (Marke »Mein und Dein«).[11]

Weitere Datenverstecke aus dem Kalten Krieg findet man in Museen, Ausstellungen und Privatsammlungen. So organisierte das Heinz Nixdorf Forum

---

7) William White: *The Microdot history and application.* Phillips Publications, Williamstown 1992. S. 85
8) Friedrich Bauer: *Entzifferte Geheimnisse.* Springer Verlag, Berlin 1995. S. 6
9) Clive Freeman, Gwynne Roberts: *Der kälteste Krieg. Professor Frucht und das Kampfstoffgeheimnis.* Ullstein, Berlin 1928. S. 126
10) Clive Freeman, Gwynne Roberts: *Der kälteste Krieg. Professor Frucht und das Kampfstoffgeheimnis.* Ullstein, Berlin 1928. S. 141
11) *Hamburger Beamter – zäher Stasi-Spitzel.* Der Spiegel 7/1996

(HNF) in Paderborn 2005 eine Ausstellung mit dem Titel »Mata Hari, James Bond & Co«, in der Gegenstände aus der Spionagetechnik zu sehen waren. Ähnliche Exponate gab es 2006 im Industrion in Kerkrade (Niederlande) unter dem Titel »Top Secret« zu bewundern. Ein bedeutender Privatsammler, der seine Objekte häufig an derartige Ausstellungen verleiht, ist der Deutsche Heinrich Peyers, der freundlicherweise einige Bilder für dieses Kapitel zur Verfügung gestellt hat.

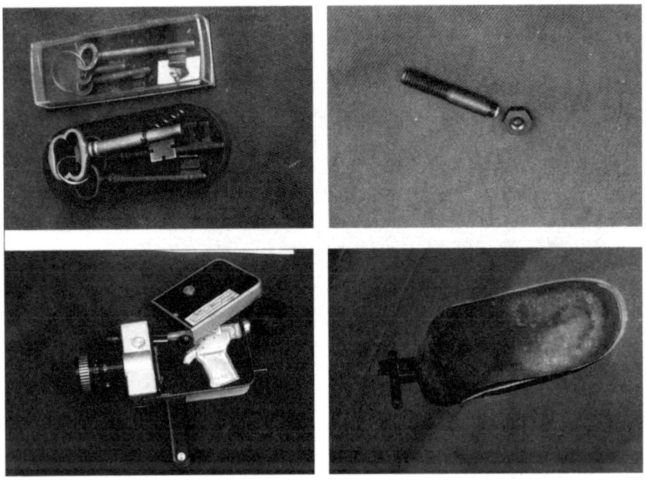

Ob Schlüssel, Schraube, Kamera oder Schuhsohle – nahezu jeder Alltagsgegenstand lässt sich als Datenversteck nutzen.

In derartigen Spionagetechnik-Sammlungen finden sich beispielsweise so genannte Rektalcontainer. In einem solchen lassen sich kleinere Utensilien verstauen, die anschließend im Enddarm transportiert werden. Vor dem Einführen musste der Bote den Rektalcontainer in ein Kondom hüllen. Leider ist mir nicht bekannt, ob weibliche Spione für ähnliche Zwecke einen Vaginalcontainer nutzten.

Weit verbreitet unter Spionen des Kalten Kriegs waren offenbar Reisenecessaires, die neben Kamm, Zahnbürste und Nagelschere ein Geheimfach enthielten. Dieses nutzten Agenten vor allem für Reisepapiere, wenn sie im Ausland unter einer falschen Identität unterwegs waren. Um das Geheimfach zu öffnen, musste man mit einem dünnen Gegenstand einen Klickmechanismus auslösen. Ähnliche Mäppchen gab es auch als Nähset. Als die Grenzstationen dazu übergingen, das Gepäck von Reisenden mit Röntgenstrahlen zu durchleuchten, wurden die anfänglich aus Metall gefertigten Klickvorrichtungen durch Kunststoffkonstrukte ersetzt.

Weitere Exponate in Agentenausstellungen sind Zahnpastatuben, die als Behälter dienten. Es gab sogar Tuben, in denen eine auf Seide gedruckte Landkarte enthalten war. Auch Kugelschreiber wurden genutzt, um Nachrichten zu verstecken. Schrauben mit Hohlraum und Scheckkarten erfüllten einen ähnlichen Zweck. Hohle Schaftschrauben, Batterien und Spazierstöcke kamen ebenfalls zum Einsatz. Nahezu jeder Alltagsgegenstand bot die Möglichkeit zum Datenversteck.

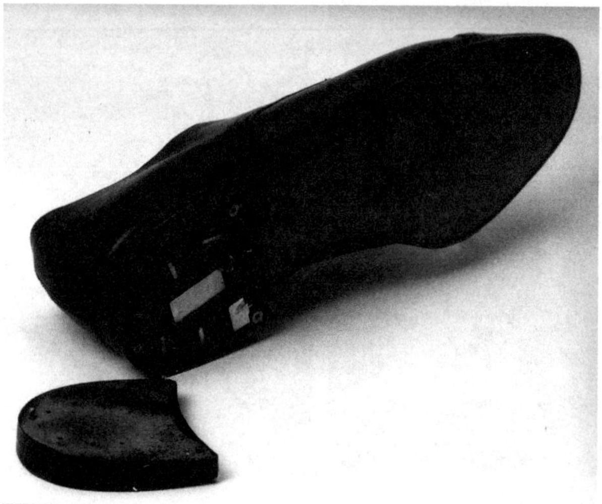

Der Schuhabsatz diente schon so manchem Geheimagenten als Datenversteck.

Nach dem Ende des Kalten Kriegs und mit Aufkommen des Computers haben Datenverstecke inzwischen an Bedeutung verloren. Man kann allerdings davon ausgehen, dass es sie immer noch gibt, denn manche Dokumente lassen sich nicht digital verschicken, und zudem ist der versteckte Transport oftmals weniger verräterisch als ein Steganografie-Programm auf dem Computer. Leider ist von den Geheimdiensten aus naheliegenden Gründen nicht zu erfahren, welche Methoden sie gerade nutzen.

Eine neue Art von Datenversteck stellten 2005 japanische Wissenschaftler vor.[12] Mit Hilfe von Laserstrahlen brannten sie winzige Markierungen in menschliche Fingernägel, wodurch sie Daten auf einem Fingernagel ablegen konnten, die sich mit einem Mikroskop wieder auslesen ließen. Eine mögliche Anwendung dieser Technik ist die Personenidentifizierung – auch wenn Datenschützer diese Idee sicherlich nicht besonders gut finden werden. Immer-

12) Ute Roos: *Datenspeicherung in Fingernägeln.* iX 10/2005

hin verschwinden die Markierungen nach einigen Monaten wieder, was einen extremen Missbrauch verhindern könnte.

Oder wie wäre es mit folgender Anwendung: Da die beschriebene Technik die Speicherung von bis zu 800 Kilobyte pro Fingernagel zulässt, könnte man damit einen Memory-Stick ersetzen. Auf allen zehn Fingern zusammen ließe sich immerhin das Buch unterbringen, das Sie gerade in den Händen halten.

Tote Briefkästen

Eine spezielle Variante der technischen Steganografie ist der Tote Briefkasten. Als solchen bezeichnet man ein unauffälliges, öffentlich zugängliches Versteck, über das ein Spion mit einem Kontaktmann Daten austauscht. Wie dies funktioniert, zeigt beispielsweise der Fall des US-Amerikaners Robert Hanssen, der über zwei Jahrzehnte lang für die Sowjetunion beziehungsweise Russland spionierte. Hanssen übergab seine Geheimpapiere oftmals in einem Park, in dem eine kleine Holzbrücke über einen Bach führte. Die Dokumente, die in einer Mülltüte verpackt waren, befestigte er mit Klebeband an der Unterseite der Brücke. Ein weiteres Stück Klebeband klebte er auf ein nahe gelegenes Schild. Sein Kontaktmann erkannte an dem Streifen, dass der Tote Briefkasten gefüllt war. In einem unauffälligen Augenblick nahm er die Mülltüte an sich.

Nach diesem Ablauf übergab Hanssen auch am 18. Februar 2001 einen Stapel Geheimdokumente an den KGB. Allerdings war ihm zu diesem Zeitpunkt längst die US-Spionageabwehr auf den Fersen. Diese verhaftete ihn noch an Ort und Stelle. Danach observierte das FBI den Toten Briefkasten zwei Tage lang. Doch niemand holte die Tüte ab. In anderen Fällen führte die Entdeckung eines Toten Briefkastens zur Verhaftung von Personen, die sich daran zu schaffen machten.

Eine andere Art von Pech widerfuhr dem in diesem Kapitel bereits erwähnten Agenten Reino Häyhänen, der zusammen mit seinem Kollegen Rudolf Iwanowitsch Abel in den USA für die Sowjetunion spionierte. Wie Häyhänen nach seiner Verhaftung dem FBI mitteilte, hatte er mit Abel über einen Toten Briefkasten kommuniziert, der sich in einem Loch in einer öffentlich zugänglichen Treppe befand. Als FBI-Mitarbeiter diese Stelle untersuchten, fanden sie dort zu ihrer Überraschung eine hohle Schraube, die einen Zettel mit einer Nachricht enthielt. Sie hatte zwei Jahre dort gelegen. Der Grund für diesen Fund: Die zuständige Verwaltung hatte die marode Treppe zwischenzeitlich reparieren lassen, wobei das Loch mit der Schraube zugemauert wurde.

Ein beliebtes Datenversteck für Tote Briefkästen war im Kalten Krieg der Erdnagel. Dabei handelt es sich um einen zylinderförmigen Metallbehälter, der auf einer Seite spitz zuläuft (in Agentenausstellungen gibt es entsprechende Exemplare zu besichtigen). Der Spion konnte den Erdnagel mit Spionagematerial füllen und ihn anschließend an einer vereinbarten Stelle in den Erdboden stecken, wo ihn die Kontaktperson später an sich nahm. Ähnlich unauffällig waren hohle Steinattrappen, die man mit Informationen füllen und irgendwo ins Gelände legen konnte.

Besonders elegant waren Tote Briefkästen, die sich von einem Ort zum anderen bewegten und dadurch nicht nur als Versteck, sondern auch dem Transport dienten. Dies war am besten im Zug möglich. Der DDR-Agent Herbert Schröter, der in den sechziger Jahren in der Bundesrepublik operierte, nutzte diese Möglichkeit. Er versteckte regelmäßig Mikrofilme, die er von einer Spionin erhalten hatte, im Toilettenraum eines Interzonenzugs.[13] Der Türstopper innerhalb des Raums erwies sich hierbei als für einen Toten Briefkasten besonders gut geeignet. Nachdem der Zug die Grenze zur DDR passiert hatte, holte ein Geheimdienstkollege die Filme aus dem Versteck.

1998 wollte ein Pressebericht von ähnlichen Datenschmuggelaktionen im Umfeld des Vatikans wissen.[14] Der Absender der Geheiminformationen soll Alois Estermann, Mitglied und späterer Kommandant der Schweizergarde (diese stellt das Sicherheitspersonal für den Papst), gewesen sein. Estermann soll für die DDR spioniert haben, wobei er angeblich zwischen 1981 und 1984 mehrfach Dossiers mit vertraulichen Informationen aus dem Vatikan in einem Toten Briefkasten im Nachtzug Rom-Innsbruck deponierte. Die Beweislage für diese Behauptung ist allerdings dürftig. Vermutlich handelt es sich dabei nur um eine Spekulation, die nach dem rätselhaften Tod Estermanns im Jahr 1998 aufkam.

Keine Spekulation ist eine Methode, die zwischen dem US-amerikanischen Offizier John Walker, der im Kalten Krieg für die Sowjetunion spionierte, und dem KGB zum Einsatz kam. Walker packte seine Geheimdokumente stets in eine Mülltüte, die er nach Hinzugabe einiger Müllutensilien wasserfest verschloss. Dieses Paket legte er an einem vereinbarten Punkt am Rande einer Landstraße auf den Boden. Wer den Beutel sah, hielt ihn für eine weggeworfene Mülltüte. Nach dem Abladen machte sich Walker auf den Weg zu einem einige Kilometer entfernten Ort, wo er seinerseits am Straßenrand eine dort deponierte Mülltüte aufsammelte. Darin befand sich die Bezahlung für seine Lieferung.

---

13) Kathrin Fastnacht: *Das Lächeln der Spionage.* In: Klaus Beyrer: *Streng geheim; Die Welt der verschlüsselten Kommunikation.* Museumsstiftung Post und Telekommunikation, Frankfurt 1999. S. 189

14) Andreas Förster: *War Estermann ein Stasi-Spion im Vatikan?* Berliner Zeitung vom 9.5.1998

Auch im Mai 1985 suchte Walker am vereinbarten Platz nach der Mülltüte mit den Geldscheinen. Dieses Mal fand er jedoch nichts. Was Walker nicht wusste: Seine Kollegen vom Geheimdienst waren ihm auf die Schliche gekommen und überwachten ihn. Als er sein Geld abholen wollte, befand sich dies längst in den Händen der Polizei. Walker war angesichts des fehlenden Geldpakets irritiert und quartierte sich für die Nacht in einem nahe gelegenen Motel ein. Dort wurde er unter einem Vorwand aus dem Zimmer gelockt und verhaftet.

4 Und ewig zinken die Gauner – Zinker und WAR-Chalker

Erklärt man einem älteren Menschen, was hinter den Begriffen Steganografie und Datenschmuggel steckt, dann fallen diesem als Erstes meist die so genannten Zinken ein. Darunter versteht man einfache Symbole, die früher von Nichtsesshaften (dazu gehörten Hausierer, Bettler, Zigeuner und Landstreicher) an öffentlichen Stellen angebracht wurden, um sich gegenseitig zu verständigen. Diese auch als »fahrendes Volk« bezeichneten Personen waren in der Bevölkerung nicht besonders beliebt, zumal sich auch zahlreiche Kriminelle in diesen Kreisen tummelten. Den Zinken haftet daher traditionell etwas Konspiratives an.

Zinken

Zinken gibt es schon sehr lange. Die ersten Belege für öffentlich angebrachte Geheimzeichen stammen aus dem 16. Jahrhundert. Damals nutzten Verbrecherbanden spezielle Symbole, um sich darüber zu verständigen, welches Haus sie ausrauben wollten. Da hierbei auch Häuser in Flammen aufgingen, spricht man von »Mordbrennerzeichen«. Ein zeitgenössisches Verzeichnis von Mordbrennerzeichen enthält über 300 Einträge, bei denen es sich um vergleichsweise detaillierte Symbole handelt.

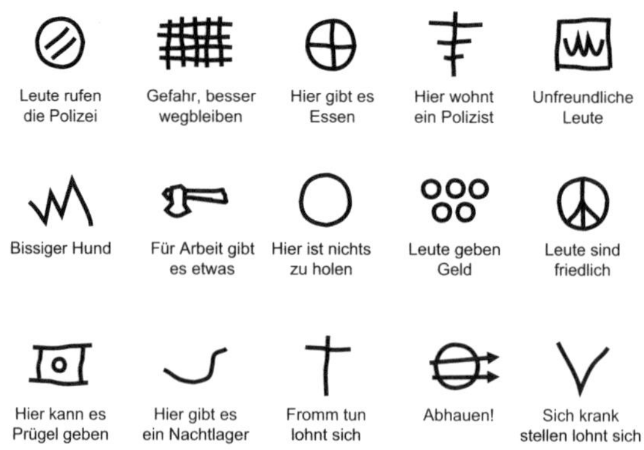

Solche Zeichen (Zinken) fanden sich früher an vielen Orten. Das fahrende Volk nutzte sie zur Kommunikation.

Im 18. Jahrhundert bildeten sich die bis ins 20. Jahrhundert hinein gebräuchlichen Zinken heraus. Sie waren grafisch einfacher als die Mordbrennerzeichen. Das fahrende Volk schrieb sie an die Wände von Privathäusern, Bahnhöfen, Gaststätten und anderen Gebäuden. Auch an Ortseingängen, Schildern und Kirchenmauern waren Zinken zu finden. Meist wurden diese mit Kreide oder Kohle gezeichnet oder direkt in den jeweiligen Untergrund eingeritzt. Neben den Zinken verwendeten die Nichtsesshaften auch zahlreiche Gesten und akustische Signale, die ebenfalls einen geheimen Charakter hatten. Außerdem hatte das fahrende Volk seine eigene Sprache: das Rotwelsch. Aus dieser sind einige Wörter (z. B. pennen, ausbaldowern, Schmuh, Kohldampf) in die deutsche Standardsprache übergegangen.

In der Nachbetrachtung lassen sich drei unterschiedliche Zinkenarten unterscheiden: Mitteilungszinken, Erkennungszinken und Wegweiserzinken. Am bekanntesten sind die Mitteilungszinken, unter denen die Bettlerzinken eine wichtige Untergruppe bildeten. Bettlerzinken fanden sich meist in der Nähe eines Hauseingangs und gaben Auskunft darüber, wie man gegenüber den Bewohnern beim Betteln auftreten sollte, ob womöglich ein Polizeibeamter das Haus bewohnte, ob eine Mahlzeit nur gegen Arbeit zu bekommen war und Ähnliches.

Gaunerzinken bildeten eine weitere und außerdem die größte Gruppe der Mitteilungszinken. Mit diesen warben Kriminelle Komplizen an oder verbreiteten Nachrichten über Verhaftungen, Flucht, Geständnisse oder Verrat. Zudem ließen sich Straftaten mit Hilfe von Gaunerzinken planen. Die folgende Abbildung zeigt ein Beispiel, das um 1905 in Graz auftauchte.[1]

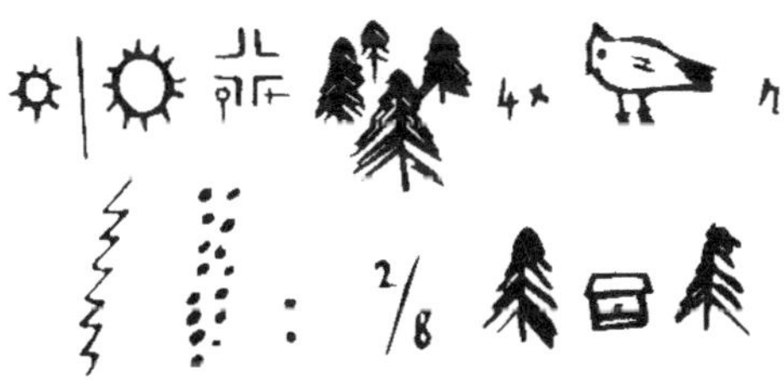

Diese Zinken haben folgende Bedeutung: »Bei Tagesanbruch begebe man sich auf den Weg zur Straßenkreuzung an der Straßenbahnhaltestelle beim Volksgarten. Viermaliger Vogelruf. Unterstützung gesucht. Reiche Beute, Treffen am 28. in der Bedürfnisanstalt am Volksgarten.«

Erkennungszinken kennzeichneten Familien und Personen innerhalb des fahrenden Volks. Sie dienten als Erkennungszeichen, manchmal auch zur Abschreckung, und hatten für ihre Träger oft einen hohen Stellenwert – ähnlich

1) Rudolf Kippenhahn: *Verschlüsselte Botschaften*. Rowohlt, Reinbek 1997. S. 34

wie ein Wappen. Dementsprechend waren sie aufgebaut: Meist enthielten sie geometrische Figuren, Tierdarstellungen, Schmuckelemente und einfache Symbole. Einige Nichtsesshafte ließen sogar Siegelringe mit ihren Motiven anfertigen. Die bewusste Nachahmung von Erkennungszinken galt als schwere Beleidung und wurde daher oftmals mit Gewalt vergolten.

Wegweiserzinken wurden vornehmlich an Weggabelungen angebracht. Man schrieb sie auf Steine, an Bäume oder direkt auf den Boden. Ihr Aufbau war meist recht einfach: Ein Pfeil gab die Richtung an, in die bestimmte Personen gegangen waren, dazu kam meist ein Datum für den Tag der Abreise. Lange oder kurze Striche bezeichneten Männer beziehungsweise Frauen, während Kreise oder andere Symbole Kinder und Tiere darstellten. Durch die Kombination mit einem Erkennungszinken ergaben sich für nachfolgende Reisende sehr präzise Informationen.

Mit Aufkommen des Telefons und anderer moderner Kommunikationsmittel verloren Zinken immer mehr an Bedeutung. Vereinzelt sind die versteckten Symbole dennoch bis heute zu beobachten. Drückerkolonnen verwenden sie, um sich über mögliche Kunden auszutauschen. Die entsprechenden Zeichen finden sich vor allem an Haus- und Wohnungseingängen. In vielen Fällen bedeutet eine Markierung schlicht: »Hier ist schon jemand aus der Kolonne gewesen.« Für detailliertere Nachrichtenübermittlungen dürfte sich dagegen auch unter Drückern inzwischen das Handy durchgesetzt haben.

2004 gingen Meldungen durch die Presse, die von Zinken auf Mallorca berichteten.[2] Auf Deutschlands liebster Ferieninsel sind Einbrüche in Feriendomizile leider keine Seltenheit. Offenbar verständigen sich die Einbrecherbanden teilweise mit Zeichen, die sie an Ferienhäusern anbringen und die eine große Ähnlichkeit mit den klassischen Zinken haben. Die Bedeutung der Symbole ist auf den Verwendungszweck ausgelegt. So gibt es Zeichen für »lohnendes Ziel«, »alleinstehende Frau«, »unbewohntes Haus« oder »Besitzer meist außer Haus«. Allerdings lassen sich auch Mitteilungen wie »großzügige Bewohner« oder »freundliche Bewohner« mit den mallorquinischen Zinken übermitteln – offensichtlich gibt es also auch Zinker, die auf legale Weise an das Geld der Bewohner wollen.

Hobo-Zinken

Zinken, wie sie hierzulande verwendet werden und wurden, gibt es auch in anderen Gegenden der Welt. So verwendeten beispielsweise die amerikanischen Hobos früher eine Symbolsprache, die den europäischen Zinken

2) *Gezinkte Domizile*. Focus 24/2004

ähnelte. Hobo ist in den USA die Bezeichnung für einen Wanderarbeiter. Die Hobo-Kultur erreichte im späten 19. und im frühen 20. Jahrhundert ihren Höhepunkt. Während der Weltwirtschaftskrise nahm die Anzahl der Hobos noch einmal deutlich zu, um anschließend jedoch nach und nach zu verschwinden. In Deutschland wurden die Hobos vor allem durch die Fernsehserie *Der Seewolf* bekannt, in der die beiden Hauptpersonen als Hobos durch die USA reisen und dabei als blinde Passagiere in Güterzügen unterwegs sind. Hobos lebten in vielerlei Hinsicht ähnlich wie das fahrende Volk in Europa und hatten in der Bevölkerung ein ähnlich geringes Ansehen.

Die Zinken der amerikanischen Hobos ähnelten denen des fahrenden Volks in Europa.

Die Hobos verwendeten Zinken, die zwar oft anders aussahen, in Bedeutung und Zweck ihrem europäischen Vorbild jedoch stark ähnelten. Einige Symbole dienten als Wegweiser, andere als allgemeine Hinweise (»Geh nicht diesen Weg«). Selbst Warnungen vor zu vielen Hobos in einer bestimmten Gegend gab es. Vor allem gaben viele Zeichen Auskunft über die Haltung von Hausbewohnern gegenüber den nichtsesshaften Zeitgenossen. Einige waren großzügig, andere geizig, manche hatten bei allzu harten Schicksalen Mitleid oder zeigten die kalte Schulter. Solche Informationen ließen sich mit entsprechenden Zeichen an den Häusern anbringen.

Darüber hinaus schrieben Hobos ihre Zinken auf Strom- oder Telefonmasten (diese waren damals noch aus Holz). Da Hobos oft mit dem Zug reisten (häufig als blinde Passagiere in Güterzügen), fanden sich vor allem in Bahnhofsnähe viele Zinken. Als Werbeplakate aufkamen, wurden diese ebenfalls zu beliebten Zeichenträgern. Die zunehmende Verbreitung von Autos hinterließ ebenfalls ihre Spuren in den Hobo-Zinken. Diese gab es mit der Zeit vermehrt auch für Anhalter. Teilweise enthielten sie ganze Landkartenskizzen mit Hinweisen darauf, wo und wie man die besten Chancen hatte, mitgenommen zu werden. Zum Schreiben verwendeten die Hobos meist Kohle. Diese verschwand spätestens mit dem nächsten Regen wieder, was durchaus gewollt war.

Natürlich gab es auch bei den Hobo-Zinken lokale Unterschiede, und die Zeichen änderten sich mit der Zeit. Änderungen waren oft schon allein deshalb notwendig, weil sich manche Witzbolde den Spaß machten, Hobo-Zeichen zu fälschen und die fahrenden Arbeiter dadurch auf falsche Fährten zu locken. Nur wer ständigen Kontakt zu anderen Hobos hatte, blieb daher über den aktuellen Code informiert. Vereinzelt sind heute noch Hobo-Zinken zu sehen, genauso wie es nach wie vor Menschen gibt, die sich als Hobos bezeichnen. Allerdings dürften Mobiltelefone und das Internet inzwischen die deutlich wichtigeren Hobo-Kommunikationsmittel sein.

Der Quilt-Code der Sklavereigegner

Eine der schönsten Geschichten rund um öffentlich angebrachte Geheimmarkierungen soll sich in den USA zur Zeit der Sklaverei abgespielt haben. Damals wiesen angeblich Muster auf kunstvoll gestalteten Stoffdecken (Quilts) entflohenen Sklaven den Weg in die Freiheit. Zwar halten Historiker diese Behauptung für eine Legende, trotzdem will ich Ihnen diese nette Geschichte nicht vorenthalten.

Keine Legende ist, dass es in den USA im 19. Jahrhundert eine Organisation namens Underground Railroad gab. Dabei handelte es sich nicht etwa um eine unterirdisch verlaufende Eisenbahn, sondern um eine Initiative, die Sklaven die Flucht auf sicheres Territorium ermöglichte. Sicher war zunächst nur Kanada, später kamen die Nordstaaten hinzu, nachdem diese die Sklaverei abgeschafft hatten. Die Underground Railroad war eine komplexe und weitverzweigte Untergrundorganisation, die im gesamten damals erschlossenen Gebiet der USA konspirative Transportrouten, geheime Treffpunkte und sichere Gebäude unterhielt. Ihre Gegner waren unter anderem Sklavenjäger, die es auf die oft beträchtlichen Prämien abgesehen hatten, die auf die Ergreifung entlaufener Sklaven ausgesetzt waren.

Man kann davon ausgehen, dass in der Underground Railroad – wie in jeder konspirativen Organisation – die Steganografie eine Rolle spielte. Zweifellos nutzten die Aktivisten geheime Signale, um auf Treffpunkte hinzuweisen oder um sich gegenseitig zu erkennen zu geben. Vermutlich kamen dabei auch die unter den Sklaven beliebten Gesänge als Kommunikationsmittel zum Einsatz. Leider ist über diesen Teil der Underground Railroad kaum etwas überliefert.

Ende der achtziger Jahre kam eine neue Theorie auf. Die Journalistin Jacqueline Tobin und der Historiker Raymond Dobard behaupteten, innerhalb der Underground Railroad seien Quilts zu Zwecken der versteckten Kommunikation eingesetzt worden.[3] Ein Quilt ist eine aus mehreren Stofflagen genähte Decke, die in vielen Fällen mit farbigen Mustern verziert ist. Die Herstellung von Quilts per Handarbeit hat in den USA eine lange Tradition und ist bis heute ein beliebtes Hobby amerikanischer Frauen.

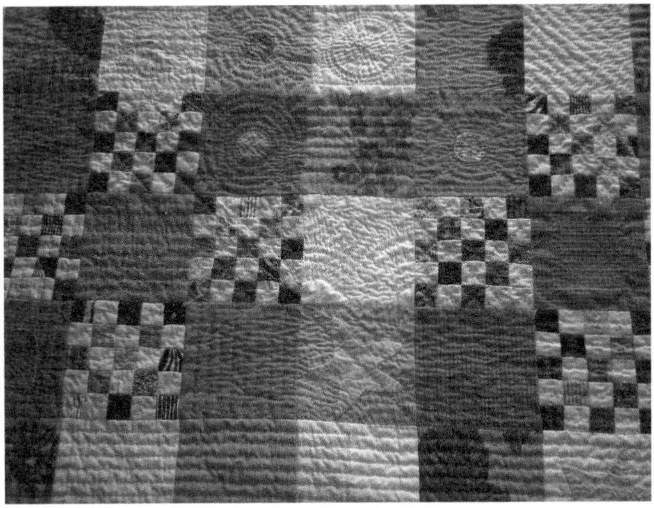

Ein Quilt ist eine verzierte Stoffdecke. Der Legende nach spielte ein Quilt-Code eine Rolle bei der Befreiung von Sklaven in den USA.

Die beiden Autoren bezogen sich bei ihrer Quilt-Theorie auf Aussagen einer in South Carolina lebenden schwarzen Quilterin, die sich ihrerseits wiederum auf eine Überlieferung ihrer als Sklaven lebenden Vorfahren berief. Glaubt man dieser Frau, dann gab es einen Quilt-Code, der 12 unterschiedliche Symbole vorsah. Diese wurden auf die Quilts genaht. Laut Tobin und Dobard hängten Sklaven diese Quilts an gut einsehbaren Stellen auf, um ihren fluchtwilligen Kameraden Signale zu geben. Zudem kamen die Symbole auch auf den zahlreichen Routen der Organisation zum Einsatz. Unter anderem gab es folgende Quilt-Zeichen:

- Schraubenschlüssel (monkey wrench): Dieser forderte die Sklaven zum Sammeln ihrer Werkzeuge und sonstiger Gegenstände für die bevorstehende Flucht auf.
- Wagenrad (wagon wheel): Dies war die Aufforderung zur Flucht.

3) Jacqueline L. Tobin, Raymond G. Dobard: *Hidden in Plain View: The Secret Story of Quilts and the Underground Railroad.* Bantam Doubleday Dell, New York 1999

- Bärentatze (bear paw): Dieses Symbol forderte Sklaven auf der Flucht auf, Bärenspuren zu folgen (diese weisen oft den besten Weg über einen Berg, da Bären diesbezüglich eine gute Orientierung haben).
- Kreuzung (crossroads): Sie markierte die halbe Strecke auf der Flucht.
- Fliege (bow tie): Gemeint ist das Kleidungsstück, nicht das Tier. Eine Fliege forderte die Sklaven zum Wechseln der Kleidung auf, um sich anderen klimatischen Bedingungen anzupassen.
- Weg eines Betrunkenen (drunkard's path): Forderte die Sklaven auf, für die nächste Etappe nicht den direkten Weg zu nehmen, um Verfolger abzuschütteln.

Glaubt man Tobin und Dobard, dann wurden solche Zeichen innerhalb der Underground Railroad ähnlich wie in Europa die Zinken verwendet. Entflohene Sklaven erhielten dadurch wichtige Hinweise auf ihrer Flucht, während die Helfer der Underground Railroad sich auf diese Weise miteinander verständigten.

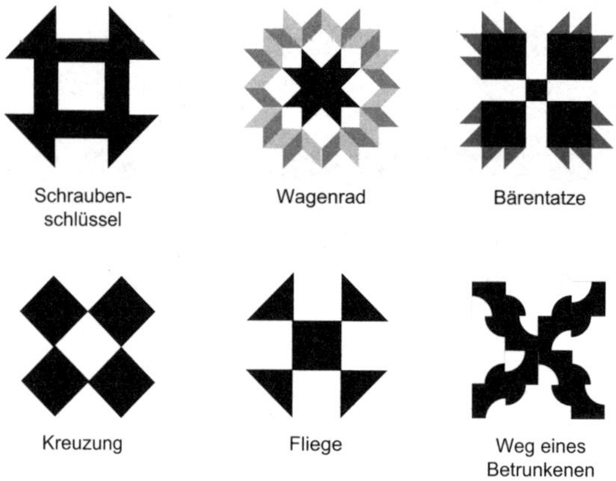

Solche Muster, die auf Quilts aufgebracht wurden, sollen einen Geheimcode gebildet haben.

Leider hat diese Geschichte einen kleinen Schönheitsfehler: Es gibt für die Existenz des Quilt-Codes keinen zuverlässigen Beleg. Die einzige Quelle sind die Aussagen der Quilterin, die ihre Informationen selbst nur aus zweiter oder dritter Hand erhielt. Historiker halten den Quilt-Code daher für eine Legende. Diese Einschätzung wird vom gesunden Menschenverstand gestützt. So ist das Signalisieren über aufgehängte Quilts schlichtweg nicht praktikabel. Zinken und ähnliche Kommunikationssysteme müssen einfach und unauffällig sein. Ein Quilt ist dagegen aufwendig herzustellen und recht auffällig.

Blickt man auf die angeblichen Quilt-Symbole, dann fällt außerdem auf, dass diese zwar recht romantisch, aber nicht besonders realistisch wirken. Statt einfachen Wegweisern kommen umständliche Anweisungen (etwa die

Aufforderung zum Folgen der Bärenspuren) zur Anwendung. Menschen verhalten sich deutlich pragmatischer, wenn es um Leben und Tod geht. Gegen einen solchen Code spricht außerdem, dass ein Quilt schwer zu ändern ist – ein klarer Nachteil, denn Zinken änderten sich im Laufe der Zeit und wurden oftmals sogar von Unbeteiligten nachgemacht. Nicht zuletzt ist ein Quilt ein hervorragendes Beweisstück gegen denjenigen, der ihn verwendet. Wer unter konspirativen Umständen öffentlich Nachrichten übermittelt, nutzt dazu lieber eine unauffällige Zeichnung oder ein nicht als solches erkennbares Zeichen (etwa ein Stein, der an einer bestimmten Stelle liegt, oder ein Nagel, der irgendwo steckt). Solche Codes könnten in der Underground Railroad zum Einsatz gekommen sein. Ein Quilt-Code dürfte jedoch kaum eine Rolle gespielt haben.

WAR-Chalking

Die derzeit aktuellste Form des Zinkens wird nicht mehr vom fahrenden Volk, sondern von Computernutzern verwendet. Ihnen geht es nicht um Geld oder ein Nachtlager, sondern um einen kostenlosen Zugang zum Internet oder gar um Spionage in fremden Computernetzen. Möglich wird dies durch die Technik des Wireless LAN, über die Computer kabellos über die Distanz von maximal einigen Dutzend Metern miteinander kommunizieren können. Das Wireless LAN ist besonders beliebt, um Bürorechner oder Heim-PCs ohne Kabelsalat an einen Router anzuschließen, der die Verbindung zum Internet herstellt.

Solche Symbole, die an öffentlichen Stellen aufgetragen werden, zeigen eine Zugangsmöglichkeit zu einem Wireless LAN an.

Wie alle kabellosen Übertragungstechniken birgt auch das Wireless LAN gewisse Sicherheitsrisiken. Wenn sich ein Rechner im Büro drahtlos mit einem WLAN-Zugangspunkt verbinden kann, dann kann dies auch ein Computer tun, der außerhalb des Gebäudes steht. Ein Hacker kann dies nutzen, indem er beispielsweise mit einem Laptop auf dem Beifahrersitz durch ein

Industriegebiet fährt und gezielt nach WLAN-Zugängen Ausschau hält, in die er sich einklinken kann. Je nach Netzaufbau kann er im Erfolgsfall fremde E-Mails mitlesen oder in vertraulichen Daten schnüffeln. Davon abgesehen kann ein ungeschützter WLAN-Zugang auch eine Möglichkeit sein, kostenlos im Internet zu surfen.

Wenn ein Hacker bei der Suche nach einem WLAN-Zugang fündig geworden ist, dann kann er eine moderne Form des Zinkens anwenden, um seine Kollegen darüber zu informieren. Dies wird als WAR-Chalking bezeichnet. In der Abbildung auf vorherigen Seite sind die entsprechenden Zeichen zu sehen, die ein Warchalker auf der Straße oder an einer Hauswand aufbringen kann. Zwei Halbkreise stehen für einen offenen Zugang, der einen direkten Zugang zum Internet (und damit kostenloses Surfen) ermöglicht. Ein geschlossener Kreis weist auf einen geschützten Zugang hin, über den man nicht ohne Weiteres ins Internet kommt. In diesem Fall benötigt man entweder eine spezielle Knack-Software oder Insiderwissen, um an den verwendeten Schlüssel heranzukommen. Besitzt jemand diese Informationen, dann kann er sie über einen Kreis mit einem W (für die Zugangsschutztechnik WEP, dic in WLANs zum Einsatz kommt und die es zu überwinden gilt) an die Wand zinken.

Im Gegensatz zu den herkömmlichen Zinken lässt sich beim WAR-Chalking der Ursprung der Methode genau zurückverfolgen. Im Juni 2002 veröffentlichte der britische Web-Designer Matt Jones eine Übersicht über die diversen Symbole, die er selbst entwickelt hatte. Das große Medieninteresse veranlasste auch viele WLAN-Betreiber, entsprechende Markierungen anzubringen, um ihren Internetzugang der Allgemeinheit zur Verfügung zu stellen. Sogar kommerzielle Anbieter betrieben auf diese Weise Werbung.

WAR-Chalking ist zwar zweifellos eine moderne Form des Zinkens, doch im Grunde ist sie selbst schon wieder veraltet. Schließlich werden Internetanschlüsse immer billiger und offizielle WLAN-Zugänge (z.B. in Hotels oder Restaurants) immer häufiger. Ein kostenloser Internetzugang weckt daher heute kaum noch Begehrlichkeiten. Auch für Schnüffler wird es zunehmend schwieriger, da WLANs mit vertraulichem Inhalt heute meist durch Verschlüsselung abgesichert sind. Trotzdem bieten einige Firmen nach wie vor WAR-Chalking-Sets als (nicht ganz ernst gemeinte) Werbegeschenke an. Der Inhalt: ein Stück Kreide und ein Zettel mit den WAR-Chalking-Symbolen.

Ein auf die Straße gemaltes WAR-Chalking-Symbol in Bamberg

Weitere Zinken-Codes

Symbole in der Öffentlichkeit anzubringen, ist alles andere als eine neue Idee. Schon in der Bibel findet sich ein Beispiel. Im Buch Exodus lässt Gott zehn Plagen über die Ägypter kommen, die den Pharao dazu bewegen sollen, die Israeliten aus der Gefangenschaft zu entlassen. Allerdings bringt erst die zehnte Plage Erfolg, die alle Erstgeborenen der Ägypter sterben lässt. Damit Gott nicht aus Versehen die falschen Kinder heimsucht, befiehlt er den Israeliten, das Blut frisch geschlachteter Lämmer an ihre Türbalken zu streichen. So kann er seine Todestour auf die ägyptischen Häuser beschränken. Warum ein allmächtiger Gott eine solche Form des Zinkens benötigt, steht leider nicht in der Bibel.

Ein weiteres bekanntes Beispiel, in dem öffentlich angebrachte Zeichen eine Rolle spielten, stammt aus dem Zweiten Weltkrieg. Die damals wichtigste Widerstandsorganisation in Österreich hatte den Namen O5. Die O5-Mitglieder nutzten zinkenähnliche Symbole, um sich untereinander zu verständigen. Bekannt wurde diese Praxis vor allem durch den Spielfilm *Der dritte Mann*, der bekanntlich im Wien der Nachkriegszeit spielt. In einer der berühmten Verfolgungsszenen in der Kanalisation ist ein O5-Zeichen auf der Kanalwand zu erkennen. Der bekannteste reale O5-Schriftzug befindet sich an der Außenwand des Wiener Stephansdoms und ist dort heute noch zu sehen. Ursprünglich war die Markierung aufgemalt, inzwischen hat man sie durch eine Eingravierung ersetzt.

Das Zeichen der Widerstandsbewegung 05 am Wiener Stephansdom ist heute noch zu erkennen. Es steht unter Denkmalschutz.

Neuere Formen des öffentlichen Signalisierens kommen im Zusammenhang mit Toten Briefkästen vor (siehe Kapitel Seite 37). Wenn ein Agent eine Nachricht in einem solchen deponiert, hinterlässt er meist in der Nähe ein zuvor vereinbartes Zeichen. Der sowjetische Spion Reino Häyhänen, der 1953 unter falschem Namen in die USA einreiste, hatte beispielsweise die Anweisung, nach seiner Ankunft eine rote Heftzwecke in einen Holzpfosten an einer vereinbarten Stelle zu stecken, um seinem Kontaktmann seine Ankunft und Einsatzbereitschaft anzuzeigen.[4] Wenn er sich beobachtet fühlte, sollte es eine weiße Heftzwecke sein.

Ebenfalls neueren Datums sind Berichte über zinkenähnliche Zeichen, die an chinesischen Krankenhäusern angebracht sind.[5] Mit den Markierungen, die beispielsweise das Wort »Niere« und eine Telefonnummer enthalten, bieten dubiose Händler Spenderorgane an, für die bekanntlich großer Bedarf besteht. In China gibt es zahlreiche Kliniken, die zahlungskräftigen Ausländern Organe verpflanzen. Sie profitieren davon, dass die dortigen Behörden bei der Beschaffung von Organen nicht gerade zimperlich sind und selbst hingerichtete Strafgefangene als menschliche Ersatzteillager missbrauchen. Die an den Klinikeingängen angebrachten Markierungen stammen jedoch nicht von der jeweiligen Krankenhausverwaltung, sondern von illegalen Organhändlern.

Auch in der Watergate-Affäre, die US-Präsident Richard Nixon das Amt kostete, spielten in der Öffentlichkeit versteckte Nachrichten eine Rolle. Kommunikationspartner waren die beiden Journalisten Robert Woodward und Carl Bernstein auf der einen Seite sowie auf der anderen ein anonymer Informant, der sich Deep Throat nannte (inzwischen weiß man, dass es sich dabei um den hochrangigen FBI-Mitarbeiter Mark Felt handelte). Wenn die beiden

4) *Famous Cases: Rudolph Ivanovich Abel (Hollow Nickel Case).* FBI History (www.fbi.gov/fbihistory.htm)

5) Roman Heflik: *Das Geschäft mit den Hingerichteten.* Der Spiegel Online vom 22.3.2006

Journalisten ein Treffen mit Deep Throat haben wollten (ein solches fand immer unter konspirativen Umständen in einer Garage statt), signalisierte Woodward dies, indem er eine Fahne in einen Blumentopf auf seinem Balkon steckte. Diese Fahne war für vorbeifahrende Fahrzeuge und damit auch für den Informanten zu erkennen.

Auch Deep Throat hatte eine Möglichkeit, ein gewünschtes Treffen einzuberufen. Er nahm dazu die für Woodward bestimmte Zeitung aus dessen Briefkasten und markierte darin bestimmte Stellen. Dadurch signalisierte er gleichzeitig auch die Uhrzeit. Die steganografische Kleinarbeit der beiden Journalisten und ihres Informanten zahlte sich aus. Nachdem sie Präsident Nixon eine tiefe Verstrickung in die Watergate-Affäre nachweisen konnten, musste dieser 1974 zurücktreten.

5 Der zweite Sinn – Text im Text

Im Zweiten Weltkrieg gab es einen US-Soldaten, der in Tunis stationiert war und seinen Eltern von dort nacheinander fünf Briefe zuschickte. Da er seinen Aufenthaltsort nicht nennen durfte, hatte er mit seiner Familie zuvor einen Code vereinbart.[1] Dieser besagte, dass die jeweils ersten Buchstaben seiner Briefe aneinandergereiht den Namen des betreffenden Orts ergaben. In der Tat lauteten diese Buchstaben T-U-N-I-S. Allerdings beachtete der Soldat nicht, dass die Briefe unterschiedliche Laufzeiten hatten, und er verzichtete zudem auf ein Datum. Seine Eltern stellten daher einige Zeit später per Brief eine kuriose Frage: Wo liegt Nutsi?

Null-Chiffren

Der Typ von Verfahren, den der Soldat verwendete, nennt man Null-Chiffre. Bei einer Null-Chiffre dient ein unverfänglicher Text als Datenversteck. Um die wahre Botschaft zu ermitteln, muss sich der Empfänger nach einer vereinbarten Regel bestimmte Buchstaben oder Wörter herauspicken. Denkbar ist etwa der jeweils erste Buchstaben eines Worts oder eines Abschnitts. Möglich ist es auch, beispielsweise jeden zehnten Buchstaben des Texts oder jedes zehnte Wort zu nehmen. Das Markieren einzelner Buchstaben oder die Verwendung einer Schablone zum Heraussuchen der relevanten Textteile zählen dagegen nicht zu den Null-Chiffren, sondern werden anderen Verfahren zugerechnet, die Sie im Laufe dieses Kapitels noch kennenlernen.

Null-Chiffren sind eine recht naheliegende Form der Steganografie. Vor allem die Verwendung des jeweils ersten Buchstabens eines Worts oder einer Zeile ist weit verbreitet – so weit, dass es dazu ein eigenes Kapitel in diesem Buch gibt, siehe Kapitel 6. Allerdings ist die Nutzung von Null-Chiffren oft schwierig, da der Urheber den Tarntext genau an die versteckte Nachricht anpassen muss. Dies führt meist dazu, dass der Tarntext seltsam und unnatürlich klingt. Der anfangs erwähnte US-Soldat hatte es vergleichsweise leicht, da

1) David Kahn: *The Codebreakers*. Scribner, New York 1996. S. 521

bei ihm nur ein Buchstabe pro Brief zählte. Dafür musste er fünf Briefe schreiben, um ein einziges Wort zu übermitteln.

Mehr Glück als der Soldat in Tunis hatte der royalistische Offizier John Trevanion (1613–1643) während seiner Gefangenschaft im englischen Bürgerkrieg.[2] Trevanion erhielt von einem anonymen Sympathisanten einen Brief mit folgendem Wortlaut:

Worthie Sir John:- Hope, that is ye beste comfort of ye afflicted, cannot much, I fear me, help you now. That I would saye to you, is this only: if ever I may be able to requite that I do owe you, stand not upon asking me. 'Tis not much that I can do: but what I can do, bee ye verie sure I wille. I knowe that, if dethe comes, if ordinary men fear it, it frights not you, accounting it for a high honor, to have such a rewarde of your loyalty. Pray yet that you may be spared this soe bitter, cup. I fear not that you will grudge any sufferings; only if bie submission you can turn them away, 'tis the part of a wise man. Tell me, an if you can, to do for you anythinge that you wolde have done. The general goes back on Wednesday. Restinge your servant to command. — R.T.

Die gestelzte Sprache dieser Mitteilung machte Trevanion stutzig. Er vermutete deshalb eine versteckte Botschaft darin, die er nach einigen Stunden der Suche auch fand. Wenn man nach jedem Satzzeichen den dritten Buchstaben liest, dann ergibt sich: »Panel at east end of chapel slides« (Platte am östlichen Ende des Kapellengangs). Die Nachricht bezog sich offensichtlich auf die Kapelle auf dem Gelände, wo Trevanion festgehalten wurde. Mit Einverständnis seiner Bewacher zog sich der Gefangene daher in das kleine Gotteshaus zurück – angeblich um zu beten. In Wirklichkeit untersuchte er die beschriebene Platte an der Kapellen-Ostseite und fand dort tatsächlich einen geheimen Ausgang. Über diesen gelang ihm die Flucht.

Zwei weitere Beispiele für Null-Chiffren stammen aus dem Ersten Weltkrieg. Damals schickte ein namentlich nicht bekannter Deutscher folgendes Telegramm an einen ebenfalls nicht uberlieferten Empfanger:[3]

PRESIDENT'S EMBARGO RULING SHOULD HAVE IMMEDIATE NOTICE. GRAVE SITUATION AFFECTING INTERNATIONAL LAW. STATEMENT FORESHADOWS RUIN OF MANY NEUTRALS. YELLOW JOURNALS UNIFYING NATIONAL EXCITEMENT IMMENSELY.

2) David Kahn: *The Codebreakers*. Scribner, New York 1996. S. 521
3) David Kahn: *The Codebreakers*. Scribner, New York 1996. S. 521

Liest man nur die ersten Buchstaben dieser Nachricht, dann ergibt sich: PERSHING SAILS FROM NY JUNE I (»Pershing segelt am 1. Juni von New York«). Diese versteckte Botschaft bezog sich auf den US-General John J. Pershing, den Präsident Woodrow Wilson im Mai 1917 zum Oberbefehlshaber der US-Streitkräfte in Europa ernannte. Anders als in der verborgenen Nachricht dargestellt, brach Pershing jedoch nicht am 1. Juni, sondern bereits am 28. Mai 1917 nach Europa auf. Daher ist auch der versteckte Inhalt eines zweiten Telegramms aus der damaligen Zeit falsch. Es hatte folgenden Wortlaut:

> APPARENTLY NEUTRAL'S PROTEST IS THOROUGHLY DISCOUNTED AND IGNORED. ISMAN HARD HIT. BLOCKADE ISSUE AFFECTS PRETEXT FOR EMBARGO ON BYPRODUCTS, EJECTING SUETS AND VEGETABLE OILS.

Dieses Mal zählen jeweils die zweiten Buchstaben. Dadurch ergibt sich folgender Text: PERSHING SAILS FROM NY JUNE I. Leider ist in beiden Fällen nicht bekannt, ob die versteckten Nachrichten ihre Empfänger erreichten und ob sie von diesen erkannt wurden.

Erkannt wurde in jedem Fall eine versteckte Nachricht in einem Brief des US-Soldaten Frank G. Jonelis.[4] Dieser befand sich 1943 in japanischer Kriegsgefangenschaft. Von dort durfte er zwar Briefe in seine Heimat schreiben, doch diese wurden von den Japanern zensiert. Allerdings gelang es Jonelis, die Zensoren zu überlisten, als er einen Brief an einen gewissen Mr. F. B. Iers schrieb, dessen Adresse er mit Raum 1619 in der Main Street 100 bei der Federal Building Company in Los Angeles angab. Der Wortlaut des Briefs lautete:

> *Dear Iers:*
>
> *After surrender, health improved*
> *Fifty percent. Better food etc.*
> *Americans lost confidence*
> *In Philippines. Am comfortable*
> *In Nippon. Mother: invest*
> *30%, salary, in business. Love*
>
> *Frank G. Jonelis*

Die Japaner gaben diesen Brief frei, und so landete er schließlich in den Händen des zuständigen Postboten in Los Angeles. Dieser stellte jedoch fest, dass es in der Main Street 100 weder einen Raum 1619 noch eine Federal

4) David Kahn: *Nuggets form the Archives; A Nullcode from the Whitehouse.* Cryptologia 2/1980

Building Company gab. Dafür residierte in Zimmer 619 das FBI. Der angebliche Name des Empfängers (F. B. Iers) machte deutlich, dass diese Behörde den Brief erhalten sollte. Beim FBI kam man schnell dahinter, was die Botschaft bedeutete. Liest man jeweils nur die ersten beiden Wörter einer Zeile, dann ergibt sich: »After surrender fifty percent Americans lost in Philippines, in Nippon 30%.« (Nach Kapitulation 50 Prozent amerikanische Verluste auf den Philippinen, in Japan 30 Prozent). Jonelis wollte seine Heimat also über die aktuelle Situation am Kriegsschauplatz informieren.

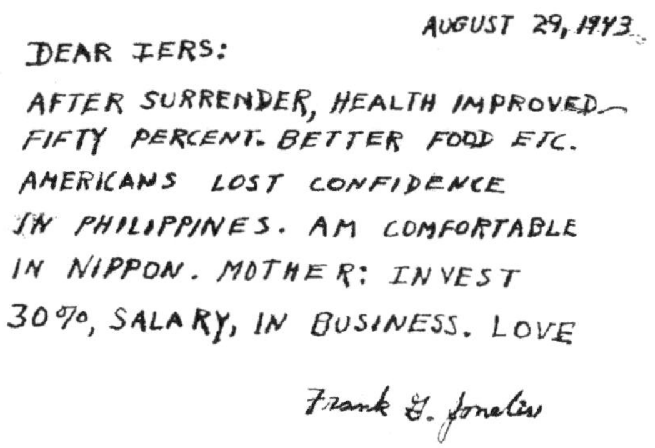
AUGUST 29, 1943

DEAR IERS:

AFTER SURRENDER, HEALTH IMPROVED—
FIFTY PERCENT. BETTER FOOD ETC.
AMERICANS LOST CONFIDENCE
IN PHILIPPINES. AM COMFORTABLE
IN NIPPON. MOTHER: INVEST
30%, SALARY, IN BUSINESS. LOVE

Frank G. Jonelis

In dieser Mitteilung versteckte ein gefangener US-Soldat eine geheime Nachricht.

Eine ähnliche Technik verwendete ein burmesischer Dichter namens Saw Wai im Februar 2008 während der Unruhen in Burma.[5] In einem achtzeiligen Liebesgedicht in burmesischer Sprache ergab sich nach Aneinanderreihung des jeweils ersten Worts pro Zeile ein Satz mit folgender Bedeutung: »Machtgieriger Herr General Than Shwe.« Dieser Vorwurf bezog sich auf den burmesischen Diktator Than Shwe, der erwartungsgemäß wenig Verständnis für die per Null-Chiffre übermittelte Kritik hatte. Saw Wai wurde daher verhaftet. Über sein weiteres Schicksal war mir bei Redaktionsschluss dieses Buchs nichts bekannt.

Neben diesen ernsthaften Beispielen gibt es auch Null-Chiffren, die nicht mehr als eine Spielerei sind. Der US-Dichter Edgar Allan Poe schuf eine solche in Form des Gedichts *A Valentine*. Dieses ist einer Poetin und Zeitgenossin Poes namens Frances Sargent Osgood gewidmet und lautet wie folgt:

For her this rhyme is penned, whose luminous eyes,
Brightly expressive as the twins of Lœda,
Shall find her own sweet name, that, nestling lies

5) Martin H. Petrich: *Der birmesische Patient.* taz.de vom 16.2.2008

Upon the page, enwrapped from every reader.
Search narrowly the lines! — they hold a treasure
Divine — a talisman — an amulet
That must be worn at heart. Search well the measure —
The words — the syllables! Do not forget
The trivialest point, or you may lose your labor!
And yet there is in this no Gordian knot
Which one might not undo without a sabre,
If one could merely comprehend the plot.
Enwritten upon the leaf where now are peering
Eyes scintillating soul, there lie perdus
Three eloquent words oft uttered in the hearing
Of poets, by poets — as the name is a poet's, too.
Its letters, although naturally lying
Like the knight Pinto — Mendez Ferdinando —
Still form a synonym for Truth. — Cease trying!
You will not read the riddle, though you do the best you can do.

Haben Sie die Null-Chiffre gefunden? Wenn Sie den ersten Buchstaben der ersten Zeile, den zweiten der zweiten Zeile und so weiter nehmen, dann ergibt sich der Name der angesprochenen Dame: FRANCES SARGENT OSGOOD.

Im Französischen ist vor allem eine Null-Chiffre bekannt, die einem (angeblichen) Briefwechsel zwischen dem Schriftsteller Alfred de Musset (1810–1857) und seiner Kollegin George Sand (1804–1876) entstammt. In diesem Fall zählt nicht der erste Buchstaben, sondern jeweils das erste Wort jeder Zeile. Zunächst fragte Musset per Brief:

Quand je mets à vos pieds un éternel hommage
Voulez-vous qu'un instant je change de visage?
Vous avez capturé les sentiments d'un cœur
Que pour vous adorer forma le Créateur.
Je vous chéris, amour, et ma plume en délire
Couche sur le papier ce que je n'ose dire.
Avec soin, de mes vers lisez les premiers mots
Vous saurez quel remède apporter à mes maux.

George Sand antwortete:

Cette insigne faveur que votre cœur réclame
Nuit à ma renommée et répugne à mon âme.

Dieser Dialog ist schon mit geringen Französischkenntnissen zu verstehen: »Wann wollen Sie, dass ich mit Ihnen schlafe?« »Diese Nacht.«

Der US-amerikanische IT-Sicherheitsexperte Gregory Kipper nennt in seinem Buch noch zwei weitere Null-Chiffren.[6] Im Gegensatz zu den bisher genannten sind diese fiktiv. Die Erste lautet:

News Eight Weather: Tonight increasing snow. Unexpected precipation smothers eastern towns. Be extremly cautious and use snowtires especially heading east. The highways are knowingly slippery. Highway evacuation is suspected. Police report emergency situations in downtown ending near Tuesday.

Betrachtet man nur die ersten Buchstaben, dann ergibt sich: NEWT IS UPSET, BECAUSE HE THAKS HE IS PRESIDENT (»Newt ist beleidigt, weil er denkt, er sei Präsident«). Statt THAKS müsste es THINKS heißen. Das zweite Beispiel hat folgenden Wortlaut:

Fishing freshwater bends and saltwater coasts rewards anyone feeling stressed. Resourceful anglers usually find masterful leapers fun and admit swordfish rank and overwhelming any day.

Nur die dritten Buchstaben zählen in diesem Fall. So ergibt sich: SEND LAWYERS, GUNS AND MONDEYY («Schicke Juristen, Gewehre und Geld«). Das letzte Wort müsste eigentlich MONEY heißen. Zum Schluss noch ein originelles Beispiel aus dem Kinderbuch *Die dampfenden Hälse der Pferde im Turm von Babel* von Franz Fühmann.[7] Darin ist von einem Brief die Rede, den Hänsel und Gretel vom Hexenhaus an ihre Eltern schicken. Das Schreiben hat (etwas gekürzt) folgenden Wortlaut:

Liebste Eltern! Macht Euch keine Sorgen um uns, die wären wirklich unbegründet. Es wäre ganz falsch, wenn Ihr denken würdet, gute Eltern, Hänsel und Gretel sind in der Gewalt einer Hexe! Wir leben hier bei einer sehr netten alten Dame, die uns jeden Wunsch von den Augen abliest! Zuerst dachte Gretel ja, wir werden gefangengehalten und sollen geschlachtet werden! Geht denn so was zu fassen! Wir haben uns dusslig drüber gelacht! Es gibt hier viele Tiere, vor allem Vögel, die fliegen gewöhnlich bis zur großen Eiche und dann immer nach Norden, dort liegt nämlich ihr Futterplatz. Wir haben auch sehr schöne Puppen, mit denen wir spielen, und dazu viele Einrichtungen, so etwa auch

---

6) Gregory Kipper: *Investigator's Guide to Steganography.* Auerbach Publishers, Boca Raton 2003. S. 9

7) Franz Fühmann: *Die dampfenden Hälse der Pferde im Turm von Babel: Ein Sprachspielbuch für Kinder.* Hinstorff, Rostock 2005

ein Kuchenhaus mit einem Dach aus Schokolade und Marzipan. Einmal spielten wir Kasperletheater, da haben Löwen die Kaspers auf einen Baum gejagt, und da schrien sie: Heda, ihr Förster! Hier sind wir! Kommt rasch und rettet uns! Eure unglücklichen Dienstzeiten, ihr Waldwächter, sind unmöglich! Ihr müsstet auch mittags jagen, anstatt Amtspausen zu halten und zu pennen! – Eure Kinder Hänsel und Gretel

Finden Sie die Lösung? Wenn Sie nur jede dritte Zeile lesen (beginnend mit der dritten Zeile), dann ergibt sich ein eindringlicher Hilferuf von Hänsel und Gretel an ihre Eltern.

Nur markierte Buchstaben zählen (Textsemagramme)

Null-Chiffren sind zwar eine recht naheliegende, bei näherer Betrachtung jedoch nicht besonders wirkungsvolle Methode. Schließlich ist es recht aufwendig, einen Text zu konstruieren, bei dem sich ein Buchstabenmuster zu einer geheimen Nachricht zusammenfügt. Deutlich einfacher ist es da schon, durch unauffällige Markierungen bestimmte Buchstaben hervorzuheben, die zusammengenommen eine Nachricht bilden. Eine Möglichk*e*it beste*h*t b*ei*spielsweise darin, einige Buchstaben kursiv zu drucken, so wie in diese*m* Satz (das darin versteckte Wort heißt »geheim«). Derartige Methoden gehören zur Familie der Semagramme (siehe Kapitel 2). Präzise ausgedrückt spricht man von Textsemagrammen. Textsemagramme sind zwar leicht herzustellen und bei gekonnter Markierung (etwa mit Geheimtinte) schwer zu entdecken, doch dafür haben sie gegenüber den Null-Chiffren einen Nachteil: Beim Abschreiben eines Texts geht die versteckte Nachricht in aller Regel verloren.

Textsemagramme sind bereits eine sehr alte Technik. Schon Aeneas der Taktiker beschrieb ein erstes Beispiel (siehe Kapitel 11). Eine der bekanntesten Varianten stammt von dem britischen Gelehrten Francis Bacon (1561–1626). Dieser schlug vor, in einem Text zwei unterschiedliche Zeichensätze zu verwenden (in unserem Fall bieten sich die Varianten normal und kursiv an), wobei jeweils fünf Buchstaben eines Tarntexts einem Geheimbuchstaben entsprechen. Die folgende Abbildung zeigt, wie dies bei Verwendung des Worts SONNE aussehen kann. Wendet man das Verfahren an, um die Nachricht GEHEIM in einem unauffälligen Satz zu verstecken, dann sieht dies wie folgt aus:

DI*ES*ER S*A*TZ EN*THÄ*LT *E*IN G*E*HEIM*N*I*S!*

a:	SONNE	n:	S***ON***NE
b:	SONN***E***	o:	S***ON***N***E***
c:	SON***N***E	p:	S***ONN***E
d:	SON***NE***	q:	S***ONNE***
e:	SO***N***NE	r:	***S***ONNE
f:	SO***N***N***E***	s:	***S***ONN***E***
g:	SO***NN***E	t:	***S***ON***N***E
h:	SO***NNE***	u/v:	***S***ON***NE***
i/j:	S***O***NNE	w:	***S***O***N***NE
k:	S***O***NN***E***	x:	***S***O***N***N***E***
l:	S***O***N***N***E	y:	***S***O***NN***E
m:	S***O***N***NE***	z:	***S***O***NNE***

Mit der Bacon-Chiffre lassen sich Informationen in einem beliebigen Text verstecken. Das Verfahren setzt voraus, dass es für jeden Buchstaben zwei unterschiedliche Druckvarianten gibt.

Bacons Ziel war es, »omnia per omnia« (alles durch alles) ausdrücken zu können. In der Tat sind bei der Bacon-Chiffre der Tarntext und die versteckte Nachricht unabhängig voneinander. Mir ist allerdings kein Fall bekannt, in dem die Bacon-Chiffre in einem ernsthaften Zusammenhang zum Einsatz gekommen wäre. Vermutlich ist das Verfahren zu umständlich für den alltäglichen Gebrauch. Laut dem Verschlüsselungsexperten Friedrich Bauer gibt es immerhin zwei vergleichsweise neue Beispiele für eine vergnügliche Verwendung einer Bacon-Chiffre: Sowohl in der Beschreibung der Programmiersprache ALGOL 68 von Adriaan van Wijngaarden als auch in einem nicht näher bezeichneten Kombinatorikbuch sollen sich versteckte Nachrichten befinden.[8] Leider macht Bauer keine näheren Angaben über Art und Inhalt dieser Geheimbotschaften.

Das bekannteste Textsemagramm der letzten Jahre stammt ebenfalls aus einem Text, in dem man kaum eine versteckte Botschaft vermuten würde: aus der Urteilsbegründung eines britischen Richters. Hintergrund ist der Rechtsstreit zwischen dem Bestsellerautor Dan Brown und zwei weniger bekannten Schriftstellern. Letztere verklagten Brown, weil der Inhalt von dessen Welterfolg *Sakrileg* angeblich von deren Buch *The Holy Blood and the Holy Grail* geklaut war. Die Klage wurde jedoch vom zuständigen Richter Peter Smith im April 2006 abgeschmettert.

Als der Jurist und Journalist Dan Tench anschließend die Urteilsbegegründung las, fiel ihm auf, dass einige Buchstaben darin kursiv gedruckt waren.[9] Smith selbst riet ihm, sich diese Auffälligkeiten etwas genauer anzuschauen. Die Buchstaben fügten sich zur Folge *s m i t h y c o d e J a e i e x t o s t g p s a c g r e a m q w f k a d p m q z v* zusammen. Die Bedeutung von *smithycode*

8) Friedrich Bauer: *Entzifferte Geheimnisse*. Springer Verlag, Berlin 1995. S. 6
9) Dan Tench: *How judge's secret Da Vinci code was cracked*. The Guardian, 28.4.2006

war klar: Damit wurde angedeutet, dass Smith eine versteckte Botschaft hinterlassen hatte. Den Rest konnte Tench mit Hilfe einiger Tipps des Richters entschlüsseln. Es handelte sich um eine so genannte Vigenere-Verschlüsselung mit den Fibonacci-Zahlen als Schlüssel. Heraus kam: »Jackie Fisher, who are you? Dreadnought.« Smith wollte damit dem von ihm verehrten Admiral John »Jackie« Fisher (1841–1920) ein Denkmal setzen. Dieser war maßgeblich an der im Jahr 1905 erfolgten Einführung des damals revolutionären Kriegsschiffs »Dreadnought« beteiligt. 1915 schied Fisher im Streit aus seinem Amt, was ihm einige Kritik einbrachte. Smiths versteckte Nachricht sollte den Militärhelden rehabilitieren.

Schablonen

Neben Null-Chiffren (relevante Buchstaben werden berechnet) und Textsemagrammen (relevante Buchstaben werden markiert) gibt es noch eine dritte Technik, um Text in Text zu verstecken: Die relevanten Buchstaben werden mit Hilfe einer Schablone aus dem Tarntext herausgepickt. Dieses Vorgehen bezeichnet man als Raster-Chiffre. Im Vergleich zu Null-Chiffren und zu Textsemagrammen kommen Raster-Chiffren eher selten vor. Dabei ist eine Raster-Chiffre einfacher anzufertigen als eine Null-Chiffre und sicherer als ein Textsemagramm (dessen Markierungen könnten entdeckt werden). Allerdings ist eine Raster-Chiffre oft schwer zu verwenden, denn die Schablone lässt sich erst herstellen, wenn der Text bereits geschrieben ist (andernfalls ist es sehr schwierig, einen unauffälligen Text zu entwerfen). Wenn der Empfänger allerdings eine Schablone unauffällig übermitteln kann, dann kann er dasselbe meist auch mit der geheimen Nachricht tun.

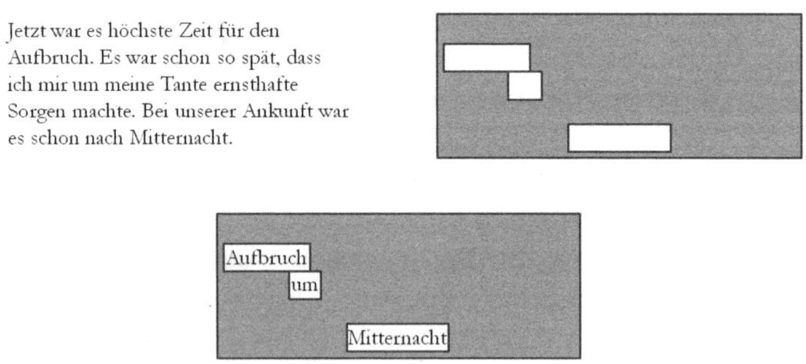

Bei einer Raster-Chiffre wird eine Schablone auf einen Text gelegt.

Diese Abbildung zeigt ein fiktives Beispiel. Der Text wirkt harmlos, doch wenn man die richtige Schablone darauflegt, dann ergibt sich die Nachricht

»Aufbruch um Mitternacht«. Ohne Kenntnis der Schablone ist es so gut wie unmöglich, die versteckte Botschaft zu ermitteln. Anstatt ganze Wörter herauszuheben, ist es auch möglich, einzelne Buchstaben per Schablone auszuwählen. Dadurch vermeidet man verräterische Wörter im Text.

Diese Raster-Chiffre nutzte im 18. Jahrhundert der US-General George Clinton: links ein unverfänglicher Brief, in der Mitte die verwendete Schablone und rechts die versteckte Nachricht.

Eines der wenigen Beispiele für den Einsatz einer Raster-Chiffre in der Praxis stammt aus dem amerikanischen Unabhängigkeitskrieg. Damals kämpfte der General George Clinton (1738–1795) für die britischen Kolonialherren gegen die Aufständischen um George Washington. Dabei schickte Clinton 1777 den in der Abbildung oben ersichtlichen Brief an seinen Kollegen John Burgoyne.[10] Die eigentliche Nachricht ergab sich durch das Anlegen einer Schablone. Da diese die Form eines Stundenglases hatte, spricht man auch von einer Stundenglas-Chiffre. Die Abgrenzung der Schablone war vermutlich nicht genau festgelegt. Dadurch wurde das Verschlüsseln etwas einfacher, während der Empfänger etwas mehr Scharfsinn zum Erkennen der Nachricht brauchte.

10) Fred B. Wrixon: *Geheimsprachen*. Ullmann, Hamburg 2006. S. 490

You will have heard, Dr Sir I doubt not long before this
can have reached you that **Sir W. Howe** is gone from hence. The
Rebels imagine that he **is gone to the** Eastward. By this time
however he has filled **Chesapeak bay with** surprize and terror.
Washington marched **the greater part of the** Rebels to Philadelphia
in order to oppose Sir **Wm's. army. I hear he is now** returned upon
finding none of our troops **landed but am not sure** of this, great part
of his troops are returned **for certain. I am** sure this countermarching
must be ruin to them. I am **left to command** here, half of my force may
I am sure defend everything **here with much** safety. I shall therefore
send Sir W. 4 or 5 Batns. I have **too small a force** to invade the New England
provinces; they are too weak **to make any effectual efforts** against me and
you do not want any diversion **in your favour. I can**, therefore very well
spare him 1500 men. I shall **try some thing certainly** towards the close
of the year, not till **then at any rate. It may be of use** to inform you that
report says all yields **to you. I own to you that** I think the business will
quickly be over now. **Sr. W's move just at this time** has been capital.
Washingtons have been **the worst he could take** in every respect.
sincerely give you **much joy on your success** and am with
great Sincerity your HC

Dies ist der Text des Briefs von George Clinton. Die versteckte Nachricht ist hervorgehoben.

Die wohl bekannteste Raster-Chiffre hat dagegen einen ganz anderen Ursprung. Sie stammt aus der Zeitschrift *MAD*. Das Satiremagazin beinhaltet in vielen Ausgaben ein Faltblatt, von dem später noch die Rede sein wird (siehe Seite 72, dort gibt es auch das Bild zum folgenden Beispiel). Bestandteil des Faltblatts ist stets auch eine Frage wie die folgende: »What Gore-filled scene truly horrifies many Americans?« Als deren Antwort wird ein Text wie der folgende gegeben:

> GORY SCENES FRIGHTEN PEOPLE. THE REAL SCARE IN
> THE OVERWHELMING NUMBER OF CASES IS THE RITUAL
> OF DEPICTING GRUESOME, BLOODY DEATHS, SUFFICE
> IT TO SAY, MOST PEOPLE ARE REALLY REPULSED

Faltet man das Blatt, dann fällt der Mittelteil des Texts heraus und ergibt einen neuen Sinn: GORE IN THE OVAL OFFICE.

6 Die Magie der Anfangsbuchstaben – Akrostichen

Auf einem Grabstein in Montreal (Kanada) sind folgende Zeilen zu lesen:

Free your body and soul
Unfold your powerful wings
Climb up the highest mountains
Kick your feet up in the air
You may now live forever
On Return to this earth
Unless you feel good where you are

Adressat dieser Zeilen war ein gewisser John Laird McCaffery (1940–1995), dem seine Freunde scheinbar ein paar poetische Worte auf seinen letzten Weg mitgeben wollten. Doch schauen Sie auf die Anfangsbuchstaben der Zeilen! Aneinandergereiht ergeben diese: FUCK YOU. Offensichtlich blieb der Verstorbene seinen Freunden nicht ganz so gut in Erinnerung.

Seitenhiebe und Liebeserklärungen

Eine solche Botschaft, die sich aus den Anfangsbuchstaben eines Satzes oder Abschnitts zusammensetzt, nennt man »Akrostichon«. Akrostichen gehören zur Familie der Null-Chiffren (siehe Seite 52) und sind deren mit Abstand bekannteste Vertreter. Akrostichen sind so beliebt, dass es problemlos möglich wäre, ein ganzes Buch damit zu füllen. Wie das eingangs erwähnte Beispiel zeigt, eignen sich Akrostichen hervorragend, um versteckte Seitenhiebe und Beleidigungen zu verbreiten. Bekannt ist etwa eine Episode, die sich auf Neufundland abspielte. Die Insel, die heute zu Kanada gehört, war bis 1949 eine britische Kolonie. Der letzte Gouverneur, der dort regierte, hieß Gordon MacDonald. Nur wenige Tage, nachdem er das Land verlassen hatte, erschien in einer Neufundländler Zeitung folgendes Abschiedsgedicht:

The prayers of countless thousands sent
Heavenwards to speed thy safe return,
Ennobled as thou art with duty well performed,

Bringing peace, security and joy
Among the peoples of this New Found Land.
So saddened and depressed until your presence
Taught us discern and help decide what's best for
All on whom fortune had not smiled.
Remember if you will the kindness and the love
Devotion and the respect that we the people have for Thee

Die Anfangsbuchstaben jeder Zeile fügen sich zu THE BASTARD zusammen und verraten, was der Poet von MacDonald hielt. Dieses Beispiel zeigt, dass Gedichte für Akrostichen besonders gut geeignet sind, da eine gestelzte Sprache und nicht ganz logisch erscheinende Inhalte hier weniger auffallen als in einem Prosatext. Dennoch lässt sich auch in einem gewöhnlichen Satz ein Akrostichon unterbringen. Dies zeigte die US-Tierschutzorganisation PETA (People for the Ethical Treatment of Animals) im Jahr 2004, als die Baseball-Mannschaft San Diego Padres ein neues Stadion namens »Petco Park« baute. Namenssponsor war die Tierfutter-Ladenkette PETCO. Diese war Tierschützern ein Dorn im Auge, da in deren Läden angeblich Tiere gequält wurden. Als beim Bau des Stadions Bausteine verkauft wurden, deren Aufschrift der jeweilige Käufer bestimmen durfte, nutzte PETA diese Gelegenheit, um der Ladenkette eins auszuwischen. PETA erwarb einen Stein und ließ darauf folgenden Satz aufbringen: »Break Open Your Cold Ones! Toast The Padres! Enjoy This Championship Organization!« Diese holprigen Worte bilden ein Akrostichon mit der Bedeutung BOYCOTT PETCO (»Boykottiert PETCO«). Der Baustein ist bis heute im Petco Park zu bewundern.

Andere Autoren überbrachten statt eines Seitenhiebs lieber eine Liebeserklärung per Akrostichon. Dazu gehört beispielsweise der berühmte US-Dichter Edgar Allan Poe (1809–1849). Eines seiner Gedichte heißt schlicht *An Acrostic* und lautet wie folgt:

Elizabeth it is in vain you say
»Love not« — thou sayest it in so sweet a way:
In vain those words from thee or L. E. L.
Zantippe's talents had enforced so well:
Ah! if that language from thy heart arise,
Breathe it less gently forth — and veil thine eyes.
Endymion, recollect, when Luna tried
To cure his love — was cured of all beside —
His folly — pride — and passion — for he died.

Die Anfangsbuchstaben ergeben den Namen der Frau, der das Gedicht gewidmet ist: ELIZABETH. Eine ähnliche Technik nutzte der italienische Poet und Literatur-Nobelpreisträger Eugenio Montale (1896–1981). In seinem Gedicht *Da un lago svizzera* (»Von einem Schweizer See«) versteckte er den Namen seiner Geliebten Maria Luisa Spaziani mit Hilfe eines Akrostichons.

Akrostichen für alle Fälle

Akrostichen sind keineswegs eine neue Erfindung. Es gab sie schon im alten Babylon, wo sie zur versteckten Kommunikation eingesetzt wurden.[1] Den Griechen und Römern waren Akrostichen ebenfalls nicht fremd. Bekannt ist etwa die Abkürzung ICHTYS (griechisch für Fisch), die seit dem frühen Christentum für den Ausdruck »Iesùs Christòs Theòu Yiòs Sotèr« (Jesus Christus Gottes Sohn Erlöser) steht. Im deutschsprachigen Raum wurden Akrostichen in der Renaissance populär, und bis heute werden sie in den verschiedensten Varianten angewandt. Ähnliches gilt für zwei verwandte Methoden: Beim Mesostichon zählt jeweils der mittlere Buchstabe eines Worts, beim Telestichon jeweils der letzte.

Zu den Akrostichen gehören beispielsweise zahlreiche Merksprüche, die als Eselsbrücken dienen. Hier eine Auswahl:

- Ein Anfänger der Gitarre hat Eifer (Reihenfolge der Gitarrensaiten E-A-D-G-H-E)
- Geh, du alter Esel (Stimmung der Geigensaiten G-D-A-E)
- Geh, du alter Esel, hole Fische (Tonarten mit Kreuz-Vorzeichen, nach Anzahl der Kreuze sortiert G-D-A-E-H-Fis)
- Freie Bürger essen Asche des Gesetzes (Tonarten mit b-Vorzeichen, nach Anzahl der b-Zeichen sortiert G-D-A-E-H-Fis)
- Früher galt auch der Spruch: »Mein Vater erklärt mir jeden Sonntag unsere neun Planeten.« Damit ließen sich (von der Sonne nach außen) die Planeten Merkur, Venus, Erde, Mars, Jupiter, Saturn, Uranus, Neptun und Pluto merken. Allerdings verlor der Pluto 2006 seinen Planetenstatus, sodass sich die Astronomen etwas Neues ausdenken mussten. Als beste Variante gilt: »Mein Vater erklärt mir jeden Sonntag unseren Nachthimmel.«

Gleich mehrere Merk-Akrostichen bildeten sich aus dem Namen der US-Medizinerin Virginia Apgar. Nach dieser ist ein Bewertungsschema für die Gesundheit Neugeborener benannt (Apgar-Score), das fünf Teile umfasst. Diese wurden zunächst als Appearance (Hautfarbe), Pulse (Herzfrequenz), Grimace (Reflexauslösbarkeit), Activity (Muskeltonus) und Respiration (Atmung) genannt, wobei sich die Anfangsbuchstaben zu APGAR zusammensetzten. In Deutschland verbreitete sich eine Abwandlung davon: Atmung,

1) Manfred Reitz: *Spione, die die Welt bewegten*. Theiss, Stuttgart 2006. S. 12

Puls, Grundtonus, Aussehen, Reflexe. Andere Quellen nennen folgende Wörter: Aussehen, Puls, Gesichtsbewegungen, Aktivität, Respiration (Atmung).

In den letzten Jahrzehnten kam es – ausgehend von den USA – in Mode, Abkürzungen so zu wählen, dass sie einem sinnvollen Wort entsprechen. Dadurch entsteht ein Akrostichon. Zu den bekanntesten Beispielen gehören die Schriftstellervereinigung PEN (Poets, Playwrights, Essayists, Novelists) und die Computerfirma SUN (Stanford University Network). Kurios ist die Abkürzung GNU, die für »GNU's not Unix« steht und damit quasi ein rekursives Akrostichon bildet. In den USA stören sich auch staatliche Stellen nicht, derartige Abkürzungen zu verwenden. So gab es beispielsweise zur Zeit des Kalten Kriegs die Verträge SALT (Strategic Arms Limitation Talks) und START (Strategic Arms Reduction Talks).

Solche Akrostichon-Abkürzungen klingen zwar gut, führen aber manchmal zu reichlich holprigen Formulierungen, vor allem bei längeren Wörtern. Zu den kuriosesten gehören das Verschlüsselungsverfahren MAGENTA (Multifunctional Algorithm for General-purpose Encryption and Network Telecommunication Applications) und die inzwischen nur noch historisch interessante Internet-Suchmaschine VERONICA (Very Easy Rodent-Oriented Netwide Index to Computerized Archives).

Eine nette Spielerei ist es, zu bekannten Begriffen oder Namen passende Akrostichen zu erfinden. Dazu gehören beispielsweise FIAT (»Fehler in allen Teilen«), ALITALIA (»Aircraft Landed In Tokyo, All Luggage In Anchorage« oder »Always Late In Takeoff, Always Late In Arrival«) oder FDP (»Fast drei Prozent«). Die US-Geheimbehörde NSA muss sich regelmäßig als »No such Agency« oder »Never say anything« titulieren lassen.

Auch manche Werbefachleute entwickelten Akrostichen. Eines der schönsten Beispiele stammt ausgerechnet aus der eigentlich als werbefrei bekannten DDR und bezeichnet den Trabant (»Temperamentvoll, Rasant, Ausdauernd, Bequem, Ansprechend, Na Sie wissen schon, Trabant 601.«). Darüber hinaus sind DKW (das kleine Wunder), AEG (aus Erfahrung gut) und Plus (Prima Leben und Sparen) zu nennen.

Auch Schriftsteller nutzen Akrostichen. So hat das Buch *Die Unendliche Geschichte* von Michael Ende 26 Kapitel, und jedes davon beginnt in alphabetischer Reihenfolge von A bis Z mit einer großen, reich verzierten Initiale. Ein weiteres Beispiel findet sich in Lewis Carrols *Alice hinter den Spiegeln*, dem Nachfolger des weltberühmten *Alice im Wunderland*. Im letzten Kapitel findet sich ein Akrostichon mit Alices vollständigem Namen, der ansonsten nicht im Text erwähnt wird: Alice Pleasance Liddell.

Autorenakrostichen

Zu den interessantesten Anwendungen des Akrostichons gehört zweifellos das Einfügen des Autorennamens in einen literarischen Text (Autorenakrostichon). Schon im Altertum und im Mittelalter nutzten einige Dichter diese Technik. Besonders populär wurde das Autorenakrostichon in der Frühzeit des Buchdrucks. Damals gab es noch kein Urheberrecht, und so war das Akrostichon für einen Autor oftmals die einzige Möglichkeit, auf seine Urheberschaft hinzuweisen. Besonders häufig finden sich Autorenakrostichen in anonym veröffentlichten Werken. Für Historiker sind solche Geheimcodes oftmals wichtige Hilfsmittel, um den Autor eines Texts zu ermitteln.

Von vlenspiegel

Vff ein zeit da begab sich
dz Vlespiegel mit seiner muter gieg in ei
dorff vff die kirweiüg vñ Vlespiegel träcke
sich dz er truncke ward/vñ gieg vñ sucht
ei end da er frölich schlaffen möcht vñ im niemä nüt tet
Also fand er da hinde in de hoff ein huffen ymé ston vñ
da bei lagé vil ymen stöck die ler waren/also kroch er in
ein leren stock d nest bei de ymen lag vnd meint er wolt
ein wenig schlaffen/ vnd schlieff von mittag an biß das
es schier mitternacht ward / vnnd meinet sein mutter

Ein Akrostichon ist der einzige Hinweis auf den Autor des ältesten Till-Eulenspiegel-Buchs.

Ein bekanntes Beispiel ist das Buch *Ein kurtzweilig Lesen von Dyl Ulenspiegel* aus dem frühen 16. Jahrhundert. Es handelt sich dabei um die älteste bekannte Quelle, in der das Leben von Till Eulenspiegel beschrieben wird. Möglicherweise ist der Autor dieses Werks sogar der Erfinder des berühmten Scherzbolds. Doch wer war der Autor? Da das Eulenspiegel-Buch anonym veröffentlicht wurde, lässt sich das nicht ohne Weiteres sagen. Als wichtigster Kandidat gilt der Braunschweiger Schriftsteller Hermann Bote (ca. 1450–1520). Da in einer frühen Fassung des Texts das Akrostichon »Erman B« in den Initialen der Kapitel enthalten ist, gilt diese Vermutung als wahrscheinlich. Offensichtlich hatte Bote eine Vorliebe für Akrostichen. Ein anderes anonym veröffentlichtes Buch – »Dat boek von veleme rade« – enthält das Akrostichon HERMEN BOTE und konnte Bote dadurch mit hoher Wahrscheinlichkeit zugeordnet werden.

Ebenfalls anonym veröffentlicht wurde der Roman *Hypnerotomachia Poliphili* aus dem Jahr 1499. Ein Hinweis auf den Autor dieses literaturgeschichtlich interessanten Werks ergibt sich, wenn man die Initialen, die Anfangsbuchstaben der einzelnen Kapitel, hintereinander liest. Daraus bildet sich das Akrostichon: POLIAM FRANCISCVS COLVMNA PERAMAVIT (Francesco Colonna hat Polia sehr geliebt). Dies deutet auf den römischen Adligen Francesco Colonna (oder einen unbekannten Namensvetter) als Autor hin. Dabei ist »Polia« doppeldeutig. Es ist der Name der Geliebten Poliphilos im Roman und hat gleichzeitig die Bedeutung von »viel« beziehungsweise »vieles«.

Ein Beispiel aus dem Altertum ist das Epos *Ilias Latina* aus dem Jahr 68 n. Chr. Der Verfasser hat sich mit einem Akrostichon in den Anfangsbuchstaben der ersten und letzten acht Verse verewigt: ITALICUS SCRIPSIT (Italicus hat es geschrieben). Vermutlich war der Politiker Publius Baebius Italicus der Autor. Ohne dieses Autorenakrostichon läge der Verfasser völlig im Dunkeln.

Ein weiteres frühes Autorenakrostichon stammt von dem Dichter Ermoldus Nigellus, der im 9. Jahrhundert lebte. Sein 2649 Verse umfassendes lateinisches Gedicht *In honorem Hludowici christianissimi Caesaris Augusti* enthält eine kunstvolle Kombination aus Akrostichon und Telestichon. Sowohl der erste als auch der letzte Buchstabe der ersten Gedichtzeilen ergeben den Satz »Ermoldus cecinit Hludowici Caesaris arma«. Darin werden sowohl der Autor Emoldus als auch der Adressat Hludowicus (heute als Ludwig der Fromme bekannt) genannt.

Einige Jahrhunderte später (um das Jahr 1230) entstand das mittelalterliche Epos *Diu Crône* (Die Krone). Es wurde vermutlich von einem Schriftsteller namens Heinrich von dem Türlin verfasst, über den nur wenig bekannt ist und dem sich kein anderes Werk halbwegs zuverlässig zuordnen lässt. Dass von dem Türlin *Diu Crône* geschrieben hat, ist vor allem aufgrund eines Akrostichons wahrscheinlich, das seinen Namen angibt.

Im 14. Jahrhundert entstand in England ein weiteres Werk, das ein Autorenakrostichon in sich trägt. Es handelt sich um den Text *The Testament of Love*, der zunächst dem bekannten mittelalterlichen Dichter Geoffrey Chaucer zugeschrieben wurde. Allerdings fiel im 19. Jahrhundert einem Leser auf, dass die Anfangsbuchstaben der Kapitel den folgenden Satz bilden: MARGARET OF VIRTW, HAVE MERCI ON TSKNVI (»Tugendhafte Margaret, sei TSKNVI gnädig«). Der Ausdruck TSKNVI wirkt zwar recht kryptisch, man kann ihn jedoch zu TIN VSK umstellen. In diesem Fall liest sich der Satz wie folgt: »Tugendhafte Margaret, sei deinem Usk gnädig« (U und V wurden damals nicht unterschieden). Experten werten dies als Hinweis darauf, dass Chaucers Zeitgenosse Thomas Usk der Autor war. Dies ist im historischen

Rahmen durchaus plausibel und gilt heute als die wahrscheinlichste Konstellation.

Ebenfalls vermutlich zunächst einem falschen Verfasser zugeschrieben wurde das im 14. Jahrhundert entstandene siebenbändige Werk *Speculum Musicae*. Es handelt sich dabei um die umfangreichste bekannte Abhandlung zur Musiktheorie des Mittelalters. Das Speculum Musicae wurde ursprünglich dem französischen Gelehrten Johannes de Muris zugeschrieben. Diese Zuordnung gilt jedoch inzwischen als fraglich, da die Anfangsbuchstaben der sieben Bände das Akrostichon IACOBUS bilden und somit vermutlich den wahren Namen des Verfassers offenbaren. Leider ist nicht bekannt, wer dieser Jacobus war.

Auch der französische Dichter François Villon machte es der Wissenschaft leicht, ihm ein bestimmtes Werk zuzuordnen. Um das Jahr 1456 schrieb er seine *Ballade des Contre-Vérités*, die er im Refrain mit dem Autorenakrostichon VILLON versah. Eine andere interessante Information liefert ein Akrostichon in einem religiösen Gedicht des Pfarrers und Kirchenmusikers Joachim Aberlin aus dem 16. Jahrhundert. Das 132-strophige Werk enthält einen ganzen Akrostichon-Satz: »Joachim Aberlin aus dem Dorf Garmenschwiler zwischen dem Ursprung der Donau und dem Bodensee (in einer Gegend, die heißt das Madach) gelegen; sang es am Istro.« Garmenschwiler ist mit dem heutigen Dorf Gallmannsweil identisch. Auch ein Lied auf den im 16. Jahrhundert mehrfach abgehaltenen Augsburger Reichstag enthält das Akrostichon: »Joachim Aberlin von Garmenschwiler.« Diese beiden Akrostichen sind die einzigen Quellen, die einen Hinweis auf die Heimat Aberlins geben.

Internationale Akrostichen

Blickt man auf weitere bekannte Akrostichen, dann gleicht dies einer Reise durch unterschiedliche Sprachen. Zu den berühmtesten Vertretern gehört das Akrostichon in der niederländischen Nationalhymne *Het Wilhelmus*. Diese umfasst 15 Strophen. Setzt man die ersten Buchstaben jeder Strophe zusammen, dann ergibt sich WILLEM VAN NAZZOV. Dies ist der Name des niederländischen Königs (Wilhelm von Nassau beziehungsweise Wilhelm von Oranien), von dem das Lied handelt.

Das Gedicht auf dem Grab von Gustavus Conyngham enthält ein Akrostichon.

Englische Akrostichen habe ich bereits mehrere erwähnt. Auf dem Grabstein des US-Seefahrers Gustavus Conyngham (1744–1819) findet sich ein weiteres. Es ist in folgendes Gedicht eingebettet:

Gone to his dear Saviour's rest
Untied from earth he flies.
Secured from harm, he meets the blest,
The pure, above the skies,
Ah! who shall lament him, dead?
Vain man 'twas God's decree.
Upon the Rock he rests his head,
Safe through Eternity.

Inhalt des Akrostichons ist dieses Mal keine Beleidigung, sondern schlichtweg der Vorname des Begrabenen: GUSTAVUS.

Das bekannteste Akrostichon der spanischen Sprache stammt aus dem Prolog des Theaterstücks *La Celestina* von Fernando Rojas (ca. 1470–1541). Setzt man die Anfangsbuchstaben der 88 Zeilen des Prologs zusammen, dann ergibt sich: »El bachiller Fernando de Rojas acabó la comedia de Calisto y Melibea y fue nacido en la Puebla de Montalbán.« Dies bedeutet: »Der Gelehrte Fernando de Rojas schrieb die Komödie ›Calisto und Melibea‹ und wurde im Dorf Montalbán geboren.«

Auch in der Bibel gibt es einige Akrostichen (ansonsten finden sich in der Bibel kaum Beispiele für Steganografie). Gleich mehrere davon haben 22 Verse, bei denen die jeweils ersten Buchstaben den 22 Buchstaben des hebräischen Alphabets folgen. Dazu gehören die Psalmen 9, 10, 25, 34, 37, 111,

112, 119 und 145. In Psalm 96 gibt es einen Strophenanfang, der ein Akrostichon des Gottesnamen JHWH enthält.

2007 veröffentlichte der Italiener Vincenzo Mazzitelli ein Akrostichon, das sich über ein ganzes Buch erstreckt. Der Titel dieses Werks ist Programm: *L' acrostico più lungo del mondo* (Das längste Akrostichon der Welt)[2]. Inhalt des Buchs ist ein Gedicht, das den Besuch eines Menschen in der Hölle erzählt. Diese Geschichte ist als religiöse Satire gedacht. Die Anfangsbuchstaben der Gedichtzeilen erzählen eine weitere Geschichte.

2) Vincenzo Mazzitelli: *L' acrostico più lungo del mondo*. Meridiano Zero, Padua 2007

7 Ich seh etwas, was du nicht siehst – Versteckte Bilder

In den achtziger Jahren machte ein Werbeplakat der Firma Coca-Cola Schlagzeilen. Das scheinbar harmlose Motiv, das eine Flasche sowie ein paar Eiswürfel zeigte, war Teil einer Kampagne in Australien und sollte dort die Wiedereinführung der klassischen Coca-Cola-Flasche bekannt machen (siehe die Abbildung unten). Der Werbetext lautete »Feel the curves« (»Spüre die Kurven«). Der Grafiker, der die Anzeige entwickelt hatte, nahm diese zweideutige Aufforderung offenbar zum Anlass, etwas Eindeutiges in seinem Bild zu verstecken. Schaut man sich die Eiswürfel genauer an, dann erkennt man darin eine scherenschnittartige Zeichnung. Diese zeigt das Gesicht einer Frau mit geöffnetem Mund sowie davor die Spitze eines erigierten Penis. Die Cola-Werbung enthielt also eine Darstellung von Oralverkehr. Natürlich hatte Coca-Cola nichts von den steganografischen Anwandlungen des Grafikers gewusst. Dieser musste deshalb seinen Hut nehmen.

In dieser Coca-Cola-Werbung ist ein nicht jugendfreies Bild versteckt.

Bild im Bild

Das Coca-Cola-Beispiel macht deutlich: Genauso wie sich ein Text in einem Text verstecken lässt, lässt sich auch ein Bild in einem Bild verstecken. Es ist oft nicht einmal besonders schwierig, in einer Zeichnung oder Fotografie ein

Symbol, einen Gegenstand oder ein paar Buchstaben unterzubringen, ohne dass dies bei einer oberflächlichen Betrachtung auffällt. Besonders gut als Versteck geeignet sind meist Schatten, Flecken oder Muster, die ohnehin nahezu jede Form annehmen können.

Ein im Bild verstecktes Bild gehört zur Familie der geometrischen Codes und ist damit mit den Raster-Chiffren verwandt (siehe Anhang A). Unterscheiden sollte man ein verstecktes Bild dagegen von einem Semagramm. Bei einem Semagramm bilden bestimmte Bildinhalte einen Code für Zahlen oder Buchstaben (siehe Anhang A), während bei einem Bild im Bild der jeweilige Inhalt direkt dargestellt wird.

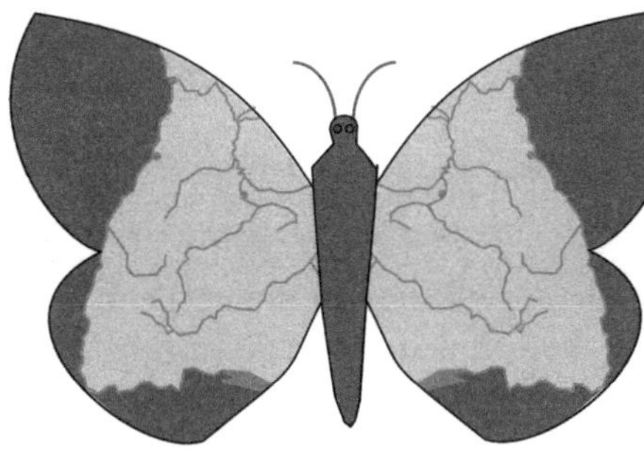

Auf den Schmetterling ist eine Landkarte von Baden-Württemberg eingezeichnet.

Recht gut geeignet ist die Bild-im-Bild-Technik für Landkarten. Eine Oberfläche, auf der Striche und Punkte vorkommen (beispielsweise die menschliche Haut oder das Blatt eines Baums), lässt sich oft gut für das Verstecken einer Landkarte verwenden. Einige Anekdoten besagen, dass Spione diese Methode in verschiedenen Kriegen verwendet haben, um die Stellungen feindlicher Truppen oder ähnliche Informationen zu übermitteln. Leider ist mir zu diesem Thema keine belegte Geschichte bekannt. Die Abbildung oben zeigt ein fiktives Beispiel, das ich mir selbst ausgedacht habe.

Wie man sich denken kann, ist das Verstecken eines Bilds auch eine beliebte Spielerei. Die Zeitschrift *TV Hören und Sehen* betreibt beispielsweise bereits seit Jahrzehnten ein Ratespiel, bei dem es gilt, die Bilderwitze des Cartoonisten Sepp Arnemann zu durchsuchen. In einem der jeweils fünf Witze pro Ausgabe ist eine Maus versteckt (siehe Abbildung auf der folgenden Seite[1]). Diese kann sich beispielsweise in einem Schatten, im Haar einer gezeichneten Figur oder in sonst einer Struktur befinden. Die Maus sieht zwar immer gleich aus, wird aber manchmal in der Waagerechten dargestellt, was die Suche etwas schwieriger macht. Wer das Tierchen findet, kann einen Preis gewinnen.

1) Sepp Arnemann: *Die Seite mit der Maus*. TV Hören und Sehen, Ausgabe 34/2008. S. 122

In diesem Cartoon aus der Zeitschrift TV Hören und Sehen ist eine Maus versteckt. Sie ist links unten eingekreist.

Ebenfalls nur eine Spielerei sind die bekannten Faltblätter in der Zeitschrift *MAD*. Diese wurden 1964 von dem US-Zeichner Al Jaffee erfunden und zunächst in der US-Ausgabe des Magazins abgedruckt. Dort hießen sie »Fold-In« in Anlehnung an das Fold-Out des *Playboy*. Die deutsche *MAD*-Ausgabe übernahm diese Idee, und so gehört das Faltblatt bis heute zu den bekanntesten *MAD*-Bestandteilen. Ein *MAD*-Faltblatt ist ein gezeichnetes Bild, unter dem eine Frage und eine mehr oder weniger nichtssagende Antwort abgedruckt sind. Wenn man durch Abknicken der Seite den mittleren Bildteil verdeckt, ergibt sich ein neues Bild. Auch der Text verkürzt sich (dies ist eine Raster-Chiffre, wie ich sie im Kapitel über Schablonen, S. 60 beschrieben habe) zu einer lustigen Antwort auf die Frage.

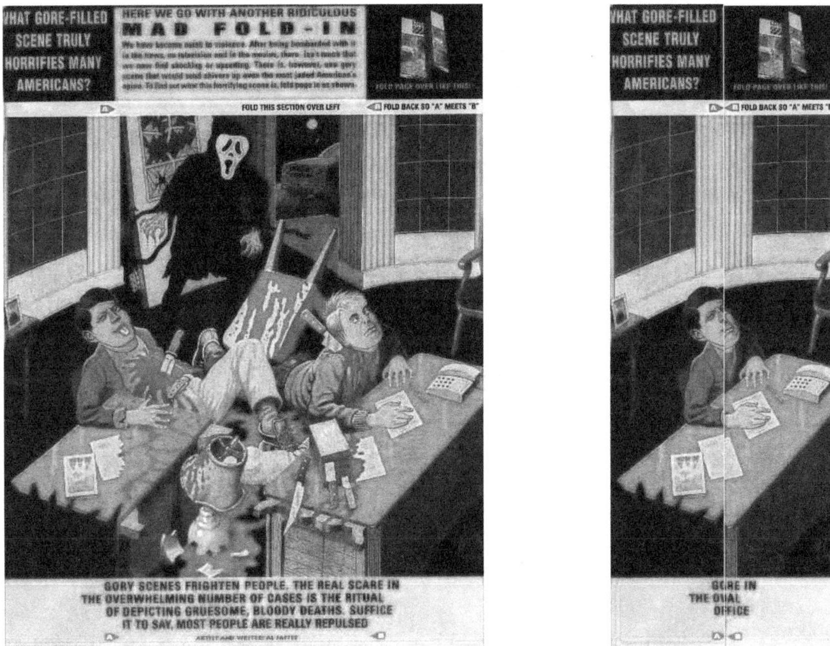

Ein MAD-Faltblatt ist ein Beispiel für ein Bild, das in einem Bild versteckt ist.

Weitere Beispiele für das Bild-im-Bild-Prinzip gehören dagegen eher in den Bereich der Legende. So ist es sicherlich Zufall, dass man einige US-Banknoten so falten kann, dass anschließend scheinbar das brennende World Trade Center zu sehen ist. Gleiches gilt für eine inzwischen nicht mehr aktuelle Verpackung der Zigarettenmarke Lucky Strike. Diese zeigt angeblich ein brennendes Haus, daneben den roten Punkt der japanischen Nationalflagge sowie den Hinweis »it's toasted«. Nur hartgesottene Verschwörungstheoretiker gehen davon aus, dass Absicht dahintersteckt.

Buchstaben im Bild

Statt eines Bilds lassen sich auch ein paar Buchstaben unauffällig in einem Bild verstecken. Ein Beispiel findet sich in dem Disney-Zeichentrickfilm *König der Löwen* aus dem Jahr 1994. Darin gibt es eine Szene, in der im Hintergrund der Nachthimmel zu sehen ist. Die dabei erkennbaren Sterne formieren sich klar erkennbar zu drei Buchstaben, die man als SEX lesen kann. Hatten sich ausgerechnet die ansonsten besonders auf Jugendfreiheit bedachten Disney-Studios einen Scherz erlaubt? Das Unternehmen bestreitet dies. Angeblich lautet die Buchstabenfolge in Wirklichkeit SFX, was eine

Abkürzung für »special effects« sein soll, und sollte als Signatur des Animationsteams dienen. Leider lässt sich selbst bei genauer Betrachtung nicht mit Sicherheit sagen, ob SEX oder SFX die richtige Interpretation ist. Vielleicht war diese Zweideutigkeit sogar Absicht.

Etwas subtiler ging 1982 der Architekt Mark Lindsey vor, der an der Technischen Universität Virginia (Virginia Tech) studiert hatte. Bekanntlich spielt in den USA der Universitätssport eine wichtige Rolle, und so besteht traditionell eine sportliche Rivalität zwischen der Virginia Tech und der benachbarten University of Virginia (UVA). Als Letztere einen Anbau für ihr Football-Stadion plante, reichte Lindsey einen Entwurf ein. Dieser sah vor, dem V-förmigen Stadionbau einen T-förmigen Anbau hinzuzufügen. Im Grundriss sah das Ergebnis aus wie das Logo, das von den Virginia-Tech-Sportmannschaften verwendet wurde. Der Entwurf wurde allerdings nicht umgesetzt.

Eine etwas andere versteckte Bilderbotschaft stammt von der Firma Microsoft. Nimmt man deren Zeichensatz Webdings, der statt Buchstaben Symbole enthält, und stellt damit die drei Buchstaben NYC dar, dann ergibt sich ein Auge, ein Herz und eine Wolkenkratzer-Silhouette. Dies kann man als »I love New York« lesen.

In das Reich der Legende gehört eine Geschichte, die nach den Terroranschlägen am 11. September 2001 kursierte. Einer der Unglücksflüge, die im World Trade Center endeten, soll die Nummer Q33 NY gehabt haben. Wandelt man diese Zeichenfolge in den Zeichensatz in Wingdings um, dann sieht man ein Flugzeug, zwei Rechtecke, die dem WTC ähneln, sowie einen Totenkopf und einen Davidstern. Beweist dies, dass hinter den Terroranschlägen eine Verschwörung steckt? Nein, denn keiner der betreffenden Flüge hatte die Nummer Q33 NY. Verschwörungstheoretiker weisen zwar darauf hin, dass es in New York eine Buslinie gibt, die Q33 heißt. Diese führt allerdings zum Flughafen La Guardia, und von dort ist keines der beteiligten Flugzeuge gestartet.

8 Weiße Schrift auf weißem Grund – Geheimtinte

Selbst wenn Sie sich noch nie mit Steganografie beschäftigt haben, haben Sie sicherlich schon einmal von Geheimtinte gehört. Damit ist eine Flüssigkeit gemeint, die beim Auftragen auf Papier keine erkennbaren Spuren hinterlässt und erst durch Erhitzen oder chemische Behandlung sichtbar wird. Geheimtinte ist heute zwar vor allem eine Spielerei für Kinder, doch das war nicht immer so. Vor allem in der Spionage spielte das Schreiben mit unsichtbarer Schrift über Jahrhunderte hinweg eine wichtige Rolle.

Was man alles als Geheimtinte verwenden kann

Die Anzahl der Substanzen, die sich als Geheimtinte nutzen lassen, ist erstaunlich groß. Am einfachsten ist es meist, eine organische Flüssigkeit zu verwenden. Viele Säfte und Sekrete, die sich aus Mensch, Tier oder Pflanze gewinnen lassen, sind farblos, erhalten aber beim Erwärmen eine Farbe (in der Regel braun). Meist ist es sinnvoll, die jeweilige Flüssigkeit mit Wasser zu verdünnen, da die Schrift ansonsten auch ohne Erhitzen zu erkennen ist. Die folgende Liste der organischen Geheimtinten ist keineswegs vollständig:

- Zitronensaft, Apfelsaft, Orangensaft, Zwiebelsaft: Auch andere Pflanzensäfte sind geeignet.
- Milch: Diese sollte verdünnt werden.
- Urin: In vielen Fällen ist dies die am einfachsten zu beschaffende Geheimtinte.
- Cola: Diese ist nur in verdünnter Form geeignet.
- Wein: Auch Rotwein muss verdünnt werden.
- Essig: Für Essig gilt das gleiche wie für Wein.
- Honig: Auch dieser muss mit Wasser vermischt werden.
- Holzasche: Mit Wasser vermischt und gefiltert lässt sich auch aus Asche eine Geheimtinte herstellen.
- Salz: Dieses muss in Wasser gelöst werden. Die Lösung sollte gesättigt sein, sonst ist die Schrift auch bei Hitzeeinwirkung kaum zu erkennen.

- Sperma: Ein weiterer Körpersaft, der sich als Geheimtinte nutzen lässt. Der britische Geheimdienst-Chef Mansfield Smith-Cumming sagte einst zu diesem Thema: »Jeder Mann hat seinen eigenen Füllfederhalter dabei.«

Auch viele Chemikalien, die sich nicht unmittelbar aus einem Lebewesen gewinnen lassen, werden durch Erwärmen sichtbar:

- Tintenkiller: Ein solcher hat den Vorteil, dass man damit besonders gut schreiben kann.
- Seife: Diese muss in Wasser gelöst werden.
- Cobalt(II)-chlorid-Lösung: Diese wird beim Erwärmen sichtbar und verschwindet später wieder.

Ein Tintenkiller lässt sich zum unsichtbaren Schreiben nutzen. Die Schrift wird nach Erhitzen sichtbar.

Die Idee, ein verdächtiges Papier zu erhitzen, ist allerdings so nahe liegend, dass diese Form der Geheimtinte nicht als besonders sicher gilt. Besser ist es daher, Flüssigkeiten zu verwenden, die nur bei Kontakt mit einer bestimmten Chemikalie sichtbar werden. Hier sind ein paar Beispiele (es wäre kein Problem, mehrere Dutzend weitere Beispiele zu nennen):

- Phenolphthalein-Lösung: Diese verfärbt sich vorübergehend beim Bestreichen mit Ammoniaklösung. Phenolphtalein ist ein Bestandteil vieler Abführmittel und damit unauffällig in der Apotheke zu beschaffen.
- Gerbsäure: Wird bei Bestreichen mit Eisen(II)-Sulfat-Lösung sichtbar.
- Kaliumrhodanid-Lösung: Diese Flüssigkeit wird durch Besprühen mit Eisen(III)-Chlorid-Lösung sichtbar.
- Tintenkiller: Die Flüssigkeit des Tintenkillers bleibt auch beim Auftragen von Tinte auf ein Blatt farblos und wird dadurch erkennbar.
- Eisensulfat: Wird mit Zyanat blau.
- Essig: Dieser enthält eine Säure, die sich beim Kontakt mit Rotkohlsud verfärbt.

Darüber hinaus gibt es Flüssigkeiten, die unter ultraviolettem Licht sichtbar werden:

- Obstsaft: Dieser reagiert nicht nur auf Hitze, sondern lässt sich auch mit ultraviolettem Licht als Geheimtinte nutzen.
- Waschmittel: Sofern es Weißmacher enthält, ist es unter ultraviolettem Licht gut zu erkennen.

Diese Aufstellung zeigt: Die Herstellung von Geheimtinte ist wesentlich einfacher als die normaler Tinte. Zudem gibt es für Geheimtinte deutlich mehr Herstellungsmöglichkeiten. Nicht zuletzt deshalb wurde Geheimtinte zu einem äußerst beliebten Werkzeug für das Verstecken von Nachrichten. Sie zählt zu den gebräuchlichsten steganografischen Techniken überhaupt.

Die Geschichte der Geheimtinte

Da Geheimtinte einfach, praktisch und billig ist, wurde sie schon im Altertum verwendet. Die älteste bekannte Quelle ist der griechische Erfinder und Schriftsteller Philon von Byzanz, der im 2. Jahrhundert vor Christus wirkte.[1] Philon empfahl die Verwendung einer aus Galläpfeln gewonnenen Flüssigkeit (ein Gallapfel ist kein Obst, sondern ein von einer Eiche als Abwehrreaktion gebildeter Auswuchs). Zum Sichtbarmachen sah Philon eine Substanz vor, die Kupfersulfat enthielt.

Auch der römische Schriftsteller Plinius der Ältere (23–79 n. Chr.) beschrieb eine Geheimtinte.[2] Wie mehreren Literaturquellen zu entnehmen ist, nutzte er einen milchartigen Saft aus der Thithymallus-Pflanze (heute als Wolfsmilch bekannt), der sich über dem Feuer verdunkelte. Plinius' Dichterkollege Ovid machte sich ebenfalls Gedanken zu Geheimtinte. Er empfahl die Verwendung von Milch. Um diese sichtbar zu machen, wäre ein Erhitzen sicherlich eine mögliche Behandlung gewesen. Ovids Methode sah jedoch vor, Kohlepulver darauf zu streuen, was ebenfalls funktioniert.

Ab dem 7. Jahrhundert ist Geheimtinte auch im arabischen Reich nachweisbar. Der mittelalterliche arabische Gelehrte Ahmed al-Qalqashandi beschrieb gleich mehrere Flüssigkeiten, die er für geeignet hielt. In unserem Kulturkreis tauchte Geheimtinte erstmals in der Renaissance auf. Es gab damals Diplomaten, die sie verwendeten. Richtig populär wurde die Geheimtinte im 17. Jahrhundert. Das damals boomende Postwesen sorgte dafür, dass viele Herrscher so genannte Schwarze Kammern einrichteten, in denen sie

1) David Kahn: *The Codebreakers*. Scribner, New York 1996. S. 522
2) David Kahn: *The Codebreakers*. Scribner, New York 1996. S. 522

fremde Briefe untersuchen ließen. Gegen diese Maßnahme war Geheimtinte ein wirksames Hilfsmittel.

1641 brachte der englische Bischof John Wilkins einige bis dahin unbekannte Geheimtintenmethoden zu Papier. In seiner Sammlung waren Zwiebelsaft, Alaun (Kaliumaluminiumsulfat) und Ammonium enthalten. Außerdem empfahl er – wenig appetitlich – die Nutzung eines aus Glühwürmchen destillierten Safts. 1653 schlug der Franzose Pierre Borel vor, mit einer Bleizuckerlösung zu schreiben und die Schrift mit Schwefelleberlösung sichtbar zu machen. Jakob Waitz, ein Arzt aus Gotha, entdeckte, dass Chlorkobalt nach dem Eintrocknen fast unsichtbar wird und sich beim Erhitzen blau verfärbt.

Die Entwicklung ging im 18. Jahrhundert weiter. Johann Ludwig Klüber (1762–1837) veröffentlichte die bis dahin umfassendste Zusammenstellung von Geheimtinten.[3] Er ging systematisch vor und unterschied Flüssigkeiten nach der Art, wie sie sichtbar gemacht wurden. Die Möglichkeiten, die er aufführte, waren das Aufstreuen von Pulver, Schaben oder Reiben, das Aussetzen an der freien Luft, Erhitzen sowie das Aufbringen von Wasser. Interessant erscheint mir beispielsweise folgendes Rezept für Geheimtinte, das Klüber beschreibt:

»Man vermischt Eyerdotter mit so viel Brunnen-, Fluss- oder Regenwasser, dass man damit bequem schreiben kann. Dann schreibt man mit dieser Flüssigkeit, mittelst einer sauberen Feder, die zu dicken Buchstaben geschnitten ist, auf weißes Papier. Ist die Schrift trocken, so überstreicht man das Papier, mittelst eines zarten Pinsels, überall mit schwarzer Tinte, so dass alles schwarz gefärbt ist. Will der Correspondent diesen geheimen Brief lesen, so darf er nur auf der Oberfläche des Papiers mit einem Messer schaben oder reiben, so fällt der Eyerdotter nebst der darauf befindlichen Schwärze herab, und die Buchstaben kommen weiß zum Vorschein.«

Es blieb jedoch nicht bei theoretischen Abhandlungen. Eine wichtige Rolle spielte Geheimtinte beispielsweise in der US-Unabhängigkeitsbewegung im 18. Jahrhundert. George Washington und seine Spione verwendeten eine farblose Flüssigkeit, die sie Beize nannten. Sie wurde ihnen aus London geliefert. Washington erhielt von seinen Agenten in New York mit Beize geschriebene Informationen über Schiffe, Truppen und Waffen. Zum Sichtbarmachen verwendete er eine Gegenflüssigkeit. Leider ist nicht mehr genau bekannt, wie sich Beize und Gegenflüssigkeit zusammensetzten.[4]

3) Johann Ludwig Klüber: *Über Geheimschriften.* In: Klaus Beyrer: *Streng geheim; Die Welt der verschlüsselten Kommunikation.* Museumsstiftung Post und Telekommunikation, Frankfurt 1999. S. 67

4) Gregory Kipper: *Investigator's Guide to Steganography.* Auerbach Publishers, Boca Raton 2003. S. 23

Doch auch Washingtons Gegner hatten ihre Spione. Dazu gehörte ein gewisser Benjamin Johnson, der als Gefolgsmann Washingtons einen geplanten Angriff auf Boston an die britische Regierung verriet. Zu diesem Zweck nutzte er eine Geheimtinte aus Galläpfeln, wie sie schon Philon von Byzanz beschrieben hatte. Die Rebellen kamen jedoch hinter diesen Verrat. Sie machten die geheime Schrift mit Eisensalzlösung sichtbar.

Neben Spionen und Wissenschaftlern beschäftigten sich auch Literaten mit Geheimtinte. Zu den Pionieren gehört der US-Schriftsteller Edgar Allan Poe, der das unsichtbare Schreiben in seine 1843 erschienene Geschichte *Der Goldkäfer* einbaute. Darin geht es um eine Schatzkarte, auf der ein wichtiger Teil erst sichtbar wird, als der Ich-Erzähler sie versehentlich ans Feuer hält. Am Ende führt die derart veränderte Karte tatsächlich zu einem versteckten Schatz.

In den Weltkriegen

Die Geheimtinte hat zwar eine lange Geschichte, doch ihre Hochzeit erlebte sie erst in der ersten Hälfte des 20. Jahrhunderts. So gab es im Ersten Weltkrieg zahlreiche Agenten, die auf feindlichem Terrain für ihre Heimat spionierten und ihre Berichte mit Geheimtinte auf unverfängliche Briefe schrieben. Einige Spione kritzelten ihre Nachrichten auch auf den Briefumschlag und überklebten die entsprechende Stelle mit der Briefmarke. Empfänger solcher Briefe waren meist angebliche Freunde oder Bekannte im neutralen Ausland, hinter deren Adressen sich in Wirklichkeit der jeweilige Geheimdienst verbarg.

Auch Mata Hari, der prominentesten Spionin des Ersten Weltkriegs, war Geheimtinte nicht fremd. Die gebürtige Niederländerin machte bekanntlich als Tänzerin Furore und geriet später in den Verdacht, für die Deutschen spioniert zu haben. Als sie von den Franzosen verhaftet wurde, hatte sie einen Behälter mit einer Flüssigkeit dabei, bei der es sich offensichtlich um Geheimtinte handelte. Im Verhör behauptete Mata Hari zwar, es handle sich um ein Desinfektionsmittel, das sie als Verhütungsmittel verwendete, doch mit dieser Ausrede kam sie nicht durch. Im Oktober 1917 wurde sie hingerichtet. Leider ist nicht bekannt, ob Mata Hari ihre Geheimtinte jemals eingesetzt hatte.

Für eine weniger bekannte Spionin des Ersten Weltkriegs ist die Verwendung von Geheimtinte dagegen belegt.[5] Die für Deutschland spionierende US-Amerikanerin Marie de Victorica (1882–1920) informierte den deutschen Geheimdienst über Sabotagepläne, indem sie unverfängliche Briefe mit

5) H. Keith Melton: *Die Welt der Spione*. Paletti, Köln 2004. S. 124

Zusatzinformationen in unsichtbarer Schrift versah. Die Amerikaner kamen ihr jedoch auf die Schliche, und so wurde sie 1918 verhaftet. In ihrer Wohnung entdeckte man zwei mit Geheimtinte getränkte Seidenschals. Im Gegensatz zu Mata Hari entging de Victorica einer Bestrafung, da der US-Geheimdienst sie als Doppelagentin nutzen wollte. Sie starb 1920 an den Folgen ihrer Heroinsucht.

Tarnte Geheimtinte als angebliches Verhütungsmittel: die Tänzerin und Spionin Mata Hari.

Im Zweiten Weltkrieg blieb die Bedeutung der Geheimtinte ungebrochen. Die US-Zensurbehörde, die damals systematisch die Post der Amerikaner durchkämmte (siehe Kapitel 1), wusste dies und achtete daher beispielsweise auf unbeschriebene Blätter.[6] Diese fanden sich recht häufig in Briefen, denn da zu dieser Zeit in einigen Ländern Papiermangel herrschte, verschickten viele Amerikaner unbeschriebene Papierstapel an Verwandte ins Ausland. Die Zensoren ließen solche Sendungen zwar gewähren, ersetzten das Papier jedoch durch leere Blätter aus eigenen Beständen.

Die Sorgen der Amerikaner waren berechtigt, denn die Deutschen hatten in den USA zahlreiche Spione platziert, die mit Geheimtinte arbeiteten. Überliefert ist beispielsweise die Geschichte des Agenten Albrecht von Rautter, der in den USA lebte und während des Zweiten Weltkriegs für seine deutsche Heimat spionierte.[7] Der deutsche Geheimdienst stattete ihn dafür mit einer Geheimtinte aus, die nur mit einer bestimmten Chemikalie sichtbar gemacht werden konnte. Von Rautter ging diese für die damalige Zeit moderne Geheimtinte jedoch aus. Daher verwendete er fortan seinen eigenen Urin, was offensichtlich auch funktionierte.

Einige Kollegen von Rautter schrieben ihre Nachrichten dagegen nicht in eigener Schrift nieder, sondern nutzten Zeitungen, in denen sie einzelne Buch-

6) David Kahn: *The Codebreakers*. Scribner, New York 1996. S. 515
7) David Kahn: *The Codebreakers*. Scribner, New York 1996. S. 522

staben mit Geheimtinte markierten.[8] Diese Methode, die zu den Textsemagrammen gehört, war zwar deutlich aufwendiger als ein einfaches Aufschreiben, doch offensichtlich hielten einige deutsche Agentenführer sie für sicherer.

Doch nicht nur die Amerikaner, sondern auch die Briten filzten im Zweiten Weltkrieg die Post. Dies taten sie beispielsweise auf den Bermudas, wo fast alle Flugzeuge bei einer Überquerung des Atlantiks zwischenlandeten (siehe Kapitel »Entdeckung durch die Briten« auf Seite 92). 1940 fiel einem der etwa 1200 dort stationierten Zensoren ein Brief auf, den ein gewisser Joe K aus New York an eine Adresse in Berlin geschickt hatte[9]. Der Inhalt des Briefs klang etwas gestelzt. Die Briten vermuteten daher eine versteckte Nachricht darin und untersuchten das Schreiben etwas genauer. Gleichzeitig hielten sie nach ähnlichen Briefen Ausschau, die sie auch fanden. Die Adressaten waren in Spanien und Portugal beheimatet.

Inhaltliche Analysen deuteten darauf hin, dass die Briefe einen Jargon-Code enthielten. Zusätzlich suchten die britischen Experten nach aufgetragener Geheimtinte, doch das Ergebnis war zunächst negativ. Erst als sie Joddampf verwendeten (dieser ist aus der Fotografie bekannt) hatten sie Erfolg. Der untersuchte Brief, der an eine Tarnadresse in Madrid gerichtet war, enthielt auf seinen beiden Rückseiten ausführliche Aufstellungen über Schiffe, die in New York vor Anker lagen. Ein weiterer Brief trug unsichtbare Informationen über 70.000 britische Soldaten auf Island. Die Geheimtinte entpuppte sich als ein in Wasser gelöstes Kopfschmerzmittel namens Pyramidon. Dieses gab es in jeder Apotheke zu kaufen.

Durch einen Zufall fand das FBI auch heraus, wer die Briefe geschrieben hatte. Es handelte sich um den Spion Kurt Ludwig, der von New York aus für die Deutschen arbeitete. Sein Fehler war, dass er seine Berichte nicht ausschließlich mit einer (recht guten) Geheimtinte verfasst hatte. Stattdessen ließ er zusätzliche Informationen mit einem Jargon-Code in das Tarnschreiben einfließen. Der Code erregte den Verdacht der Zensoren und brachte diese schließlich auf die richtige Spur. Ludwig kam am Ende mit einer Gefängnisstrafe davon.

Ein weiterer deutscher Spion im Zweiten Weltkrieg war Heinz August Lüning.[10] Der deutsche Geheimdienst schickte ihn 1941 nach Havanna (Kuba), wo er Schiffsbewegungen beobachtete. Seine Arbeit trug dazu bei, dass mehrere US-amerikanische und kubanische Schiffe von deutschen U-Booten versenkt wurden. Seine Beobachtungen schickte Lüning in insgesamt 48

8) David Kahn: *The Codebreakers*. Scribner, New York 1996. S. 83
9) David Kahn: *The Codebreakers*. Scribner, New York 1996. S. 513
10) David Kahn: *The Codebreakers*. Scribner, New York 1996. S. 514

Briefen in spanischer Sprache an Tarnadressen in Europa. Die eigentlichen Informationen schrieb er mit Geheimtinte. Er flog auf, weil den britischen Zensoren auf den Bermudas seine Handschrift verdächtig vorkam. Diese enthielt einige typisch deutschen Eigenheiten, obwohl die Briefe auf Spanisch verfasst waren. Ein Geheimtintentest bestätigte den Verdacht. Da Lüning in seinen Schreiben leichtsinnigerweise seine Adresse erwähnte, machten ihn die Briten schnell ausfindig. 1942 wurde er verhaftet und hingerichtet.

Eine wichtige Rolle spielte Geheimtinte auch im Fall des deutschen Saboteurs George Dasch. Dieser hatte zwei Jahrzehnte in den USA gelebt, bevor er 1941 nach Deutschland zurückkehrte. Dort wurde er vom deutschen Geheimdienst angeworben, um in die USA zurückzugehen und dort Sprengstoffanschläge zu verüben. Zusammen mit sieben ebenfalls USA-erfahrenen Kollegen erhielt er eine kurze Ausbildung und wurde anschließend mit einem U-Boot vor die US-Küste gebracht, wo die acht Saboteure in zwei Gruppen in Schlauchbooten an Land gingen. Daschs Gruppe erregte jedoch schon bei der Landung Verdacht. Er bekam daher kalte Füße und stellte sich dem FBI.

Gegenüber dem FBI legte George Dasch ein umfassendes Geständnis ab und verriet die Kollegen seiner Gruppe. Allerdings konnte er über die andere Gruppe nur wenige Angaben machen, da er über deren Pläne nicht informiert war. Er übergab dem FBI jedoch ein Taschentuch, auf das sein Aufraggeber Informationen mit Geheimtinte aufgebracht hatte. Dasch wusste allerdings nicht mehr, wie man die Tinte sichtbar machte. Das FBI fand es dennoch heraus. Mit den auf dem Taschentuch genannten Kontaktadressen und Toten Briefkästen konnte das FBI auch die anderen Verschwörer ausfindig machen. Noch bevor die acht Saboteure auch nur eine Tat begangen hatten, war ihre Mission zu Ende. Sechs von ihnen wurden sofort hingerichtet. Nur Dasch und einer seiner Kollegen kamen mit langjährigen Gefängnisstrafen davon. 1948 wurde er begnadigt und konnte nach Deutschland zurückkehren.

Geheimtinte heute

In den letzten Jahrzehnten hat die Geheimtinte immer mehr Konkurrenz durch modernere Methoden bekommen. Doch selbst der Computer und das Internet konnten die gute alte Geheimtinte nicht vollständig verdrängen. Noch im Kalten Krieg war es für viele Spione am einfachsten und unauffälligsten, ihren Datenaustausch mit dem Auftraggeber über unverfängliche Briefe zu erledigen, auf denen die eigentlichen Informationen unsichtbar notiert waren.

Ein gut dokumentiertes Beispiel hierfür ist der Fall des DDR-Wissenschaftlers Adolf-Henning Frucht. Dieser war an militärischen Forschungsprojekten des Warschauer Pakts beteiligt und verriet sein Wissen aus Sorge um den Weltfrieden an die USA (siehe Kapitel »Jargon-Codes für verbotene Mitteilungen« auf Seite 144). Seine Anweisungen vom FBI erhielt Frucht auf Mikrofilmen, während er selbst seine Berichte mit einem Geheimtinten-Durchschlagpapier verfasste. Dieses legte er auf ein leeres Blatt, um anschließend einen weiteren Zettel darauf zu legen, auf den er den Bericht mit einem normalen Stift schrieb. Hierbei wurde die Botschaft unsichtbar auf das untere Blatt durchgedrückt. Auf dieses schrieb Frucht am Ende einen harmlosen Brief an nicht existierende Verwandte im Westen, hinter deren Adressen sich das FBI verbarg. Als zusätzliche steganografische Technik ließ Frucht in jedes Tarnschreiben eine Bemerkung über das Wetter einfließen. Fehlte diese, dann teilte dies dem FBI mit, dass er zum Verfassen der Nachricht gezwungen worden war.

Das Durchschlagpapier war nicht die einzige Geheimtinten-Innovation, die sich findige Experten in den letzten Jahrzehnten ausdachten. Schon während des Zweiten Weltkriegs hatten die Amerikaner ein druckempfindliches Papier entwickelt, auf dem sich eine unsichtbar aufgetragene Nachricht auf einfache Weise sichtbar machen ließ – egal, welche Geheimtinte verwendet wurde. Aus diesem Papier wollte das US-Militär Postkarten herstellen und an die deutschen Kriegsgefangenen verteilen. Diesen sollte erlaubt werden, mit den präparierten Karten an ihre Angehörigen zu schreiben. Würde ein Gefangener eine Botschaft mit Geheimtinte hinzufügen, so das Kalkül, dann würde dies dank des Spezialpapiers sofort auffallen und dem Geheimdienst möglicherweise wichtige Informationen liefern. Allerdings blieb die Entwicklung dieser Technik, zu der es auch mehrere Patente gibt, in einem frühen Stadium stecken. Zu einem praktischen Einsatz kam es nicht.

Auch im Ostblock entwickelte man derweil die Geheimtintentechnik weiter. Der unter dem Decknamen »Günther« in der Hamburger Verwaltung tätige Stasi-Spitzel Wolfgang Jaeger war einer von vielen, die davon profitierten. Auch Jaeger verfasste seine Berichte mit Geheimtinte und verschickte sie in unauffälligen Tarnbriefen. Um ihn mit Nachschub zu versorgen, ließ sich die Stasi etwas Besonderes einfallen. Unter anderem lieferte man Jaeger die zu verwendende Flüssigkeit als auswaschbare Imprägnierung eines Schals.[11]

Leider ist nicht bekannt, welche Zusammensetzung die von Jaeger verwendete Geheimtinte hatte. Man weiß jedoch, dass einige DDR-Spione ein mit Ceroxalat getränktes Stück Papier als Geheimtinten-Durchschlagpapier nutzten.[12] Der Empfänger konnte die Schrift mit einer Mischung aus Wasserstoffperoxid und Mangansulfat sichtbar machen. Diese Methode gehörte zweifellos zu den besten des Kalten Kriegs.

---

11) *Hamburger Beamter – zäher Stasi-Spitzel.* Der Spiegel 7/1996

12) *Mischas Geheimnis.* Frankfurter Allgemeine Sonntagszeitung vom 12.11.2006

Doch die Nutzung von Geheimtinte ist nicht auf den Geheimdienstbereich beschränkt. Eine interessante zivile Anwendung sind Stifte, deren Farbe nur unter ultraviolettem Licht zu sehen ist. Diese kann man einsetzen, um Gegenstände zu markieren, die man dadurch im Falle eines Diebstahls wiedererkennen kann. Ähnlich funktionieren unsichtbare Handstempel, die an die Besucher einer Veranstaltung ausgegeben werden, um das Bezahlen der Eintrittsgebühr zu bestätigen. Daneben finden sich häufig auch auf Geldscheinen und Scheckformularen unsichtbare Aufdrucke, die nur unter ultraviolettem Licht oder bei Feuchtigkeit erkennbar werden.

Einige Unternehmen setzen eine spezielle Geheimtinte ein, um Besucherausweise zu markieren.[13] Das Ausweispapier wird hierbei beispielsweise mit einem unsichtbaren »ungültig«-Aufdruck versehen. Dieser wird nach einigen Stunden automatisch sichtbar. Damit kann ein Unternehmen sicherstellen, dass ein Besucherausweis nur kurze Zeit gültig ist und nicht mehrfach verwendet werden kann.

13) *Sicher, supersicher, Geheimtinte.* Handelsblatt vom 21.12.2004

9 Auf den Punkt gebracht – Der Mikropunkt

Lässt sich der Inhalt einer ganzen DIN-A4-Seite auf die Größe eines Punkts verkleinern, wie er unter dem Fragezeichen am Ende dieses Satzes steht? Die Antwort lautet ja. Erstaunlicherweise benötigt man dazu nicht einmal eine ultramoderne Hightech-Ausrüstung, denn es handelt sich um eine Technik, die bereits in den dreißiger Jahren des vorigen Jahrhunderts zum Einsatz kam. Der Mikropunkt, wie diese Methode genannt wird, spielte vor allem im Zweiten Weltkrieg eine wichtige Rolle und steht dadurch für eine der spannendsten Episoden in der Geschichte der Steganografie.

Botschaften unter der Lupe

Die Idee, mikroskopisch kleine Nachrichten zum Datenschmuggel zu verwenden, ist fast so alt wie das Mikroskop selbst. Bereits der britische Mikroskop-Pionier Robert Hooke (1635–1703) machte sich entsprechende Gedanken. 1644 schrieb er: »Wenn diese Art des kleinen Schreibens einfach und praktikabel wäre, dann könnte man sie sehr gut verwenden, um geheime Informationen ohne die Gefahr der Entdeckung oder eines Verdachts zu verbergen.«[1] Es dauerte allerdings noch über zwei Jahrhunderte, bevor sich diese Vision erfüllen sollte.

Immerhin schaffte man es noch zu Hookes Lebzeiten, winzige Buchstaben zu erzeugen, die sich zu ebenfalls winzigen Texten zusammensetzten. Allerdings waren diese Mikroschriften zunächst nur eine Spielerei, die niemand für steganografische Zwecke nutzte. Stattdessen entstanden in den folgenden Jahrhunderten ganze Bücher, die in mikroskopisch kleiner Schrift verfasst waren und die sich unter wohlhabenden Zeitgenossen zu begehrten Sammelobjekten entwickelten. Vor allem die Bibel und Klassiker der Literatur kamen als Liliput-Ausgaben auf den Markt.

---

1) William White: *The Microdot; history and applications*. Phillips Publications, Williamstown 1992. S. 3

Mit einem solchen Gerät – es wurde Zapp-Kabinett genannt – ließen sich Mikropunkte herstellen.

Im 19. Jahrhundert entwickelten englische und französische Handwerker ein großes Geschick darin, winzig kleine Texte zu produzieren. Sie bauten für diesen Zweck spezielle Maschinen, die beispielsweise mit einem Diamantsplitter auf eine Glasplatte schrieben. Die damit erreichbaren Verkleinerungen lagen bei bis zu 1:7000, wobei die Buchstaben auf eine Größe von einigen Tausendstel Millimetern schrumpften. Im frühen 20. Jahrhundert verbesserten sich diese Werte noch einmal deutlich. 1923 gelang es dem US-Ingenieur Alfred McEwen, das *Vater Unser* auf die Fläche eines Vierhundertausendstel Quadratzentimeters zu schreiben.

Diese Leistungen waren zwar beeindruckend, doch für steganografische Anwendungen erwies sich die verwendete Technik als zu umständlich. Seinen Durchbruch erlebte der Datenschmuggel im Kleinstformat daher nicht in mechanischer, sondern in chemischer Form. Bereits Mitte des 19. Jahrhunderts gab es Fotopioniere, die sich mit Mikrofotografie beschäftigten und die teilweise einen bemerkenswerten Weitblick hatten. So heißt es 1857 in der Encyclopedia Britannica: »Mikroskopische Kopien von Meldungen, wertvollen Dokumenten und Plänen könnten irgendwann per Post befördert werden, und Geheimnisse könnten an Stellen versteckt werden, die nicht größer als ein Punkt oder ein kleiner Tintenfleck sind.«[2]

Wie bei vielen Erfindungen war es auch bei der Mikrofotografie das Militär, das die Entwicklung vorantrieb. Im amerikanischen Sezessionskrieg (1861–1865) blieb es noch bei der Theorie. Ein gewisser J. S. Winter hatte damals offensichtlich in der Encyclopedia Britannica von der Mikrofotografie gelesen und schlug dem Südstaaten-Präsidenten Jefferson Davis in einem Brief vor, die Möglichkeiten dieser Methode zu nutzen. Wie Davis reagierte, ist zwar

---

2) William White: *The Microdot; history and applications*. Phillips Publications, Williamstown 1992. S. 10

nicht bekannt, doch offensichtlich ging er nicht auf den Vorschlag ein. Dies deckt sich mit der bekannten Tatsache, dass die geheime Kommunikation im Sezessionskrieg noch gehörig unterschätzt wurde. Beide Kriegsparteien verhielten sich damals äußerst dilettantisch, wenn es beispielsweise um die Nutzung von Verschlüsselungsverfahren oder das Knacken gegnerischer Codes ging.[3]

Erst im Deutsch-Französischen Krieg von 1871 kam schließlich die Initialzündung für die militärische Nutzung der Mikrofotografie. Zunächst ging es allerdings nicht darum, eine Nachricht vor neugierigen Blicken zu schützen. Vielmehr versuchte man, für den Transport von Nachrichten per Brieftaube, möglichst viele Nachrichten auf möglichst wenig Fläche zu reduzieren. In Kapitel 12 wird von dieser Geschichte die Rede sein. Damals erreichte man schon eine beachtliche Verkleinerung von 1:40, doch von einem Mikropunkt konnte noch nicht die Rede sein.

Ende des 19. Jahrhunderts wurde die Fotografie auch in Deutschland populär. Dank einiger umtriebiger Pioniere wie dem Fotochemiker Hermann Wilhelm Vogel (1834–1898) entwickelte sich das Deutsche Reich sogar zu einer Hochburg des Fotowesens, in der einige entscheidende technische Fortschritte gelangen. Der Berliner Fotograf und Hochschullehrer Adolph Miethe (1862–1927), der zu den Schülern Vogels gehörte, war schließlich der erste, der sich in Deutschland mit der Mikrofotografie beschäftigte.

Im Ersten Weltkrieg nutzten die Deutschen die winzigen Filme erstmals militärisch – allerdings nicht für den Datenschmuggel, sondern für Archivierungszwecke. Etwa zur gleichen Zeit kam im deutschen Militär auch die Idee auf, solche Geräte für die Spionage zu verwenden. Dies fiel mit weiteren Verbesserungen der Mikrofotografie zusammen, die damals gelangen. Ab Mitte der zwanziger Jahre konnte man Nachrichten so weit verkleinern, dass der Text einer ganzen DIN-A4-Seite auf weniger als einen Quadratmillimeter passte. Der Mikropunkt war geboren.

Der Mikropunkt

Als Erfinder des Mikropunkts (auch als Mikrat bezeichnet) gilt der Wissenschaftler und Unternehmer Emanuel Goldberg (1881–1970).[4] Der in Moskau geborene Jude war schon als Schüler ein Überflieger. Er studierte Chemie und konnte bereits mit 19 Jahren eine Erfindung anmelden, die ihm genug Geld einbrachte, um in Deutschland zu studieren. Nach dem Studium machte er in

3) Klaus Schmeh: *Codeknacker gegen Codemacher.* W3L, Bochum 2007. S. 11
4) William White: *The Microdot; history and applications.* Phillips Publications, Williamstown 1992. S. 25

Deutschland als Chemiker und Fotooptik-Spezialist Karriere, wobei er auch mit dem erwähnten Adolph Miethe zusammenarbeitete.

1925 präsentierte Goldberg bei einem Kongress in Paris den Mikropunkt. Es war die Erfindung, die ihn berühmt machen sollte. Goldberg war es gelungen, Fotografien herzustellen, die nur noch die Größe eines Punkts hatten und trotzdem eine ganze Seite darstellen konnten. Erzeugt wurde ein solches Foto mit speziellen Linsen, die – quasi als umgekehrtes Mikroskop – eine normalgroße Nachricht verkleinerten. Das so entstehende Bild wurde auf einen feinkörnigen Film projiziert. Zu den Erfolgsfaktoren gehörte, dass Goldberg auf für damalige Verhältnisse erstklassige Feinwerk- und Optiktechnik zurückgreifen konnte. Deutschland war damals in diesen Sektoren weltweit führend.

Ein Mikropunkt-Ansichtsexemplar, das Goldberg präsentierte, enthielt ein nur 0,03 Millimeter großes Portrait des französischen Fotopioniers Claude Niépce, das von einem Kreis umgeben war. Auf diesem Kreis waren 360 Gradeinheiten abgetragen. Die Zahlen waren 2 Mikrometer groß und die Gradstriche 1 Mikrometer voneinander entfernt, doch trotz dieser Feinheiten war unter dem Mikroskop alles gestochen scharf lesbar. Goldbergs Arbeit und vor allem seine Arbeitsproben stießen auf großes Interesse. Die Presse berichtete darüber, und mehrere Museen nahmen Exponate auf. Leider sind fast alle seine Mikropunkte heute verschollen, wodurch man nicht mehr genau feststellen kann, wie gut seine Technik wirklich funktionierte.

Trotz des Erfolgs kümmerte sich Goldberg in den Folgejahren erst einmal um andere Projekte (ab 1926 arbeitete er für Carl Zeiss). Die Mikropunkt-Entwicklung blieb dadurch vorläufig stehen. Mit der Machtübernahme der Nazis im Jahr 1933 brachen für den Juden Goldberg harte Zeiten an. Schon am Tag nach der Machtergreifung wurde er von Nazischergen verschleppt und drei Tage lang an einen Baum gefesselt. Nur durch das Intervenieren seines Arbeitgebers kam er wieder frei und konnte seine Arbeit fortsetzen. Goldberg siedelte anschließend nach Frankreich über, um dort ungestört weiterarbeiten zu können. 1937 wanderte er nach Palästina aus, wo er bis zu seinem Tod als Wissenschaftler und Unternehmer äußerst erfolgreich war.

Deutsche Spione

Die Erfindung Goldbergs fiel in die Zeit kurz vor der Weltwirtschaftskrise. Diese bremste zunächst weitere Entwicklungsaktivitäten. Erst in den Jahren vor dem Zweiten Weltkrieg kam wieder Bewegung in die Mikropunkttechnik, als in Deutschland Agfa und in den USA Eastman Kodak entsprechende Forschungsarbeiten aufnahmen.[5] Die Zielrichtungen waren jedoch unterschiedlich. In den USA interessierte man sich mehr für hochauflösende Fotos, mit denen man feindliches Gebiet (z. B. vom Flugzeug aus) fotografieren konnte. In Deutschland waren dagegen die zunehmenden Spionage-Aktivitäten die treibende Kraft.

Schon in den zwanziger Jahren hatte die Abwehr (so hieß der deutsche Geheimdienst) erste Spione in Amerika positioniert. Da nach dem Ersten Weltkrieg viele Deutsche auf den amerikanischen Kontinent ausgewandert waren, gab es genügend potenzielle Agenten, die die Abwehr anwerben konnte. Unter der Nazi-Herrschaft trieb Abwehrchef Wilhelm Canaris diese Entwicklung weiter voran. Da die Briten damals die Seewege kontrollierten, bestand ein großes Problem darin, die Erkenntnisse der Spione unauffällig von Amerika nach Deutschland zu übermitteln. Der Mikropunkt erwies sich hierbei als wertvolles Werkzeug und als lohnende Alternative zur damals vorherrschenden Geheimtinte.

In den späten dreißiger Jahren beauftragte die Abwehr eine kleine Firma namens Askania in Berlin mit der Weiterentwicklung des Mikropunkts. In der Tat gelang es diesem Unternehmen, die Technik zu verbessern und Mikropunkte mit einer Verkleinerung von 450:1 bis 750:1 herzustellen. Neben einer speziellen Kamera mit Verkleinerungsoptik benötigte man zunächst noch eine Dunkelkammer zur Entwicklung der Punkte. Später gab es Geräte in der Größe eines Aktenkoffers, die alle notwendigen Funktionen boten. Zum Lesen verwendete man spezielle Vergrößerungsgläser.

Canaris nutzte die neue Technik und ließ zahlreiche Agenten darin ausbilden. Vor allem in Südamerika nutzten viele deutsche Spione Mikropunkte. Sie schickten Briefe mit harmlosem Inhalt an neutrale Adressen in Europa (beispielsweise in Portugal), wo sie Geheimdienst-Mitarbeiter entgegennahmen. Die Mikropunkte hatten meist einen Durchmesser von unter einem Millimeter und waren auf Punkten im Text angebracht. Da die Abwehr in voneinander unabhängigen Abteilungen arbeitete, kamen unterschiedliche Mikropunkt-Systeme zum Einsatz, was immer wieder zu Problemen führte.

Allerdings mussten manche Spione auf Mikropunkte verzichten, da die Geräte zur Herstellung von Mikropunkten auffällig und nicht ganz billig waren. Die Kommunikation lief daher häufig über deutsche Auslandsvertretungen. Vor allem die deutschen Botschaften in amerikanischen Ländern wurden während des Dritten Reichs zu wahren Mikropunkt-Entwicklungsfabriken. In die andere Richtung funktionierte die Sache einfacher. Da man zum Lesen nur eine vergleichsweise billige und unauffällige optische Vorrichtung benötigte, konnte die Abwehr Anweisungen und sogar Privatpost per Mikropunkt an deutsche Agenten schicken. Allerdings gab es in beide Richtungen

---

5) William White: *The Microdot; history and applications.* Phillips Publications, Williamstown 1992. S. 43

große Verluste, da der Empfänger einen Mikropunkt häufig übersah oder der Brief gar nicht ankam. Es blieb daher oft nichts anderes übrig, als eine Nachricht mehrfach zu versenden.

Entdeckung durch die Briten

Die Spionageaktivitäten der Deutschen in Amerika blieben den Briten nicht verborgen.[6] Dem Vereinigten Königreich kam zugute, dass es mit den Bermudas eine Kolonie im Nordatlantik besaß, über die praktisch der gesamte Flugverkehr zwischen den USA und Europa abgewickelt wurde. Auch Flugzeuge aus dem Süden Amerikas nutzten die Inselgruppe für einen Zwischenstopp. Dadurch entstand ein Nadelöhr, durch das auch große Mengen an Luftpost geschleust wurden.

Die Briten nutzten diese Gelegenheit, um auf den Bermudas möglichst viele Briefe unter die Lupe zu nehmen. Während die Flugzeuge aufgetankt wurden, filzten Geheimdienstmitarbeiter in hohem Tempo die Laderäume. Da die Zeit trotzdem oft nicht ausreichte, konstruierten die Briten immer wieder Vorwände, um eine Maschine länger am Boden zu halten. Die Besatzung wurde derweil oftmals im nahe gelegenen Jachtklub unterhalten.

Die Personen, die in Windeseile Briefe durchsuchen mussten, wurden in Anlehnung an die gleichnamigen Pelzjäger aus dem Wilden Westen »Trapper« genannt. Trapper mussten nicht nur schnell, sondern auch sehr geschickt sein, denn die von ihnen geöffneten Briefe sollten keine Spuren aufweisen. Über 1200 Trapper waren zu Hochzeiten auf den Bermudas aktiv. Wie sich zeigte, waren die besten von ihnen häufig Frauen. Die damaligen Schnüffelaktivitäten der Briten zählen zu den umfangreichsten ihrer Art in der Geschichte.

Leider ist heute nicht mehr bekannt, unter welchen Umständen die Briten auf den Bermudas die ersten Mikropunkte entdeckten. Vermutlich fielen einem Trapper bei der Suche nach Geheimtinte und Jargon-Codes irgendwann kleine, glänzende Flecken auf einem Brief auf. Das matte Glänzen der Punkte war in der Tat einer der Schwachpunkte dieser Technik. Die Briten informierten das FBI, das die Entdeckung der deutschen Mikropunkte später für sich reklamierte.

Schnell gehörte die Suche nach den Mikropunkten für die Spionageabwehr der Briten und Amerikaner zur Routine. Hatten sie eines der kleinen Datenverstecke gefunden, dann war es nicht mehr schwierig, dieses per Mikroskop auszulesen. Der Mikropunkt erwies sich damit als längst nicht so wertvoll, wie

---

6) William White: *The Microdot; history and applications*. Phillips Publications, Williamstown 1992. S. 44

die Abwehr gehofft hatte, zumal es zuverlässigere und schnellere Methoden gab (etwa die Funktechnik). Schon deutlich vor Ende des Zweiten Weltkriegs ging die Zahl der versendeten Mikropunkte daher spürbar zurück.

Nach dem Krieg gelangten erstmals Informationen über den Mikropunkt an die Öffentlichkeit. Kein geringerer als der berüchtigte FBI-Präsident J. Edgar Hoover veröffentlichte 1945 einen Artikel mit dem Titel »The Enemy's Masterpiece of Espionage« in der Zeitschrift *Reader's Digest.*[7] Darin berichtete der FBI-Präsident über die Entdeckung des deutschen Mikropunkts durch das FBI während des Kriegs. Hoover verschwieg allerdings, dass es eigentlich die Briten waren, die den Mikropunkt entdeckt hatten. So setzte sich in den USA die falsche Ansicht durch, der eigene Geheimdienst habe diese Leistung vollbracht.

Auch mit den technischen Details nahm es Hoover nicht so genau. Insbesondere nannte er einen gewissen Professor Zapp als Erfinder des Mikropunkts, der jedoch nie existierte (wie beschrieben, wurde der Mikropunkt von Emanuel Goldberg erfunden). Vermutlich dachte Hoover an den deutschen Erfinder und Unternehmer Walter Zapp, der in den dreißiger Jahren die berühmte Minox-Kamera erfunden hatte. Die Minox ist eine Minikamera, die häufig von Spionen genutzt wurde, um damit unbemerkt geheime Unterlagen zu fotografieren. Für die Herstellung eines Mikropunkts waren jedoch sowohl die Optik als auch die verfügbaren Filme der Minox ungeeignet. Durch den Artikel von Hoover wurde Walter Zapp jedoch noch Jahrzehnte später mit dem Mikropunkt in Verbindung gebracht. Es gab sogar Geräte zur Herstellung von Mikropunkten, die man als »Zapp-Kabinett« bezeichnete.

Nach dem Krieg

Mit Beginn des Kalten Kriegs blieb die Bedeutung der Spionage zwar ungebrochen, doch der Mikropunkt verlor immer mehr an Bedeutung.[8] Vor allem die immer leistungsfähiger werdende Telekommunikation machte die kleinen Punkte mit der Zeit überflüssig. Viele Agenten erhielten ihre Anweisungen nun in Form verschlüsselter Radiosignale, die sie mit einem handelsüblichen Radiogerät empfangen konnten. Spätestens seit Aufkommen des Internets gibt es ohnehin genügend Möglichkeiten, sich unauffällig über größere Entfernungen hinweg zu verständigen. So ist der Mikropunkt heute fast nur noch historisch interessant.

---

7) J. Edgar Hoover: *The Enemy's Masterpiece of Espionage.* Reader's Digest, April 1946
8) William White: *The Microdot; history and applications.* Phillips Publications, Williamstown 1992. S. 81

Eine gewisse Bedeutung erlangte der Mikropunkt immerhin als Requisit in Agentenfilmen. Ein Beispiel dafür ist der 1967 erschienene James-Bond-Film *Man lebt nur zweimal* mit Sean Connery und Karin Dor. Darin findet der japanische Geheimdienst einen Mikropunkt auf einem Foto, dessen Besitzer ermordet wurde. Zusammen mit James Bond werten die Japaner die Nachricht auf dem Punkt aus und entdecken auf diese Weise interessante Informationen.

Auch in der Agentenkomödie *Arabesque* mit Gregory Peck und Sophia Loren aus dem Jahr 1966 kommt ein Mikropunkt vor. Dieser ist im Auge einer gezeichneten Gans untergebracht, die wiederum Teil einer Hieroglypheninschrift ist. Ein weiteres Beispiel ist der Film *Mission Impossible 3*, in dem ein Mikropunkt auf der Rückseite einer Briefmarke angebracht ist und einen ganzen Videofilm enthält.

Nicht zu vergessen ist die Fernsehserie *Patrik Pacard* aus dem Jahr 1984. Darin geht es um einen deutschen Jugendlichen namens Patrik (gespielt von Hendrik Martz), der durch einen Zufall ins Visier mehrerer Geheimdienste gerät. Ein sowjetischer Agent brennt ihm eine Geheimformel auf die Fußsohle, um sie damit aus einem norwegischen Fjord zu schmuggeln. Patrik wird dadurch zur Zielscheibe mehrerer Geheimagenten, die ihn bis in die arabische Wüste jagen. Am Ende vernichtet Patrik den Mikropunkt an seinem Fuß, und die Welt muss ohne die Geheimformel auskommen.

Codeschnellgeber

Die Idee des Mikropunkts lässt sich auch in die Akustik übertragen. Während man einen geschriebenen Text nicht mehr erkennen kann, wenn er stark verkleinert ist, kann man eine akustische Nachricht nicht mehr erkennen, wenn sie besonders schnell abgespielt wird. Diese Idee liegt Geräten zugrunde, die als Codeschnellgeber (Burstcoder) bezeichnet werden.

Ein Codeschnellgeber im Museum für Kommunikation Frankfurt

Ein Codeschnellgeber ist eine Vorrichtung, die Sprach- oder Morse-Nachrichten aufzeichnet, um sie dann mit deutlich erhöhter Geschwindigkeit per

Funk zu versenden. Im Idealfall erfolgt das Senden so schnell, dass es für den Gegner schwierig bis unmöglich wird, das kurze Signal überhaupt als Funkspruch zu erkennen. Außerdem macht das kurze Signal eines Codeschnellgebers die Ortung des Absenders deutlich schwieriger als bei einem Funkspruch in normaler Länge. Und schließlich hat der Gegner nur dann etwas von einem abgehörten Schnellfunkspruch, wenn er ihn aufzeichnet, was nicht in allen Fällen gegeben ist.

Leider ist über die Geschichte der Codeschnellgeber nur wenig bekannt (falls ein Leser entsprechende Informationen haben sollte, wäre ich sehr daran interessiert). Dies liegt vermutlich daran, dass diese Geräte ihre Hochzeit im Kalten Krieg erlebten und daher – wie viele militärische Informationen aus dieser Zeit – oft noch als geheim eingestuft sind. So sind aus den letzten Jahrzehnten zwar zahlreiche Codeschnellgeber erhalten geblieben, doch es gibt kaum Berichte darüber, wann und wie sie genutzt wurden.

Klar ist immerhin, dass die Idee des Codeschnellgebens bereits vor dem Kalten Krieg aufkam. Schon zur Zeit des Zweiten Weltkriegs war es möglich, in kurzen Funksignalen längere Nachrichten unterzubringen. Nach dem Krieg spielten Codeschnellgeber eine wichtige Rolle in der Spionage auf beiden Seiten des Eisernen Vorhangs. Ein Spion im feindlichen Land konnte mit einem solchen Gerät unauffällige Mitteilungen an seinen Auftraggeber schicken. Dies war oftmals deutlich praktikabler als die Arbeit mit Jargon-Codes oder Toten Briefkästen. Darüber hinaus wurden Codeschnellgeber beim Militär verwendet. Vor allem mobile Einheiten an der Front konnten damit Nachrichten verschicken, ohne ihren Standort zu verraten.

Da Codeschnellgeber vor allem von Agenten und Soldaten eingesetzt wurden, sind die meisten Modelle kleine, handliche Geräte. Ein typischer Vertreter ist das US-Gerät GRA-71. Dieses konnte eine Morsenachricht aufzeichnen und mit einer Geschwindigkeit von etwa 300 Wörtern pro Minute an ein Funkgerät überspielen. Damit beschleunigte sich die Nachrichtenübertragung gegenüber der herkömmlichen Technik um etwa das Zehnfache. Der GRA-71 kam unter anderem im Vietnam-Krieg zum Einsatz. Wie man sich leicht vorstellen kann, war es für die Soldaten im Dschungel-Krieg oft überlebenswichtig, dass der Feind sie nicht über ihre Funksprüche orten konnte.

Spätere Codeschnellgeber zeichneten nicht mehr Morse-Signale, sondern Sprachnachrichten auf. Eine aufgenommene Botschaft wurde dann mit hoher Geschwindigkeit abgespielt und per Funk übermittelt. Oft hatte die Nutzung eines Codeschnellgebers den zusätzlichen Vorteil, dass es auf viel genutzten Frequenzen weniger Engpässe gab. Vermutlich sind noch heute Codeschnellgeber im Einsatz, auch wenn es dank der modernen Kommunikationstechnik heute bessere Übertragungsmöglichkeiten gibt.

Einen ähnlichen Zweck wie das Codeschnellgeben hat die Frequenzspreizung. Bei dieser Technik wird ein schmalbandiges Signal in ein Signal mit größerer Bandbreite übertragen. Ein solches wird vom Gegner häufig übersehen. Man kann sich eine frequenzgespreizte Datenübertragung wie eine Person vorstellen, die mit einer Flagge Buchstaben des Flaggenalphabets angibt und sich dabei sehr langsam bewegt. Leider gibt es auch zur steganografischen Nutzung der Frequenzspreizung sehr wenig Literatur. Vielleicht kann ein Leser helfen.

10 Informationslecks auf der Spur – Plagiatsfallen und Kanarienvogelfallen

Die Steinlaus zählt vermutlich nicht zu den Tierarten, die Ihnen im Biologie-Unterricht begegnet sind. Kein Wunder, denn die Steinlaus ist eine Erfindung des Komikers Loriot, der sie 1976 dem Fernsehpublikum vorstellte, als er den damals populären Tierforscher Bernhard Grzimek parodierte. Sechs Jahre später begann für die Steinlaus eine erstaunliche Zweitkarriere. Die Redaktion des renommierten *Pschyrembel Klinisches Wörterbuch*, das bei so ziemlich jedem Arzt im Bücherregal steht und meist nur »der Pschyrembel« genannt wird, nahm einen Eintrag über das seltsame Ungetier in das Lexikon auf. Dieser Eintrag entwickelte sich schnell zu einem äußerst beliebten Stück Mediziner-Humor. Als die *Pschyrembel*-Redaktion einige Jahre später die Steinlaus aus dem Wörterbuch strich, hagelte es Leserproteste. Seit der darauffolgenden Ausgabe ist die Laus wieder aufgeführt.

Steinlaus f: syn. Petrophaga lorioti; zur Familie der Lapivoren gehöriges einheimisches Nagetier (♂♂ 0,2-0,3 mm; ♀♀ 0,3-0,4 mm, gravide ♀♀ etwas größer), dessen Existenz erst in jüngster Zeit (1983) dokumentiert werden konnte (s. Abb.). Während die gemeine St. nur selten beobachtet wird, sind einzelne humanpathogene Vertreter der Gattung von zunehmendem med. Interesse: Nieren-St. (P. nephrotica), Blasen-St. (P. vesicae), Gallen-St. (P. cholerica), neuerdings auch Speichel-St. (P. salivatoria), deren (ätiologische?) Rolle bei Uro-, Chole- und Sialolithiasis noch der Klärung bedarf. Ein therap. Einsatz der St. kommt nach heutigem Wissen eher nicht in Frage; vgl. Chemolitholyse, Lithotripsie.

Steinlaus: Gemeine S. (Petrophaga lorioti). [206]

Eintrag zur Steinlaus im medizinischen Wörterbuch *Pschyrembel*. Die Steinlaus begann ihre Karriere als Plagiatsfalle, inzwischen hat sie ein Eigenleben entwickelt.

Plagiatsfallen im Lexikon

Die Steinlaus im *Pschyrembel* ist nicht nur ein Beispiel für wissenschaftlichen Humor, sondern auch ein Vertreter der Steganografie. Der seltsame Lexikoneintrag hatte nämlich ursprünglich den Zweck, Abschreiber zu entlarven. Das Kalkül: Wer allzu dreist beim *Pschyrembel* kopierte, übernahm auch den unsinnigen Steinlaus-Eintrag und verriet sich dadurch. Eine solche Vorgehensweise wird auch Plagiatsfalle genannt. Durch den Erfolg der Steinlaus angetrieben nahm auch der Ableger *Pschyrembel Wörterbuch Naturheilkunde und alternative Heilverfahren* (Ausgabe von 1997) eine Plagiatsfalle auf: den Kurschatten.

Was den Mediziner recht ist, ist den Historikern billig. Eines der Standardwerke für Geschichtswissenschaftler ist *Der neue Pauly; Enzyklopädie der Antike*. In der ersten Ausgabe dieses mehrbändigen Werks war ein Stichwort namens »Apopudobalia« enthalten. Dieses griechische Wort lässt sich mit »Fußball« übersetzen, und in der Tat steht es für eine antike Leibesertüchtigung, die dem heutigen Fußball verblüffend ähnelt. Von den Griechen gelangte dieser Zeitvertreib zu den Römern, die ihn schließlich nach Britannien brachten. Von dort aus trat Apopudobalia (wenn auch mit fast zwei Jahrtausenden Verzögerung) ihren Siegeszug um die Welt an. Natürlich war diese Geschichte frei erfunden und sollte neben dem Jux auch als Plagiatsfalle dienen.

Gleich mehrere Plagiatsfallen enthält das *Lexikon der Psychologie* von Thomas Städtler (Ausgabe von 1998). Dort findet sich beispielsweise ein Eintrag zu Allens Gesetz. Dieses lautet: Bei fast allen Dingen kommt man leicht rein und nur schwer wieder raus. Im selben Werk findet sich zudem ein Eintrag zu banal-fundamentalen Disjunktoren – was auch immer das sein soll. Auch das allseits bekannte Murphys Gesetz ist in *Städtlers Psychologie-Lexikon* beschrieben. Und schließlich findet man dort die »Zweite Würzburger Schule«. Eine erste gab es tatsächlich, sie bezeichnet eine Richtung der Psychologie, die um 1900 in Würzburg entstand. Die »Zweite Würzburger Schule« ist dagegen nur im besagten Lexikon zu finden, obwohl sie durchaus erstaunliche Erkenntnisse hervorgebracht hat. So bewiesen ihre Vertreter die Tatsache, dass die Gedankengänge mancher Menschen keine Gedanken enthalten.

Es gibt noch zahlreiche weitere Nachschlagewerke mit fiktiven Einträgen. In vielen Fällen ist die Grenze zwischen einem Spaß und einer Plagiatsfalle nicht eindeutig. Dies gilt sicherlich auch für die folgenden Fälle:

- In *Meyers Konversationslexikon* (Ausgabe von 1971) ist der italienische Philosoph Luigi Antonio Anghelucci (1909–1965) aufgeführt. Er wird dort als Vater einer ominösen »Radiatortheorie« beschrieben, in der es um die Anwendung der Sprachanalyse auf die Physik geht. Seltsam daran ist nicht nur, dass ein Radiator eigentlich eine Heizung ist. Lange muss man sich jedoch nicht darüber wundern, denn Anghelucci hat nie existiert.

- Im *Psychologischen Wörterbuch* von Dorsch, Häcker und Stapf aus dem Jahr 2004 taucht neben anderen Tests auch der Elchtest auf.
- In der *Enzyklopädie Philosophie und Wissenschaftstheorie* (1980) von Mittelstraß findet sich ein ausführlicher Eintrag zu Johann Jakob Feinhals (1702–1769). Dies erstaunt vor allem deshalb, weil Feinhals die Existenz von Kobolden propagiert, was mit der modernen Auffassung von Wissenschaftstheorie nicht so recht verträglich ist. In Wirklichkeit hat dieser angebliche Wissenschaftspionier nie gelebt und sollte lediglich Abschreiber entlarven.
- In der bekannten *Brockhaus Enzyklopädie* (z. B. aus dem Jahr 2006) findet sich ein Eintrag zu einem gewissen Alois Hingerl, der als real existierende Person dargestellt wird. In Wirklichkeit handelt es sich dabei um die Hauptperson aus Ludwig Thomas berühmtem Schwank »Ein Münchner im Himmel«.
- Im *Lexikon der Chemie* von Falbe und Regitz (1995) ist die KKK-Regel aufgeführt. Dies ist eigentlich nichts Besonderes, denn es gibt diese Regel wirklich (KKK steht dabei für »Kälte, Katalysator, Kern«). Ungewöhnlich ist jedoch die Erklärung. Demnach besagt die Regel, dass sich in der Chemie beschäftigte weibliche Personen eher um Küche, Kinder und Kirche kümmern sollten. Dazu heißt es: »Die früher sehr populäre KKK-R. wird heute nur noch selten befolgt u. wird daher in der 10. Aufl. dieses Werkes ersatzlos gestrichen.« Tatsächlich entfiel der Eintrag in der folgenden Ausgabe.
- Im *Lexikon zur Soziologie*, herausgegeben 1978 von Werner Fuchs, findet sich die »Lexikokratie« als Eintrag. Der Begriff heißt wörtlich »Herrschaft des Lexikons« und wird wie folgt erklärt: »Verdrängung systematisch erworbenen Wissens durch Vorherrschaft des aus Lexika und Nachschlagewerken gewonnenen Wissens.«
- Das Lexikon *Wirtschaft von A bis Z* (2002) von Dietmar Bartz führt das Stichwort Mitternachtsgeschäfte auf.
- Im *Literaturlexikon*, herausgegeben von Walther Killy im Jahr 1991 ist ein gewisser Gottlieb Theodor Pilz (1789–1856) verzeichnet. Dessen Hauptverdienst besteht angeblich darin, zahlreiche überflüssige Literatur- und Musikwerke verhindert zu haben, indem er auf Schriftsteller und Komponisten einredete. In einigen Fällen soll er beachtlichen Erfolg gehabt haben. So war laut Lexikoneintrag die nachlassende Schaffenskraft des alternden Ludwig van Beethoven nicht auf dessen Taubheit, sondern auf die Überredungskünste des Gottlieb Theodor Pilz zurückzuführen.
- Im *dtv-Lexikon* (z. B. Ausgabe von 1999) findet sich das Stichwort »Verschlafen«. Die Erklärung: »Niedergangsseuche in Spätkulturen, bes. im

westl. Abendland verbreitet. Galt als unheilbar; heute durch Einsatz des Zeiterfassungsgeräts lokal überwunden.«

- In der Enzyklopädie *Die Musik in Geschichte und Gegenwart* (Ausgabe 1999) findet sich der Komponist Otto Jägermeier. Dieser hat nie existiert.
- Ein schwedisches Musiklexikon (*Sohlmans musiklexikon*) führt den türkischen Musiker Metaf Üsic auf. Es handelt sich dabei angeblich um einen Synthesizer-Spieler und Musiktheoretiker, der sich durch die Untersuchung von Bärten berühmter Musiker großes Ansehen erwarb. Natürlich gibt es diese Person nicht.

Diese Aufzählung umfasst nur einen Bruchteil der bekannten Plagiatsfallen in Nachschlagewerken. Man kann zudem davon ausgehen, dass zusätzlich zahlreiche bisher unbekannte Beispiele existieren. Schließlich hängen die meisten Verlage derartige Einträge nicht an die große Glocke.

Auch in englischsprachigen Lexika sind Plagiatsfallen keine Seltenheit. Der wohl bekannteste Fall findet sich im New Oxford American Dictionary (einem US-Gegenstück zum deutschen Duden). Unter dem Buchstaben E ist dort das Stichwort »Esquivalience« verzeichnet, das mit »absichtliche Vermeidung der eigenen sozialen Verpflichtungen« erklärt wird. Auf Deutsch übertragen hieße das Wort Esquivalienz. Allerdings gibt es diesen Begriff weder im Englischen noch in einer anderen Sprache. Er wurde von der Wörterbuch-Redaktion erfunden, um Abschreiber sowie Kopierer der CD-Version zu erkennen.

Im Vergleich zur Steinlaus ist die Esquivalienz deutlich schwieriger als Falscheintrag zu erkennen. Ihren Zweck als Plagiatsfalle hat sie daher vor ihrer Entdeckung deutlich besser erfüllt. Nachdem der Eintrag 1998 (in der ersten Ausgabe) erstmals im New Oxford American Dictionary erschien, dauerte es bis 2005, bevor schließlich die US-Zeitschrift *The New Yorker* dahinter kam. Zuvor hatte es Gerüchte über eine Plagiatsfalle beim Buchstaben E gegeben. Ein Redakteur des *New Yorker* suchte daraufhin zusammen mit Experten nach dem fraglichen Eintrag und fand ihn. Nachdem die Katze aus dem Sack war, stellte man fest, dass das Online-Lexikon dictionary.com den Eintrag übernommen hatte. Inzwischen wurde er dort wieder entfernt.

Ein weiteres englischsprachiges Lexikon, in das eine bekannte Plagiatsfalle eingebaut ist, ist die *New Columbia Encyclopedia*. Deren Redaktion nahm im Jahr 1975 einen Eintrag zu einer Frau namens Lillian Virginia Mountweazel (1942–1973) auf. Angeblich war sie eine US-amerikanische Brunnen-Designerin und Fotografin. Ihre bekanntesten Fotos zeigten amerikanische Briefkästen. Wie man sich denken kann, hat Frau Mountweazel nie gelebt.

Angesichts dieser Vorlagen wollte auch ich bereits vor einigen Jahren selbst eine Plagiatsfalle schaffen. Als ich 2001 mein Buch *Die 55 größten Flops der Wirtschaftsgeschichte*[1] schrieb, plante ich, den Fall Beromag mit aufzunehmen.

Beromag ist eine Firma auf der Schwäbischen Alb, die 1979 eine Zwei-Milliarden-Pleite hinlegte und damit in einer Aufzählung wirtschaftlicher Flops auf keinen Fall fehlen durfte. So schrieb ich jedenfalls und freute mich schon darauf, mit dieser erfundenen Geschichte Abschreiber überführen zu können. Leider entschied sich der Verlag gegen die Veröffentlichung dieses Kapitels (was ich ihm nicht wirklich übelnehmen kann), und so landeten schließlich nur echte Wirtschaftsflops in meinem Buch. Immerhin können Sie die tragische Geschichte der Beromag inzwischen auf meiner Webseite nachlesen (www.schmeh.org/beromag-kapitel.htm). Abgeschrieben hat offensichtlich noch niemand, denn eine Google-Suche nach Beromag liefert bisher nur diesen einen Treffer.

Plagiatsfallen in anderen Dokumenten

Plagiatsfallen finden sich nicht nur in Lexika. Schon im 17. Jahrhundert nutzten auch die Hersteller von Logarithmentafeln und ähnlichen Zahlentabellen diese Technik.[2] Vor Aufkommen des Computers war ein Blick auf eine derartige Zahlenübersicht oft der schnellste Weg, um einen Logarithmus, eine Wurzel, eine Planetenposition oder einen ähnlichen Wert zu ermitteln. Da der Hersteller die einzelnen Tabelleneinträge normalerweise in mühsamer Handarbeit berechnen musste, war das Abschreiben an der Tagesordnung. Einige Urheber gingen daher dazu über, die letzte Nachkommastelle jeder Zahl zu verändern. Dadurch ließen sich Abschreiber leicht erkennen.

Ein weiterer Einsatzbereich für Plagiatsfallen sind Telefonbücher. So schützt sich beispielsweise die Österreichische Telekom vor Telefonbuchkopierern, indem sie in jeden Vorwahlbereich einen nicht existierenden Anschluss einfügt. Taucht dieser auf der Telefon-CD eines Konkurrenzanbieters auf, dann ist dieser als Abschreiber überführt. Man kann vermuten, dass auch andere Telefongesellschaften so vorgehen.

Eine ähnliche Methode wenden die Hersteller von Landkarten und Navigationsprogrammen an. Sie fügen oft Straßen in ihr Kartenmaterial ein, die in Wirklichkeit nicht existieren. Wie man sich leicht vorstellen kann, wird eine solche »Trap Street« (Fallenstraße) einem Kopierer leicht zum Verhängnis. Anstatt einer Straße kann es natürlich auch ein erfundener Ort oder ein fiktiver Name sein. Während die meisten Hersteller nicht viel über diese Praxis reden, gibt es auch Landkarten, auf denen Kopierer ausdrücklich vor

1) Klaus Schmeh: *Die 55 größten Flops der Wirtschaftsgeschichte*. Redline Wirtschaft, Frankfurt 2001

2) Fabian Petitcolas, Ross Anderson, Markus Kuhn: *Information Hiding – A Survey*. Proceedings of the IEEE, special issue on protection of multimedia content, Juli 1999

Fallenstraßen gewarnt werden. Ein Straßenatlas von Athen ist ein Beispiel dafür. Ein Londoner Straßenatlas (Geographer's A-Z Street Atlas) enthält nach Angaben des Herstellers sogar etwa 100 Fallenstraßen. Eine davon ist inzwischen bekannt: Der im Atlas als »Bartlett Place« bezeichnete Fußgängerweg heißt in Wirklichkeit Broadway Walk. Nachdem sich dies herumgesprochen hatte, hat die Redaktion inzwischen die echte Bezeichnung aufgenommen.

Ein besonderes Kuriosum ist der kleine Ort Agloe im US-Bundesstaat New York. In den dreißiger Jahren des vorigen Jahrhunderts beschloss der Unternehmer Otto G. Lindberg zusammen mit seinem Assistenten Ernest Alpers, in eine von ihnen produzierte Landkarte einen fiktiven Ort aufzunehmen. Damit wollten sie eine Plagiatsfalle schaffen. Bei der Namenswahl setzten sie aus ihren Initialen das Wort »Agloe« zusammen. In der Tat erschien ein kleiner Flecken namens Agloe nun an einer wenig bedeutenden Straßenkreuzung auf den hergestellten Landkarten. Einige Jahre später eröffnete ein Kaufmann genau an dieser Stelle einen Laden, dessen Adresse er bei den lokalen Behörden mit Agloe angab. So wurde aus Agloe schließlich ein realer Ort.

Eine nicht existierende Straße enthält auch der London-Stadtplan, der dem bekannten Brettspiel »Scotland Yard« zugrunde liegt. Im Spiel lässt sich die Hungerford Bridge am Bahnhof Charing Cross mit dem Taxi überqueren. Das Original ist aber nur eine Fußgänger- und Eisenbahnbrücke. Ob diese Ungereimtheit auf ein Versehen oder eine Plagiatsfalle zurückzuführen ist, ist nicht bekannt.

Plagiatsfallen ähnlicher Art verwenden Unternehmen, die Adressen für Postwurfsendungen verkaufen. Meist sieht der Kaufvertrag vor, dass der Kunde an jede Adresse nur einen oder eine begrenzte Anzahl von Werbebriefen verschicken darf (ansonsten fallen zusätzliche Gebühren an). Diese Vereinbarungen kontrollieren die Firmen dadurch, dass sie die eine oder andere Adresse mitliefern, die einem Mitarbeiter der Firma gehört. Erhält dieser mehr Werbebriefe als vereinbart, dann liegt ein Vertragsbruch vor.

Kanarienvogelfallen

Verwandt mit den Plagiatsfallen sind so genannte »Kanarienvogelfallen«. Dabei handelt es sich nicht etwa um Geräte zur Jagd von entflohenen Haustieren. Vielmehr bezeichnet man als Kanarienvogelfalle die Methode, kleine Änderungen in einem Text vorzunehmen, um auf diese Weise verschiedene, aber bedeutungsgleiche Dokumentversionen zu generieren. Ziel dieser Übung ist es, die Verbreitung des Texts zu kontrollieren.

Der Ausdruck »Kanarienvogelfalle« (canary trap) stammt aus dem Roman *Patriot Games* von Tom Clancy, in dem diese Technik vorkommt (sie ist aber vermutlich schon älter). Clancy beschreibt ein geheimes Dokument, das es in 96 verschiedenen Fassungen gibt. Jeder Eingeweihte erhält eine andere Fassung. Die Bedeutung ist zwar jedes Mal dieselbe, doch durch die Verwendung von Synonymen ergeben sich klar erkennbare Unterschiede. Wenn ein Auszug aus dem Dokument in der Presse erscheint, dann lässt sich anhand der verwendeten Wörter die Version und damit die undichte Stelle herausfinden.

Kanarienvogelfallen werden durchaus auch in der Praxis eingesetzt. Filmproduzenten verwenden derartige Methoden, wenn sie Drehbücher an Schauspieler austeilen. Da der Inhalt eines Films meist bis zur Premiere geheim bleiben soll, ist der Nutzen dieses Vorgehens offensichtlich. Bei den Filmen selbst gibt es ähnliche Möglichkeiten. Wenn eine Produktionsfirma eine Vorabversion an Filmkritiker oder Preis-Jurys schickt, dann erhält oftmals jeder Empfänger eine leicht unterschiedlich geschnittene Version. Dies ist eine Alternative zu den digitalen Wasserzeichen, um die es in Kapitel 19 geht.

Auch die bereits erwähnten Adressenverkäufer arbeiten mit Kanarienvogelfallen. Will der Adressenanbieter verhindern, dass der Adressenkäufer eine nur einmal bezahlte Adresse mehrfach verwendet, reicht es oft nicht aus, ein paar Adressen von Testpersonen hinzuzuschmuggeln. Schließlich ist einem Werbebrief nicht anzusehen, woher die darauf notierte Adresse stammt. Manche Adressenverkäufer verwenden daher für jeden Kunden eine andere Testadressenversion. So wird beispielsweise aus einem Fritz Müller beim einen Kunden das »Architekturbüro Fritz Müller«, beim anderen das »Redaktionsbüro Fritz Müller« und beim dritten das »Ingenieurbüro Fritz Müller« (in Wirklichkeit ist Fritz Müller weder Architekt noch Redakteur noch Ingenieur). Wenn bei Herrn Müller anschließend ein Brief eintrifft, der an ein nicht existierendes Architekturbüro gerichtet ist, weiß der Adressenverkäufer, welcher Kunde dahintersteckt.

Ähnliche Tricks verwenden teilweise auch die Werbung treibenden Unternehmen selbst. Da die meisten davon ihre Briefe nicht selbst verschicken, sondern einen spezialisierten Mailing-Anbieter beauftragen, schmuggeln sie oft eine leicht geänderte, aber ansonsten korrekte Adresse dazu. Falls das Mailing-Unternehmen die erhaltenen Adressen weitergibt (das ist natürlich verboten), fällt das durch die falsche Adresse auf. Auch wenn das Mailing-Unternehmen einige Werbebriefe gar nicht verschickt (um Geld zu sparen), kann dies durch eine solche Kanarienvogelfalle ans Licht kommen.

Eine wichtige Rolle spielen Kanarienvogelfallen auch in Wirtschaft und Politik. Die prominenteste Nutzerin einer solchen Methode war gerüchteweise die ehemalige britische Premierministerin Margaret Thatcher. Weil diese mehrfach feststellen musste, dass geheime Regierungspapiere in der Zeitung abgedruckt wurden, ging sie dazu über, jeweils verschiedene Dokumentversionen erstellen zu lassen. Wie viele Mitarbeiter Thatchers auf diese Weise als undichte Stelle überführt wurden, ist leider nicht überliefert.

Ein ähnliches Beispiel ging durch die Presse, während ich dieses Buch schrieb. Im Mai 2008 kam die Spitzelaffäre bei der Deutschen Telekom ins Rollen, deren Ende bei Redaktionschluss noch nicht absehbar war. Auslöser für den Skandal waren unter anderem Indiskretionen, die aus dem Telekom-Vorstand an die Öffentlichkeit drangen und schließlich zu Bespitzelungen im Telekom-Umfeld führten. Um der Indiskretionen Herr zu werden, ließ der Telekom-Vorstand von internen Dokumenten unterschiedliche Versionen anfertigen.[3] Mit anderen Worten: Er setzte Kanarienvogelfallen ein. Details über diese Aktion sind leider bisher nicht bekannt.

3) *Did Deutsche Telekom Spy on Journalists and Board Members?* Spiegel Online vom 26.5.2008

Teil 2:

Klassische Steganografie

11 Von Schweinsblasen und Wachstafeln – Steganografie bei den Alten Griechen

Das hatte sich Histiaios ganz anders vorgestellt. Als Herrscher der kleinasiatischen Stadt Milet hatte er seinen König Darius I. von Persien auf dessen Feldzug gegen die Skythen begleitet und dem Heer dabei die strategisch wichtige Überquerung der Donau gesichert. Doch anstatt ihn anständig für diese Heldentat zu belohnen, hatte ihn Darius lediglich als Berater an seinen Hof in Susa geholt. Im Jahr 499 v. Chr. beschloss Histiaios, sich zu rächen. Er entwickelte den Plan, seinen Schwiegersohn Aristagoras, der inzwischen an seiner Stelle in Milet regierte, zu einem Aufstand gegen die Perser zu bewegen.

Histiaios tätowierte seinem Sklaven eine Nachricht auf den kahlgeschorenen Kopf.

Um Aristagoras im über 1000 Kilometer entfernten Milet unauffällig zu informieren, griff Histiaios zu einer List. Er ließ seinem vertrauenswürdigsten Sklaven den Kopf scheren und tätowierte ihm die Nachricht »Es ist Zeit für eine Revolte gegen die Perser« auf das kahle Haupt. Als die Haarpracht des Sklaven wieder nachgewachsen war, schickte ihn Histiaios auf die lange Reise in seine Heimatstadt. Niemand – auch nicht die allgegenwärtigen Häscher des Königs – bemerkte die geheime Mitteilung, die der Bote bei sich trug. Als der Sklave schließlich sein Ziel erreicht hatte, bat er Aristagoras, ihm die Haare abzuschneiden. Der Herrscher von Milet sah nun die Nachricht auf der Kopfhaut und wusste, was zu tun war. Er entfachte eine Revolte gegen Darius I., die als Ionischer Aufstand in die Geschichte des antiken Griechenlands einging. Erst 494 v. Chr. gelang es den Persern, die Aufständischen in der Seeschlacht bei Lade zu besiegen.

Steganografie bei den Alten Griechen

Ob die Nachricht auf dem Kopf des Sklaven tatsächlich das einzige auslösende Moment für den Ionischen Aufstand war, ist nach heutigen Erkenntnissen eher fraglich. Einzige Quelle für diese Episode ist der griechische Geschichtsschreiber Herodot (485–425 v. Chr.), der in seinen Berichten mitunter auch mythisches Gedankengut verarbeitete und daher nicht als uneingeschränkt zuverlässig gilt. Unbestritten ist jedoch, dass mit dieser und einigen anderen Geschichten aus dem antiken Griechenland erstmals in der Menschheitsgeschichte steganografische Techniken dokumentiert sind.

Wie viele andere Techniken erlebte auch der Datenschmuggel seine Blüte oft in Kriegszeiten. Dass dies auch bei den Alten Griechen der Fall war, zeigen gleich mehrere weitere Stellen in den Berichten Herodots. So berichtet dieser, wie Darius, acht Jahre nachdem sein Heer den Ionischen Aufstand niedergeschlagen hatte, starb und Xerxes I. den Thron überließ. Der neue König wandte sich umgehend der Aufrüstung zu. Dies fiel auch dem im Exil in Susa lebenden Griechen Demaratos auf, der völlig zu Recht vermutete, Xerxes plane einen Angriff gegen Griechenland. Er beschloss daher, seine Heimat vor der drohenden Gefahr zu warnen.

Nun musste auch Demaratos einen unauffälligen Weg finden, um seine Botschaft ins ferne Griechenland zu schmuggeln. Er nutzte dazu eine der damals weitverbreiteten Wachstafeln. Eine solche bestand aus kleinen, wie ein Buch auseinanderklappbaren Holzbrettern, auf die jeweils eine Wachsschicht gegossen war. In das Wachs konnte man beliebige Nachrichten ritzen und bei Bedarf durch Erhitzen wieder entfernen. Demaratos schrieb seine Warnung an die Griechen allerdings nicht auf das Wachs, sondern auf das Holz dahinter. Die Wachsschicht, die ohne Aufschrieb blieb, verdeckte die Nachricht.

Auf Wachstafeln (hier eine römische Darstellung) ritzte man in der Antike Nachrichten. Der Grieche Demaratos nutzte eine solche Tafel zum Datenschmuggel.

Auf diese Weise präpariert ließ Demaratos seine Wachstafel von einem Helfer nach Sparta bringen. Der Weg, den dieser zurücklegen musste, war noch ein Stück weiter als der des Sklaven von Histiaios einige Jahre zuvor. Dennoch erreichten Bote und Tafel ihr Ziel. Als Leonidas, der Tyrann von Sparta, den überbrachten Gegenstand in den Händen hielt, konnte er zunächst nichts damit anfangen. Erst seine Frau Gorgo soll ihn schließlich auf die Idee gebracht haben, das Wachs zu entfernen und dahinter nach einer Botschaft zu suchen. So fand Leonidas schließlich die Warnung von Demaratos und konnte die anderen griechischen Herrscher informieren. Als Xerxes im Jahr 580 v. Chr. schließlich seinen vermeintlichen Überraschungsangriff auf die Griechen startete, waren diese längst vorbereitet. In der Schlacht bei Salamis gelang es ihnen, das Perserheer entscheidend zu schlagen.

In einem anderen von Herodot verfassten Bericht, in dem die Steganografie eine wichtige Rolle für den Verlauf eines Kriegs spielt, tritt ein gewisser Harpagos auf den Plan. Dieser gehörte dem Volk der Meder an, die mit ihrer Hauptstadt Ekbatana nahe dem heutigen Teheran vor über 2500 Jahren eine blühende Kultur errichtet hatten. Harpagos, der dem lokalen Adel entstammte, fiel beim Meder-König Astyages in Ungnade und beschloss daraufhin, den Enkel des Herrschers – sein Name war Cyrus – zu einem Staatsstreich gegen dessen Großvater anzustacheln. Cyrus lebte zu dieser Zeit in Persien bei seiner Mutter, die mit einem hochrangigen persischen Aristokraten verheiratet worden war.

Auch Harpagos stand nun vor dem Problem, dass er seine Botschaft unauffällig zum Empfänger transportieren musste. Er entschied sich dafür, die Nachricht auf Pergament zu schreiben und sie im Bauch eines frisch geschlachteten Hasen zu verstecken. Anschließend übergab er das getötete Tier einem Sklaven und schickte diesen mit der Anweisung, sich als Jäger und den Hasen als Jagdbeute auszugeben, zu Cyrus nach Persien. Auch dieser Coup gelang. Cyrus erhielt den Brief und ging auf den Vorschlag des Harpagos ein. 550 v. Chr. gelang es ihm, die medische Hauptstadt Ekbatana zu erobern und Astyages zu stürzen. Die Meder verschwanden damit aus der Geschichte, und Cyrus legte den Grundstein zu einem Weltreich.

Für das Jahr 479 v. Chr. ist ein weiterer Fall von Datenschmuggel belegt. Erneut dient uns Herodot als Quelle dafür, und erneut geht es um eine kriegerische Auseinandersetzung zwischen Griechen und Persern. Dieses Mal hieß der Angreifer Artabazos, und sein Ziel war die Stadt Potidäa nahe dem heutigen Thessaloniki. Artabazos hatte in dem Feldherrn Timoxenos einen Verbündeten innerhalb der Stadt und hoffte durch dessen Verrat gegenüber Potidäa auf einen schnellen Sieg. Um Nachrichten auszutauschen, verwendeten die beiden Verschwörer Pfeil und Bogen, wobei sie eine Botschaft jeweils um einen Pfeil wickelten. Artabazos schoss seine Mitteilungen stets an einer vereinbarten Stelle über die Stadtmauer, während Timoxenos mit seinen Pfeilen an einen ebenfalls zuvor festgelegten Ort in Artabazos' Lager zielte. Das Komplott scheiterte jedoch, als ein Pfeil von Artabazos sein Ziel verfehlte und einen Potidäer in die Schulter traf. Da hierbei auch die Nachricht auffiel, war der Verräter schnell enttarnt.

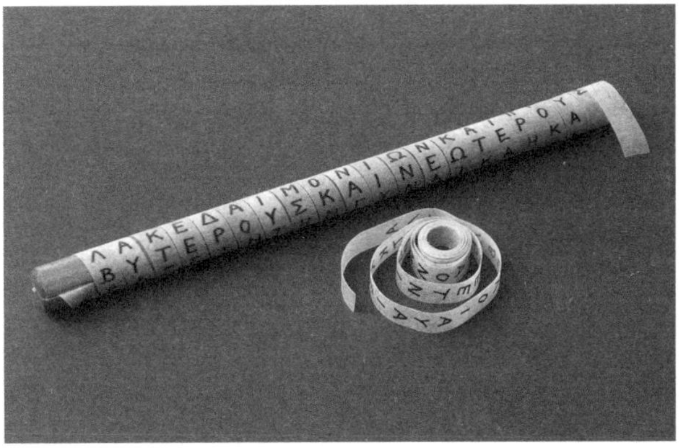

Bei einer Skytale wird ein Streifen um einen Stab gewickelt. Der Absender schreibt eine Nachricht auf den Streifen, der Empfänger kann sie nur lesen, wenn er einen Stab gleichen Durchmessers hat.

Der griechische Schriftsteller Plutarch, der von etwa 45 bis 125 n. Chr. lebte, berichtet ebenfalls von militärischen Datenschmuggeleien im Alten Griechenland. Seinen Schriften nach soll der spartanische Feldherr Lysander mit einer Verschlüsselungsvorrichtung gearbeitet haben, die »Skytale« genannt wurde. Dahinter verbirgt sich ein runder Holzstab, um den spiralförmig ein Pergament- oder Lederstreifen gewickelt wurde. Der Absender schrieb seine Botschaft auf den aufgewickelten Streifen. Der Empfänger benötigte einen Stab gleichen Durchmessers, um die Nachricht lesen zu können. Da eine Skytale-Verschlüsselung relativ leicht zu knacken war, empfahl es sich, den Nachrichten-Streifen zusätzlich zu verstecken, wodurch eine Variante der Steganografie entstand.

Eine verborgene Skytale-Botschaft soll besagten Lysander gemäß Plutarch im Jahr 404 v. Chr. vor einem Angriff des persischen Provinzfürsten Pharnabazos gewarnt haben. Zuvor hatten sich fünf Boten von Persien aus auf den Weg zu Lysander nach Sparta gemacht, doch nur einer von ihnen erreichte das Ziel. Dieser überreichte dem Feldherrn seinen Ledergürtel, auf dem zahlreiche Buchstaben notiert waren. Lysander wickelte den Gürtel um seine Skytale und gewann so aus dem Buchstabengewirr eine sinnvolle Nachricht. Da deren Inhalt unmissverständlich auf einen Angriff durch Pharnabazos hindeutete, traf Lysander entsprechende Gegenmaßnahmen und konnte am Ende den persischen Überfall abwehren.

Die Methoden des Aeneas

Die Methoden von Lysander und Co., die Herodot überlieferte, gehören in den Bereich der Datenverstecke, also zur technischen Steganografie (siehe Kapitel 3). Andere Quellen belegen, dass die alten Griechen durchaus auch eine andere Spielart der Steganografie kannten: Semagramme. Angaben dazu finden sich vor allem beim Militärexperten und Schriftsteller Aeneas dem Taktiker (Aeneas Tacticus), der um etwa 350 v. Chr. sein einziges überliefertes Buch *Poliorketika* verfasste. Darin geht es um das richtige Verhalten einer Stadtbevölkerung während einer Belagerung. Schon ein kurzer Blick in dieses Werk weist Aeneas als Praktiker aus, dessen anschauliche Ausführungen zu der Auswahl geeigneter Wachposten oder dem effektiven Zersägen von Holzstangen kaum durch theoretische Überlegungen entstanden sein dürften. Als erfahrener Soldat betrachtete Aeneas offensichtlich auch den Datenschmuggel als wichtige Kunst während einer Belagerung. Über ein Zehntel seines Buchs handelt davon, wobei heute noch spürbar ist, welche Faszination dieses Thema auf den antiken Autor ausgeübt hat.

Ein Semagramm-Verfahren, von dem Aeneas in seiner *Poliorketika* berichtet, funktioniert wie folgt: Man nehme ein Astragal (das ist der antike Vorläufer des Spielwürfels) oder ein Holzstück und bohre für jeden Buchstaben des Alphabets ein Loch hinein. Zur Kodierung einer Nachricht führe man eine Schnur nacheinander durch diejenigen Buchstabenlöcher, die zusammen die Mitteilung ergeben. Wer auf diese Weise eine geheime Nachricht erhielt, musste das Gewirr sorgfältig auflösen und dabei die Buchstaben notieren, durch deren Löcher die Schnur verlief. Am Ende hatte er die Nachricht rückwärts geschrieben vor sich.

Von Aeneas dem Taktiker stammt auch die älteste bekannte Erwähnung des Versteckens einer Nachricht in einer Nachricht. Aeneas' Methode sieht vor, dass der Absender einen längeren Text nimmt und darin einzelne Buchstaben unauffällig markiert (dies bezeichnet man auch als Textsemagramm). Die markierten Zeichen ergeben zusammen die geschmuggelte Nachricht. Als besonders wirkungsvoll beschreibt die Poliorketika diese Vorgehensweise, wenn der Absender einen Text speziell zu diesem Zweck verfasst und dabei einige Buchstaben zur Markierung leicht abändert.

Die meisten von Aeneas genannten Techniken zählen jedoch nicht zu den Semagrammen, sondern (wie die Beispiele von Herodot) zur technischen Steganografie. Zu den Höhepunkten der Poliorketika gehört zweifellos folgendes

Verfahren: Der Absender nimmt die Blase eines toten Tiers, bläst sie wie einen Luftballon auf und lässt sie trocknen. Anschließend schreibt er eine Nachricht auf die Blase und lässt die Luft wieder heraus. Danach stopft er die Blase in eine leere Ölflasche (damals war eine solche noch nicht durchsichtig), sodass die Öffnung gerade noch aus dem Flaschenhals heraustritt. Nun bläst der Absender die Blase erneut etwas auf, bis sie die Flasche ausfüllt. Zum Schluss wird noch Öl in die Flasche (und damit auch in die Blase) gefüllt, damit sich diese ihrem Zweck entsprechend nutzen lässt. Hat der Empfänger eine auf diese Weise geschmuggelte Sendung erhalten, dann leert er die Flasche, holt die Blase heraus, bläst sie auf und kann nun die Nachricht lesen. Nach Aeneas' Ausführungen kann man anschließend sogar die Nachricht abwischen und auf dieselbe Weise eine Antwort zurückschicken.

Etwa ein Dutzend weiterer Datenschmuggel-Methoden, von denen Aeneas vermutlich einige selbst erfunden hat, sind in der *Poliorketika* aufgeführt. Eine Technik sieht vor, einem Boten heimlich eine Nachricht in die Sohle seiner Sandale zu stecken, um so die Botschaft sogar gegenüber dem Überbringer zu verheimlichen. Der Ausdruck »jemandem etwas in die Schuhe schieben« war wohl selten wörtlicher zu nehmen. Darüber hinaus sieht der Militärexperte einen Wundverband als gutes Nachrichtenversteck an, genauso wie das Zaumzeug eines Pferds, das Schulterteil einer Tunika, den Brustpanzer einer Rüstung oder den Ohrring einer Frau. Auch die bereits von Herodot erwähnte Wachstafel, bei der das Wachs die geheime Nachricht verdeckt, war Aeneas bekannt.

Darüber hinaus muss bei den Alten Griechen die Nutzung von Hunden für den Datenschmuggel weit verbreitet gewesen sein. Man nahm laut Aeneas ein solches Tier mit auf die Reise und ließ es bei Bedarf frei, damit es mit einer Botschaft im Halsband zu seinem Besitzer zurücklaufen konnte. Offenbar waren also Hunde die ersten Brieftauben. Ebenfalls noch entwicklungsfähig war die in der Poliorketika beschriebene Nutzung einer unlesbaren Schrift. Wo später Geheimtinte zum Einsatz kam, schlägt Aeneas vor, eine auf Holz oder Ton geschriebene Botschaft zu übertünchen. Der Empfänger musste die Deckschicht wieder abwaschen.

Zusätzlich enthält Aeneas' Zusammenstellung eine Methode, die nicht der Steganografie, sondern der Verschlüsselungstechnik (Kryptografie) zuzurechnen ist. Das Verhältnis von einer kryptografischen zu etwa 15 steganografischen Techniken ist einer von vielen Belegen dafür, dass der Datenschmuggel ursprünglich eine größere Bedeutung hatte als die Datenverschlüsselung. Allerdings ist davon auszugehen, dass dem ausgewiesenen Praktiker Aeneas das Verstecken von Nachrichten ohnehin näherlag als das Verschlüsseln.

Als Mann der Praxis weist Aeneas darauf hin, dass der Empfänger einer geschmuggelten Nachricht diese sofort lesen sollte. Ansonsten könne es ihm ergehen wie einem gewissen Astyanax von Lampsakos. Dieser den Historikern ansonsten unbekannte Tyrann wurde mit einer versteckten Botschaft auf einer Tafel vor einer Verschwörung gewarnt. Doch Astyanax hatte zunächst einmal anderes zu tun, als die Nachricht lesbar zu machen. Er starb mit der Tafel in der Hand.

12 Gefiederte Steganografen – Die Schmuggeltauben von Paris

Eines der interessantesten Kapitel Steganografie-Geschichte ist – wie so viele andere – mit einem Krieg verbunden. Genauer gesagt war die Belagerung von Paris im Deutsch-Französischen Krieg (1870–1871) der historische Hintergrund.[1] Das Unheil nahm seinen Lauf, als sich der französische Kaiser Napoleon III. im Juli 1870 zur Kriegserklärung gegen Preußen hinreißen ließ. Bereits sechs Wochen später erlitten die Franzosen in der Schlacht von Sedan eine entscheidende Niederlage, bei der neben 100.000 Soldaten auch Napoleon III. in preußische Gefangenschaft geriet. So blieb diesem nichts anderes übrig, als die Kapitulation Frankreichs zu unterzeichnen.

In Paris gab man sich derweil jedoch noch nicht geschlagen. Vielmehr witterten die Gegner des Kaisers nun Morgenluft und bildeten unter der Führung von Léon Gambetta eine neue Regierung. Diese organisierte in der Hauptstadt umgehend Verteidigungsmaßnahmen gegen die herannahenden preußischen Truppen. Die Invasoren vermieden jedoch eine direkte Auseinandersetzung um Paris und schlossen stattdessen das Stadtgebiet in einen Belagerungsring ein. Ab dem 20. September 1870 war Paris eingekesselt.

Noch rechtzeitig vor dem Eintreffen der Preußen hatte die neu formierte französische Regierung eine Delegation in der 200 Kilometer entfernten Stadt Tours eingerichtet. Diese Zweigstelle gewann während der Belagerung immer mehr an Bedeutung, da die in Paris eingekesselten Staatsmänner kaum noch Einfluss auf die Außenwelt nehmen konnten. Angesichts der misslichen Lage ließ sich Regierungschef Léon Gambetta am 7. Oktober per Ballon aus der belagerten Stadt fliegen, um von Tours aus den Widerstand zu organisieren. Als die Preußen auch dort immer näherrückten, verlegte Gambetta die Delegation nach Bordeaux.

1) J.D. Hayhurst: *The Pigeon Post into Paris 1870-1871*. www.cix.co.uk/~mhayhurst/jdhayhurst/pigeon/pigeon.html

Brieftauben als Datenschmuggler

Natürlich mussten sich Gambetta und seine Mitstreiter von Anfang an Gedanken über den Nachrichtenaustausch zwischen der Regierung und der Delegation machen. Da schon vor dem Eintreffen der Preußen absehbar war, dass diese alle Kommunikationsverbindungen von und nach Paris blockieren würden, blieb nichts anderes übrig, als einen systematischen Datenschmuggel zu organisieren. Zuständig für diese Aufgabe war zunächst Germain Rampont, der innerhalb der Regierung das Postwesen verantwortete. Rampont ließ noch vor Eintreffen der Preußen ein in aller Eile aus England beschafftes Telegrafiekabel von Paris durch die Seine nach Rouen verlegen, wodurch vorläufig ein Weg für die Kommunikation zur Verfügung stand. Das Kabel wurde so im Flusslauf versteckt, dass es für die Preußen nicht ohne Weiteres zu erkennen war.

Während Rampont in Paris verblieb, ging sein Kollege François-Frédéric Steenackers, der innerhalb der Regierung für die Telegrafie zuständig war, als Mitglied der Delegation nach Tours. Rampont und Steenackers kümmerten sich gemeinsam um das Nachrichtenwesen, wobei eine offene Rivalität zwischen den beiden der Sache immer wieder schadete. Dabei erwies sich ihre Arbeit als äußerst wichtig, denn wie erwartet unterbanden die Preußen nach ihrem Eintreffen jeden Nachrichtenaustausch. Nachdem sie alle überirdischen Telegrafenleitungen gekappt hatten, fanden sie bereits nach einer Woche auch das versteckte Kabel in der Seine und durchtrennten es.

Sowohl Rampont in Paris als auch Steenackers in Tours experimentierten nun mit verschiedenen steganografischen Methoden. Dabei erwies es sich als vergleichsweise einfach, Nachrichten aus Paris herauszubefördern, da zu diesem Zweck Heißluftballons zur Verfügung standen. Im Laufe der viermonatigen Belagerung verließen 55 Ballons Paris, die neben Passagieren und anderer Fracht auch 2,5 Millionen Nachrichten transportierten. Heute gelten diese Mitteilungen als die ersten Luftpostbriefe der Geschichte und erfreuen sich bei Philatelisten größter Beliebtheit. Bemerkenswerterweise entstand die Luftpost also nicht, um wie heute größere Entfernungen schnell zu überbrücken, sondern als Mittel für den Datentransport während einer Belagerung.

Der Transport von Nachrichten nach Paris hinein bereitete Rampont und Steenackers derweil deutlich mehr Kopfzerbrechen. Zunächst gelang es noch einigen Boten, sich durch die feindlichen Linien zu schleichen, doch angesichts des immer dichter werdenden Belagerungsrings versprach dieser Weg bald keinen Erfolg mehr. Ballone ließen sich für den Weg nach Paris nicht ohne Weiteres nutzen, da diese mit dem Wind abtrieben. Steenackers ließ dennoch testweise einen Ballon in Richtung Paris starten, der sein Ziel jedoch nicht erreichte und den Preußen in die Hände fiel.

Steenackers musste sich also nach anderen Methoden des Datenschmuggels umsehen. Er versuchte es beispielsweise mit Hunden, die man zuvor aus Paris ausgeflogen hatte und die zu ihren Herrchen zurücklaufen sollten. Was laut Aeneas dem Taktiker bei den Alten Griechen gang und gäbe war (siehe Kapitel 11), funktionierte in Paris jedoch nicht. Von fünf Hunden, die auf die Reise geschickt wurden, kam kein einziger an. Genauso enttäuschend verlief der Versuch, mit Nachrichten gefüllte Zinkkapseln durch die Seine nach Paris zu schwemmen. Die Kapseln waren etwa so schwer wie Wasser und sollten daher weder an der Oberfläche schwimmen noch am Boden des Flusses hängen bleiben. Dennoch verschwanden alle auf diese Weise verschickten Testbotschaften spurlos in der Seine.

Deutlich mehr Glück hatten die Franzosen mit Brieftauben, von denen Steenackers einige mit nach Tours gebracht hatte. Es erwies sich jedoch als schwierig, Nachschub zu bekommen, denn in Paris gab es zu dieser Zeit schlichtweg zu wenige der gefiederten Kuriere. Zwar hätte die Delegation auf Tauben aus anderen Regionen Frankreichs zurückgreifen können, doch diese ließen sich nicht schnell genug auf eine neue Heimat trainieren. So erhielt ein in Paris ansässiger Klub von Taubenliebhabern namens »L'Espérance« die Aufgabe, möglichst viele der Tiere aus den vergleichsweise wenigen Taubenschlägen der Hauptstadt einzusammeln. Noch vor der Belagerung brachten die Klubmitglieder auf diese Weise 108 Tauben zusammen. Diese sollten Paris am 18. September mit einem der letzten Züge vor der Ankunft der Preußen verlassen, doch der Bahnhofsvorsteher konnte sich auf die seltsame Vogelfracht keinen Reim machen und verbot kurzerhand deren Verladung.

So blieb den Taubenfreunden von L'Espérance nichts anderes übrig, als die Vögel per Ballon auszufliegen. Bis zum Ende der Belagerung verließen auf diesem Weg insgesamt 363 Brieftauben die Stadt. François-Frédéric Steenackers ließ die gelandeten Ballons jeweils aufsammeln und die Vögel anschließend nach Bedarf mit einer Nachrichtenladung bestücken. Eine solche bestand in den ersten Wochen der Belagerung aus einem von Hand beschriebenen Stück dünnen Papiers, das zusammengerollt an eine Schwanzfeder der Taube gebunden wurde. Bevor einer der Vögel derart präpariert auf die Rückreise nach Paris geschickt wurde, brachten ihn die Mitarbeiter Steenackers per Zug möglichst nahe an den Belagerungsring, um die Flugstrecke kurz zu halten. Da die Preußen immer weiter ins Umland vorrückten, nahm die Distanz, die die Tiere überwinden mussten, im Laufe der Monate zu.

Obwohl sich die Brieftauben als vergleichsweise gute Datenschmuggler erwiesen, hatten die Franzosen zahlreiche Ausfälle zu verzeichnen. Nur 59 und damit etwa ein Sechstel der gestarteten Vögel kamen in Paris an. Neben den Naturgewalten und Raubvögeln waren die fliegenden Boten auch Bauern ausgesetzt, die in ihnen eine begehrte Speise sahen. Die Reisedauer der Tauben, die dennoch durchkamen, erwies sich als recht unterschiedlich – sie lag zwischen zwei Stunden und in einem Fall zehn Wochen. Einige der Vögel erledigten ihre Aufgabe so zuverlässig, dass sie mehrfach zum Einsatz kamen, wodurch man die Zahl der erfolgreich agierenden Tauben auf etwa 50 schätzen kann. Auf diesen 50 Exemplaren ruhte also der gesamte Datenverkehr nach Paris während der Belagerung.

Eine Zeitungsseite pro Quadratmillimeter

Da die Datenschmuggel-Kapazitäten ins belagerte Paris durch den Taubenmangel ein kostbares Gut waren, machten sich die Verantwortlichen Gedanken darüber, wie sie diese möglichst effektiv nutzen konnten. Zunächst setzten sie auf die besagten Röllchen aus dünnem Papier, die nur etwa ein Gramm wogen. Eine höhere Last wollte man den Tieren nicht zumuten. Da die Nachrichten von Hand auf das Papier geschrieben wurden, passten nicht mehr als ein paar Abschnitte in eine Sendung. Dies änderte sich jedoch, als Steenackers im Oktober 1870 auf den Vorschlag eines Chemikers eine Verbesserung einführte. Er ließ nun alle Nachrichten auf große Karten schreiben und diese fotografieren. Anschließend entwickelten Spezialisten die Bilder auf 4 Zentimeter breitem Fotopapier, das die Tauben transportieren konnten. Den Fotoexperten in Tours gelang es sogar, das Fotopapier beidseitig zu nutzen, was die Übertragungskapazität verdoppelte.

Derweil blieb auch Steenackers Kollege und Widersacher Germain Rampont in Paris nicht untätig. Er nahm mit dem Pariser Fotografen René Dagron Kontakt auf, der einige Jahre zuvor auf der Pariser Weltausstellung eindrucksvoll die Möglichkeiten der Mikrofotografie demonstriert hatte. Mit seiner Technik war Dagron in der Lage, eine komplette Zeitungsseite auf die Größe eines Quadratmillimeters zu verkleinern. Dies überzeugte Rampont, weshalb er den findigen Techniker engagierte und ihm eine großzügige Entlohnung zusicherte. Da Dagron nun in Tours aktiv werden musste, ließ ihn Rampont zusammen mit einem Assistenten in einem Ballon ausfliegen. Ein zweites Exemplar sollte gleichzeitig die Ausrüstung der beiden über die Belagerer hinweg befördern. Beide Ballons wurden jedoch von den Preußen abgeschossen. Während ein Großteil der Ausrüstung dadurch verloren ging, entkamen Dagron und sein Assistent dem Feind um Haaresbreite und konnten sich bis nach Tours durchschlagen.

Als Dagron bei der Delegation vorsprach, wollte Steenackers jedoch zunächst nichts von den Plänen seines ungeliebten Kollegen Rampont wissen. Erst nach einer Woche ließ er sich davon überzeugen, dass die Mikrofilm-Technik tatsächlich ihre Vorteile hatte, weshalb er Dagron die Arbeit aufnehmen ließ. Ohne seine Laborausrüstung, die im Ballon zurückgeblieben war, konnte der Fotospezialist zwar nicht ganz die erwarteten Resultate liefern, doch ihm gelang immerhin eine vierzigfache Verkleinerung. Dadurch passte eine Zeitungsseite auf eine Fläche von 6 mal 11 Millimetern. Da die verwendeten Mikrofilme nur ein zwanzigstel Gramm wogen, konnte eine Taube problemlos 20 davon transportieren. Nun musste auch Steenackers einsehen, dass das von ihm eingeführte Fotopapier-System ausgedient hatte. Ab Mitte Dezember 1870 wurden Dagrons Mikrofilme von den Brieftauben transportiert.

Wenn eine Taube in Paris ankam, wurde ihre Fracht sofort zur zentralen Telegrafiestation gebracht. Dort notierte ein Beamter den Inhalt, wobei er für die Nachrichten auf Fotopapier ein Mikroskop verwendete. Als ab Dezember Mikrofilme genutzt wurden, wurden diese mit einer Laterna Magica an die Wand projiziert und dann ebenfalls von Hand notiert. Da nur ein Bruchteil der Tauben ihr Ziel erreichte, wurden viele Nachrichten mehrfach verschickt, einige sogar mehrere Dutzend Mal. Der Einsatz von Fototechnik hatte hierbei den Vorteil, dass sich eine Sendung leicht kopieren ließ. Diesem Umstand verdanken wir auch, dass der Nachwelt ein Großteil der seinerzeit verschickten Botschaften erhalten geblieben ist.

Über eine Taubennachricht erfuhr die Regierung in Paris beispielsweise, dass Regierungschef Gambetta nach seiner Ausreise per Ballon sein Ziel in Tours erreicht hatte. Diese Information war für die weitere Arbeit der verbliebenen Staatsmänner äußerst wichtig. Darüber hinaus informierte die Delegation ihre Kollegen in Paris regelmäßig per Taubenpost darüber, was außerhalb der Hauptstadt passierte. Erschien den Regierungsmitgliedern eine eingeschmuggelte Nachricht der öffentlichen Moral zuträglich, dann ließen sie diese in den Pariser Zeitungen veröffentlichen.

Einmal schafften es die Preußen, an einige Brieftauben aus einem abgeschossenen Ballon zu gelangen. Sie nutzten diese, um gefälschte Nachrichten nach Paris zu schicken. Darin berichteten sie beispielsweise, dass sich bereits zahlreiche französische Städte in Feindeshand befanden, was teilweise sogar den Tatsachen entsprach. Rampont erkannte die Fälschungen jedoch sofort, unter anderem weil die Preußen einen anderen Faden zum Festbinden der Nachricht an den Tauben verwendet hatten.

Der Datenschmuggel nach Paris hatte zwar ursprünglich den Sinn, eine Verbindung zwischen Regierung und Delegation zu schaffen, doch ab Anfang November erhielten auch Privatpersonen die Möglichkeit, Nachrichten auf diese Weise zu versenden. Die Regierung hatte sich zu diesem Schritt entschieden, um die Moral der Bevölkerung zu stärken. Die inzwischen verwendete Fototechnik stellte eine ausreichende Übertragungskapazität zur Verfügung, um dies zu ermöglichen. Einen halben Franc pro Wort verlangten die Behörden für eine Mitteilung ins belagerte Paris. Die Nachfrage war gewaltig:

Insgesamt 95.000 private Botschaften wurden bis zum Ende der Belagerung erfolgreich per Brieftaube geschmuggelt, und das obwohl nur die besagten 59 Tauben ihr Ziel erreichten.

Doch selbst die beste Taubenpost konnte nicht verhindern, dass Paris am 28. Januar 1871 kapitulieren musste. Das besiegte Frankreich verlor im Frieden von Frankfurt das Elsass und einen Teil von Lothringen an die Preußen und bekam außerdem Zahlungen in Höhe von fünf Milliarden Francs aufgebürdet. Die letzte offizielle Taubenbotschaft enthielt die Forderung der Delegation, dass der neuen französischen Nationalversammlung keine Abgeordneten mehr angehören sollten, die bereits unter Napoleon III. ein solches Mandat innegehabt hatten. Mit dieser Nachricht ging eines der außergewöhnlichsten Kapitel in der Geschichte der Steganografie zu Ende.

Die Folgen der Pariser Taubenpost waren vielfältig. Die Ballonfahrt erlebte infolge der Ereignisse während der Belagerung einen erheblichen Aufschwung, der insbesondere zu einer Lenkbarkeit dieser Fluggeräte – und damit zur Entwicklung der Luftschiffe – führte. Auch die Brieftaubenzucht kam zu einer Blüte, die jedoch mit dem Aufkommen der drahtlosen Funktechnik wieder abebbte. Im Gegensatz zu den Brieftauben stand dem Mikrofilm, der in Paris seine erste Bewährungsprobe erlebt hatte, noch eine lange Karriere im Datenschmuggel – vor allem in der Spionage – bevor.

Die Pariser Bürger vergaßen nicht, welche Dienste ihnen etwa 50 Tauben während der Belagerung geleistet hatten. Daher setzte die Stadtverwaltung ihren fliegenden Helfern 1906 ein Denkmal. Dieses zeigte einen Ballon in der Mitte von vier Sockeln, auf denen jeweils zwei Tauben saßen. Dem Mahnmal war jedoch kein langes Leben vergönnt. Nachdem die Deutschen im Zweiten Weltkrieg Paris eingenommen hatten, ließen sie es einschmelzen.

13 Schlechte Karten – Mogeln mit Steganografie

»Deutschland hat ein neues Genie«, schrieb der *Spiegel* im Jahr 1999.[1] »Neben Goethe, Beethoven und Einstein wird demnächst Clemens Allwermann als Spitzenkraft teutonischen Denkertums zu weltweitem Ruhm gelangen.« Anlass zu dieser – ironisch gemeinten – Aussage gab der unerwartete Erfolg des völlig unbekannten Schachspielers Clemens Allwermann bei einem mit Weltklassespielern besetzten Turnier. Mit seinem geteilten ersten Platz stieß der Allgäuer zu den besten 40 Spielern der Welt vor. Für den Kreisklassespieler Allwermann zweifellos eine grandiose Leistung.

Steganografie beim Schach

Lange konnte sich Allwermann jedoch nicht über sein Preisgeld freuen. Noch während das Turnier lief, fiel einem Schachexperten auf, dass die Züge des Hobbyspielers denen des Computer-Schachprogramms »Fritz« verblüffend ähnelten. Erstaunlich war auch, dass Allwermann bei seinem Sieg gegen Großmeister Sergej Kalinitschew ein Matt in acht Zügen ankündigte. Von den Zuschauern, die angesichts der überraschend starken Leistung des Underdogs recht zahlreich waren, fand keiner diese Kombination – wohl aber die Fritz-Software, wie eine spätere Überprüfung zeigte. Kalinitschew wunderte sich zudem darüber, dass sein Bezwinger nach der Partie zu keinem Gespräch über den Spielverlauf bereit war. Dabei ist eine solche Analyse durchaus üblich.

Kalinitschew informierte sich daher über die Vorgeschichte seines Gegners und kam zu einem eindeutigen Ergebnis: »Ich habe Allwermanns alte Partien nachgespielt. Die waren einfach schlecht.« Der Gescholtene redete sich zwar anschließend mit Aussagen wie »ich hatte relativ viel Glück« oder »der Gegner hat mich unterschätzt« heraus, doch für Fachleute war schnell klar: Allwermann hatte seinem Können mit unerlaubten Mitteln nachgeholfen.

Höchstwahrscheinlich nutzte der Hobbyspieler einen verborgenen Kommunikationskanal. Über ein in der Krawatte verborgenes Mikrofon verwendete er ein Handsprechfunkgerät, über das er einem Komplizen die Züge

1) Hajo Schumacher: *Auf Rot gesetzt.* Der Spiegel 4/1999

seines Gegners mitteilte. Damit wurde auch klar, warum Allwermann während seiner Spiele immer wieder vor sich hin gemurmelt hatte. Der Helfer ließ das Fritz-Programm einen geeigneten Zug berechnen, den Allwermann anschließend mit Hilfe eines unter seinen langen Haaren versteckten Mini-Ohrhörers entgegennahm. Am Ende standen einige überraschende Siege, die jedoch angesichts des aufgeflogenen Tricks niemanden beeindruckten. Während ein Ermittlungsverfahren durch die Staatsanwaltschaft mangels Beweisen eingestellt wurde, verhängte der Bayerische Schachbund eine Sperre gegen das verhinderte Schachgenie.

Der Fall Allwermann zeigt zumindest eines: Ein geheimer Kommunikationskanal zu einem Komplizen kann im Schach eine wirkungsvolle Waffe sein. Ein weiterer Fall, der sich einige Jahre später ereignete, belegt dies. Dieses Mal machte der indische Spieler Umakant Sharma durch erstaunliche Erfolge auf sich aufmerksam. »Nicht einmal Viswanathan Anand [der indische Weltklassespieler] hat sich so schnell entwickelt«, staunte der Präsident des indischen Schachverbands. Sharma wurde jedoch überführt, bei einem Turnier in Neu-Delhi einen Bluetooth-Empfänger unter seiner Wollmütze verborgen gehabt zu haben. Daher wurde er Ende 2006 vom indischen Schachverband für 10 Jahre gesperrt.

Den Verdacht auf die Verwendung von Steganografie im Schach gab es auch schon bei Weltklassespielern. Allerdings erwiesen sich die bisher bekannt gewordenen Fälle allesamt als harmlos. So etwa beim »Match des Jahrhunderts« zwischen dem Amerikaner Bobby Fischer und dem Sowjetrussen Boris Spasski in Reykjavik 1972. Damals fanden es die Sowjets verdächtig, dass Fischer einen Ledersessel aus New York hatte einfliegen lassen. Hatte er einen Geheimsender in die Armlehne einbauen lassen? Es gibt keine ernsthaften Beweise dafür.

Sechs Jahre später traten zwei Sowjets im Kampf um die Weltmeisterschaft gegeneinander an: Anatoli Karpow und Viktor Kortschnoi. Wieder gab es umfangreiche Dikussionen. Kortschnoi wollte für das Spiel seinen eigenen Stuhl mitbringen, was Karpow befürchten ließ, dieser sei in irgendeiner Form manipuliert – beispielsweise mit einem Geheimsender versehen. Daher wurde der Stuhl vor dem Match auseinandergebaut und in einem Krankenhaus geröntgt. Da bei dieser Prozedur nichts Verdächtiges entdeckt wurde, durfte Kortschnoi den Stuhl nutzen.

Doch damit nicht genug. Während der zweiten Partie erhielt Karpow ein Glas Joghurt serviert. Diese Aktion veranlasste Kortschnois Lager, Protest einzulegen. Man fürchtete, die Farbe des Joghurts und die Anordnung auf dem Tablett könnten eine steganografische Nachricht darstellen, die der Spieler von seinen Sekundanten erhielt. Ein Helfer Karpows tat dies als Unfug ab und ergänzte, auch die deutlich sichtbare Brille eines Kortschnoi-Betreuers im

Publikum könne für einen derartigen Code verwendet werden. Trotz des Protests ließ sich Karpow weiterhin während des Spiels Joghurt bringen. Die Jury trat daraufhin zusammen und fällte ein salomonisches Urteil: Karpow durfte während des Spiels nur noch zu einem vorher festgelegten Zeitpunkt versorgt werden, und der Schiedsrichter musste vorher informiert werden, falls es sich nicht um ein lila Joghurt handelte.

Geheime Signale beim Kartenspiel

Noch wirkungsvoller als beim Schach sind versteckte Signale beim Kartenspiel. Hätten Sie beispielsweise gedacht, dass in diesem Satz eine Nachricht versteckt ist? Dies ist tatsächlich der Fall, denn der Satz fängt mit dem Buchstaben H an, und das kann bei einem betrügerischen Spieler die Kartenfarbe Herz symbolisieren. Auf diese Weise kann ein Falschspieler beispielsweise seinem Komplizen empfehlen, als nächstes Herz zu spielen. Die Bedeutung von »Hab ich einen Dusel!« oder »Pass auf!« dürfte unter diesen Umständen klar sein. Der Trick mit den Anfangsbuchstaben ist schon sehr alt und bereits für das viktorianische England belegt.[2] Dabei hat die englische Sprache den Vorteil, dass dort die vier Kartenfarben Heart, Club, Spade und Diamond mit unterschiedlichen Buchstaben beginnen. Im Deutschen muss man dagegen für Kreuz und Karo eine Unterscheidungsmöglichkeit finden.

Damit ein solcher Karten-Code noch unauffälliger wirkt und außerdem leichter zu handhaben ist, legte der französische Zauberkünstler Houdini um 1845 andere Buchstaben für die vier Kartenfarben fest. Diese lauteten: Herz = I, Karo = M, Kreuz = S und Pik = V.[3] Diese Buchstaben wählte Houdini offensichtlich, weil sie im Französischen besonders häufig am Anfang eines Satzes stehen (beispielsweise in Form von Wörtern wie »il«, »mon«, »savoir« oder »pouvoir«). Die Zuordnung zu den Kartenfarben ist willkürlich und erregt dadurch meist keinen Verdacht.

Es ist nicht allzu schwierig, sich weitere unauffällige Signale auszudenken, die sich zur versteckten Kommunikation am Kartentisch nutzen lassen. Falschspieler haben im Laufe der Jahrhunderte unzählige mehr oder weniger wirkungsvolle Codes entwickelt, um ihre Opfer zu schröpfen. Meist kannten nur wenige Eingeweihte die Bedeutung. Zu den wenigen Symbolen, die einer größeren Zahl von Spielern bekannt sind, gehört ein Code, mit dem sich Falschspieler darauf verständigen, ob und wie sie einen arglosen Mitspieler betrügen. Vor allem in den USA ist diese Geheimsprache verbreitet. Wenn ein

---

2) Friedrich Bauer: *Entzifferte Geheimnisse.* Springer Verlag, Berlin 1995. S. 9
3) Friedrich Bauer: *Entzifferte Geheimnisse.* Springer Verlag, Berlin 1995. S. 10

Falschspieler am Kartentisch die Hand mit abgespreiztem Daumen vor die Brust nimmt, dann bedeutet dies: »Ich bin ein Falschspieler und will diese Leute ausnehmen.« Antwortet einer der Tischgenossen mit der rechten Hand auf dem Tisch und der Handfläche nach unten, dann ist dies eine Antwort mit folgender Aussage: »Ich bin auch ein Betrüger, tun wir uns zusammen!« Die Antwort kann jedoch auch anders lauten. Eine Faust steht für: »Nein, ich war zuerst da, hau ab!«

Haben sich zwei Betrüger erst einmal auf eine Zusammenarbeit geeinigt, dann können sie weitere Geheimsignale verwenden. Diese kann man in zwei Gruppen einteilen: gesprochene Signale und Gesten. Erstere sind den Jargon-Codes zuzuordnen (siehe Kapitel 1). Bei den Gesten muss man dagegen zwischen versteckten Gesten (beispielsweise die Haltung der Karten) und offenen Gesten (beispielsweise eine winkende Handbewegung als Aufforderung zum Weiterspielen) unterscheiden. Erstere zählen zu den geometrischen Codes, Letztere zu den Jargon-Codes.

Der Falschspielexperte Simon Lovell nennt in seinem Buch einige weitere Beispiele für Geheimcodes beim Kartenspiel.[4] Beim Pokern gibt es beispielsweise folgende Signale:

- Faust auf dem Tisch mit gestrecktem Zeigefinger: ein Paar
- Zeigefinger und Ringfinger gestreckt: zwei Paare
- Drei Finger gestreckt: drei gleiche
- Vier Finger gestreckt: vier gleiche
- Alle fünf Finger gestreckt: Full House

Für diese Symbole nutzt ein Rechtshänder die rechte Hand, während er in der linken die Karten hält. Dabei kann er mit der linken Hand zusätzlich die Kartenfarbe anzeigen, wofür es ebenfalls Codes gibt. Auch die Art, wie eine verdeckte Karte auf dem Tisch liegt, kann ihren Wert symbolisieren. Dies wird im Englischen als »Clock« (Uhr) bezeichnet, da der Winkel (zu einer anderen Karte oder zum Tischrand) den Ausschlag gibt.

Simon Lovell weist zu Recht darauf hin, dass diese Form des Spielbetrugs äußerst wirkungsvoll ist. Der Gegner hat bei einem guten Code kaum eine Chance, ihn zu entdecken. Gelingt es ihm doch, dann kann er meist nichts beweisen. Code-Tricks sind bei Falschspielern daher deutlich beliebter als das berühmte Ass im Ärmel oder das Zinken von Karten. Dabei gilt jedoch eine Weisheit, die jeder Falschspieler bestätigen kann: Durch Mogeln allein lassen sich keine großen Siege erzielen. Fast alle guten Falschspieler beherrschen daher auch das legale Spiel vortrefflich.

---

4) Simon Lovell: *How to Cheat at Everything*.Thunder's Mouth Press, New York 2007. S. 301

Gezinkte Karten

Eine besonders offensichtliche und wirkungsvolle Anwendung der Steganografie ist zweifellos das versteckte Markieren von Spielkarten. Dieses wird bekanntermaßen auch als »Zinken« bezeichnet – benannt nach den Zinken des fahrenden Volks, von denen bereits in Kapitel 4 die Rede war. Vermutlich sind gezinkte Karten genauso alt wie das Kartenspiel selbst und stammen damit aus dem Mittelalter.

Da Spielkarten auf ihrem Rücken oft verschnörkelte Muster tragen, besteht die einfachste Möglichkeit zum Zinken darin, diese Muster unauffällig zu ändern. Fast alle bedeutenden Kartenhersteller bieten ihre Standardblätter auch mit derartigen Markierungen an. Gezinkte Kartenspiele sind beispielsweise in Zauberläden (oft auch über das Internet) zu beziehen und kosten natürlich etwas mehr als die ungezinkten im Kaufhaus.

Die Abbildung unten zeigt ein Beispiel. Auf der dort gezeigten Kartenrückseite sind insgesamt 200 geometrische Figuren mit jeweils einer Raute in der Mitte angebracht, die zusammen ein Rechteck aus 20 Mal 10 Karten bilden. Bei genauer Betrachtung fällt auf, dass pro Kartenhälfte zwei Rauten fehlen. Diese geben an, um welche Karte es sich handelt. Fehlen die Rauten oben rechts und unten links (wie im Bild zu sehen), dann steht dies für Herz, fehlt die Raute links beziehungsweise rechts daneben, dann handelt es sich um Kreuz. Fehlt die dritte Raute von rechts beziehungsweise links, dann ist es Karo, fehlt die vierte, dann ist es Pik. Der Kartenwert wird durch die fehlenden Rauten in der rechten und linken Reihe angezeigt: Fehlen die zweiten Raute von oben und unten, dann ist es eine Sieben. Es folgen Acht, Neun, Zehn, Bube, Dame, König, Ass. Die im Bild gezeigte Karte ist also eine Herz-Zehn.

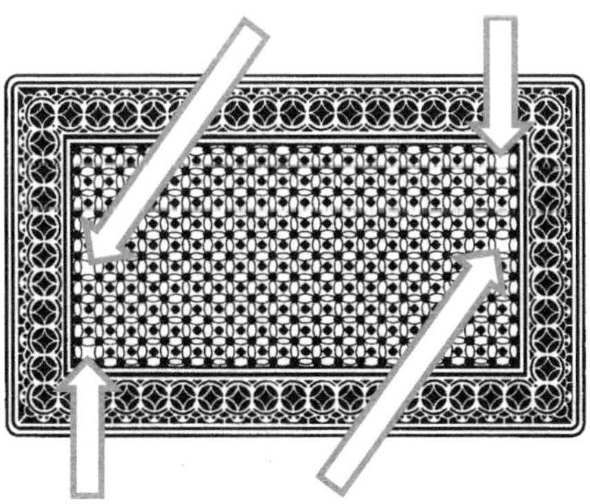

Das Muster auf der Rückseite dieser Spielkarte enthält einige Markierungen, die anzeigen, um welche Karte es sich handelt.

Einen arglosen Laien kann man mit solchen Karten meist einfach täuschen. Ich habe schon Zaubertricks vorgeführt, bei denen ich einer Person im Publikum die markierten Karten in die Hand drückte und sagte: »Können Sie bestätigen, dass die Karten nicht gezinkt sind?« Bisher fiel noch keinem die Markierung auf. Dabei handelt es sich um eine relativ offensichtliche Zinkung. Unter Falschspielern kursieren deutlich subtilere Varianten, die oft nur mit viel Übung zu erkennen sind.

Wer kein Geld für markierte Karten ausgeben will, kann sie auch selbst herstellen. Dazu sollten Sie ein Deck verwenden, das ein möglichst komplexes Muster auf dem Rücken trägt. Dort können Sie mit einer spitzen Nadel kleine Flächen auskratzen. Zuvor sollten Sie sich einen gut zu merkenden Code überlegen, der für jede Karte eine bestimmte Kombination ausgekratzter Flächen vorsieht. Anschließend steht Ihrer Karriere als Kartenhellseher nichts mehr im Wege.

Leider ist eine Markierung meist nicht deutlich genug, um sie aus über einem Meter Entfernung zu erkennen. Beim Kartenspiel besteht der Zweck der Markierung daher weniger im Erkennen des Blatts des Gegners als im Erkennen der Karten auf einem Stapel. Beim Skatspiel können Sie auf diese Weise leicht feststellen, welchen Inhalt der Skat hat. Beim »17 und 4«-Spiel hat es naheliegende Vorteile, wenn Sie als Kartengeber stets die oberste Karte des Stapels kennen.

Es ist auch möglich, Karten während des Spiels zu markieren. Dazu eignet sich meist ein Kniff mit den Fingernägeln von Daumen und Zeigefinger. Allerdings ist es meist nicht praktikabel, auf diese Weise den Kartenwert einzukerben. Stattdessen muss es genügen, beispielsweise die Kartenfarbe festzuhalten. Das allein kann schon ein erheblicher Vorteil sein.

Profis unter den Kartenspielern sind solche Tricks allerdings bekannt. Beim Pokern um hohe Einsätze ist es daher üblich, mit fabrikneuen Karten zu spielen, die am Anfang des Spiels aus der Verpackung genommen werden. Außerdem liegt bei solchen Spielrunden stets eine weitere Packung bereit. Diese wird nach einiger Zeit mit der bis dahin verwendeten getauscht.

Mathematische Karten-Geheimcodes

Gezinkte Karten und geheime Gesten während des Spiels sind zwar eine schöne Sache. Noch interessanter sind allerdings Karten-Geheimcodes, bei denen eine echte Verschlüsselung im Spiel ist. So etwas gibt es tatsächlich. Um das Prinzip zu beschreiben, nehmen wir an, dass drei Kartenfreunde Skat spielen. Beim Skat spielen bekanntlich immer zwei zusammen gegen einen Dritten. Allerdings wechseln die Allianzen mit jedem Spiel, da der Alleinspieler beim Reizen stets neu festgelegt wird.

Die entscheidende Frage lautet nun: Können in diesem Szenario die beiden Gegenspieler eine Zeichensprache verwenden, die der Alleinspieler nicht versteht, obwohl er in die Symbolik eingeweiht ist? Antwort: Ja, das geht. Und zwar dann, wenn die Gegenspieler eine Information als Schlüssel verwenden, die ihr Gegner nicht kennt. Ein solcher Fall ist etwa gegeben, wenn der Alleinspieler nicht weiß, wer das Kreuz-Ass besitzt, während die beiden anderen dies wissen. Derartige Situationen kommen häufig vor. Wenn beispielsweise aus dem Spielverlauf hervorgeht, dass der Alleinspieler das Kreuz-Ass nicht hat, dann wissen die beiden anderen Bescheid (der eine, weil er die Karte selbst besitzt, der andere, weil er sie nicht hat). Der Alleinspieler weiß dagegen nicht, bei wem sich das Kreuz-Ass befindet.

Diese Information lässt sich für einen Geheimcode verwenden. Je nachdem, welcher der beiden Gegenspieler das Kreuz-Ass besitzt, bedeutet ein bestimmtes Signal beispielsweise »spiele Pik« oder »spiele nicht Pik« beziehungsweise »habe noch Herz« oder »habe kein Herz mehr«. Der Alleinspieler kennt zwar möglicherweise diesen Code, doch er kann damit nichts anfangen. Da er nicht weiß, welcher seiner Gegner das Kreuz-Ass besitzt, kann er die Signale nicht richtig deuten.

Natürlich ist so ein Skat-Geheimcode eher eine Spielerei als eine ernst zu nehmende Betrugsmasche. Wenn sich zwei Spieler zusammentun, um zu betrügen, dann kommen sie in der Regel auch ohne eine Verschlüsselung aus. Nebenbei versteht es sich von selbst, dass es recht kompliziert ist, so einen Code zur Praxisreife auszuarbeiten. Unter anderem müssen sich die beiden Spieler erst einmal auf umständliche Weise darauf einigen, welche Karte gerade den Schlüssel bildet.

Etwas mehr als nur eine Spielerei ist ein Karten-Geheimcode dagegen beim Bridge. Bei diesem spielen stets zwei Zweierteams gegeneinander, wobei es sich in der Regel um feste Paare handelt (etwa wie beim Doppel im Tennis). Durch diese Konstellation gibt es immer wieder Fälle, in denen sich Bridge-Teams unzulässigerweise durch versteckte Signale untereinander verständigen. Insbesondere lassen sich im Bridge ähnliche Tricks anwenden wie die gerade für das Skatspiel beschriebenen. Der Mathematiker und Bridge-Spieler John Simons verfasste zu diesem Thema sogar eine wissenschaftliche Arbeit, in der er die zahlreichen Möglichkeiten der verschlüsselten Bridge-Kommunikation auslotet.[5] Sowohl während der Reizung als auch während des eigentlichen Spiels können die beteiligten Teams Signale anwenden, die die Gegenpartei selbst dann nicht richtig interpretieren kann, wenn sie den Code kennt.

Interessanterweise verbieten die Bridge-Regeln solche verschlüsselten Signalsysteme nicht ausdrücklich. Unerlaubt ist lediglich die Kommunikation in einer Form, in die der Gegner nicht eingeweiht ist. Zwei Team-Mitglieder, die einen verschlüsselten Code verwenden, können daher argumentieren, dass ihre

5) John L. Simons: *Bridge Cryptography Fundamentals.* Cryptologia 3/2006

Gegenspieler Bescheid wissen und dass sie daher nicht Irreguläres tun. Ob eine solche Ausrede akzeptiert wird, hängt im Zweifelsfall vom Schiedsrichter ab.

Steganografie im Fußball

Während Geheimcodes beim Kartenspielen verboten sind, sind sie in anderen Spielen und Sportarten durchaus erlaubt. Beim Fußball ist beispielsweise folgende Variante verbreitet: Bei einem Eckball zeigt der ausführende Spieler durch eine unauffällige Geste an, ob der Ball kurz oder lang kommt. Diese Aufgabe kann auch ein Mannschaftskollege übernehmen, indem er sich direkt auf die Fünfmeterlinie stellt oder einige Zentimeter davor. Der Eckballschütze muss sich dann nach dieser Vorgabe richten.

So mancher Fußballtrainer nutzt zudem einen Jargon-Code, um die Abseitsfalle zu organisieren. Hat die gegnerische Mannschaft einen Freistoß im Mittelfeld, dann ruft der Betreuer den Spielern einen scheinbar belanglosen Satz zu, etwa »Michael, geh enger an deinen Mann!« Die wahre Bedeutung dieses Kommandos lautet: Kurz vor Ausführung des Freistoßes sollen alle Abwehrspieler nach vorne laufen, um die Gegner abseits zu stellen.

Eine ganz andere Form der Steganografie wurde diskutiert, nachdem im Frühjahr 2008 die ausgelosten Paarungen des UEFA-Cup-Viertelfinales vorab in einem Internetforum aufgetaucht waren. Da bei der Ziehung keine Manipulation erkennbar war, kam der Verdacht auf, die verwendeten Kugeln seinen bei dem Prozedere durch Erwärmen markiert gewesen. Zweifellos eine schöne Idee. Allerdings gibt es keinen ernst zu nehmenden Hinweis darauf, dass tatsächlich ein Betrug im Spiel war, zumal die UEFA sicherlich kein Interesse daran hatte. Vermutlich hatte ein Fußallfan die vier Paarungen einfach nur zufällig richtig geraten.

Wahrscheinlich ebenfalls nur Zufall ist ein Akrostichon, das findige Fußallfans im Jahr 2001 in einer Niederlagenserie von Manchester United entdeckten. Der englische Vorzeigeklub hatte nacheinander (wenn auch nicht in dieser Reihenfolge) gegen Bolton, Liverpool, Arsenal, Newcastle und Chelsea verloren. Betrachtet man die Anfangsbuchstaben dieser Mannschaften, dann ergibt sich das Wort BLANC. Seltsamerweise entsprach dies dem Nachnamen des Manchester-United-Spielers Laurent Blanc. Wollte der Fußballgott der Vereinsführung auf diese Weise mitteilen, wer der wahre Schuldige an der Misere war? Eine zufällige Übereinstimmung erscheint deutlich wahrscheinlicher.

Ein echtes Fußball-Akrostichon stammt von dem deutschen Lyriker Robert Gernhardt. Dieser veröffentlichte 2005 ein Gedicht, in dem es um Fußball und den damaligen Schiedsrichterskandal ging (aus Urheberrechtsgründen kann ich das Gedicht hier nicht abdrucken, Sie finden es aber im

Internet). Liest man jeweils den ersten Buchstaben einer Zeile, dann ergibt sich »König Fußball«[6].

Schließlich bereicherte auch der Kabarettist und Schauspieler Dieter Hildebrandt die Fußballgeschichte um eine steganografische Episode. Wie er in einem Interview berichtete, stand er einst während eines Länderspiels der deutschen Nationalmannschaft auf der Theaterbühne. Da ihn das Ergebnis brennend interessierte, er aber nicht auf das Ende der Vorstellung warten wollte, sorgte er vor: Ein Kollege musste ihm während des Stücks den Endstand per Fingercode übermitteln.

6) Robert Gernhardt: *König Fußball.* DIE ZEIT 41/2005

14 Nepper, Schlepper, Datenschmuggler – Tricksen und Täuschen durch geheime Signale

Der Magier hat vier umgedrehte Pappbecher vor sich. In einen davon hat ein Helfer aus dem Publikum einen rostigen Nagel platziert, dessen Spitze nach oben zeigt. Nacheinander schlägt der Magier mit seiner Handfläche auf drei der Pappbecher und riskiert dabei eine schwere Verletzung. Doch wie durch ein Wunder erwischt er die drei leeren Becher. Am Ende bleibt der Becher mit dem Nagel übrig, und der Magier hat das Kunststück unverletzt überstanden.

Fauler Zauber

Auch wenn so mancher Zauberkünstler bei diesem Trick (es gibt viele Varianten davon) übersinnliche Fähigkeiten vortäuscht – in Wirklichkeit liegt die Erklärung nicht in der Magie, sondern in der versteckten Kommunikation. Der Magier hat nämlich schlicht einen Komplizen im Publikum, der darauf achtet, unter welchem Becher der Nagel versteckt wird. Anschließend zeigt der Helfer dem Magier diese Information durch ein vereinbartes Signal an. Ich selbst habe diesen Trick schon mehrfach vorgeführt (sicherheitshalber nicht mit einem Nagel, sondern mit einer Taschenlampenbatterie). Mein Komplize in einer der vorderen Reihen zeigt mir dabei jeweils über einen, zwei, drei oder vier ausgestreckte Finger den richtigen der vier Becher an. Da manche Zuschauer besonders schlau sein wollen, gibt es auch ein Zeichen (die Faust), das anzeigt, dass der Zuschauer die Batterie hat verschwinden lassen.

Damit der Trick funktioniert, darf der Zuschauer auf der Bühne dem Komplizen die Sicht nicht versperren. Dies geht am besten, wenn der Zauberkünstler den ahnungslosen Helfer um den Tisch herum bittet, damit dieser sich dem Publikum zuwendet. Eine Batterie zu verwenden, hat den Vorteil, dass der Zuschauer auf der Bühne den Pappbecher nicht inklusive Inhalt auf dem Tisch herumschieben kann (bei einer Münze ginge das, eine Batterie fällt dagegen um).

Dieser alte, aber dennoch immer wieder vorgeführte Trick zeigt deutlich: Versteckte Signale sind ein wichtiges Werkzeug für einen Zauberkünstler. Im Vergleich zu anderen Techniken sind versteckte Signale sogar meist billig und einfach zu handhaben. Selbst wenn ein solcher Trick einmal schiefgeht, kommt meist niemand hinter das Geheimnis. Es gibt daher wohl kaum einen

Illusionisten, der nicht auf die eine oder andere Art mit versteckter Nachrichtenübertragung arbeitet. Den wenigsten davon dürfte dabei bewusst sein, dass sie eine Form von Steganografie praktizieren.

Ebenfalls möglich ist es, durch den Fingercode eines Komplizen eine Karte zu erraten. Dazu lässt der Zauberkünstler eine Person aus dem Publikum eine Karte auswählen, die er selbst – im Gegensatz zu den Zuschauern – nicht zu sehen bekommt. Anschließend zeigt ihm ein Komplize im Publikum unauffällig an, um welche Karte es sich handelt. Dazu eignet sich folgender Code (wir gehen von einem Skatblatt aus): Der Komplize zeigt (mit beiden Händen) zwischen einem und acht Finger. Dabei steht ein Finger für die Sieben, zwei für die Acht, drei für die Neun, vier für den Buben und so weiter. Acht Finger symbolisieren das Ass. Für die Kartenfarbe gibt es ebenfalls Codes. Die Position eines Trinkglases auf dem Tisch, ein Strohhalm im Glas oder das Übereinanderschlagen der Beine bieten Möglichkeiten dafür.

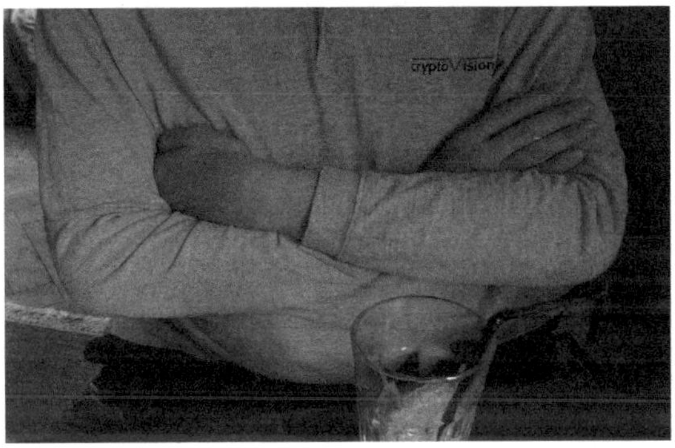

Ein Zuschauer zeigt dem Zauberkünstler unauffällig an, welche Karte dieser erraten muss. Die vier gezeigten Finger stehen für den Buben, der Strohhalm zeigt durch seine Richtung die Kartenfarbe an.

Darüber hinaus dürfte klar sein, dass sich einige steganografische Techniken aus dem Repertoire von Falschspielern (siehe Kapitel »Geheime Signale beim Kartenspiel« auf Seite 121) auch für Zaubertricks eignen. Dies gilt vor allem für markierte Karten. Wenn der Zauberkünstler über eine Markierung auf der Rückseite sieht, welche Karte ein Zuschauer gewählt hat, dann kann er auf einfache Weise hellseherische Fähigkeiten vortäuschen. Im Gegensatz zum Spieltisch kann ein Zauberkünstler auch problemlos sein eigenes Kartenspiel verwenden. Falls der Schwindel auffliegt, dann ist dies für einen Zauberer allemal weniger problematisch als für einen Falschspieler.

Steganografie statt Magie

Die meisten Zauberkünstler verraten ihre Tricks zwar nicht, sie geben aber immerhin zu, dass sie keine magischen Fähigkeiten besitzen. Anders verhält es sich bei dem israelischen Illusionisten Uri Geller. Dieser wurde Anfang der siebziger Jahre vor allem durch das Verbiegen von Gabeln und Löffeln berühmt. In Deutschland schaffte er den Durchbruch 1974 durch einen Auftritt in der Fernsehsendung *Drei mal Neun*, in der er neben dem Verbiegetrick noch ein paar andere Kunststücke vorführte. Gellers Repertoire unterscheidet sich kaum von dem anderer Trickzauberer, doch durch seine Behauptung, es sei echte Magie im Spiel, wurde er weltberühmt und zum Millionär.

Weniger bekannt ist, dass Geller mit einem Assistenten namens Shipi Shtrang zusammenarbeitet, der bei seinen Auftritten oft präsent ist und sich dabei auffallend unauffällig im Hintergrund hält. Offensichtlich verstehen sich die beiden Partner bestens in der Kunst der versteckten Kommunikation. Bereits vor Gellers Durchbruch fiel einem Theaterbesitzer in Israel auf, dass Shtrang Geller bei einer magischen Vorführung versteckte Zeichen aus dem Publikum gab. Kurz danach forderten Skeptiker Geller bei einem Fernsehauftritt auf, dass von ihm übersinnlich zu ermittelnde Wörter auf die Rückseite der verwendeten Tafel geschrieben werden, um so eine Mitteilung durch einen Helfer im Publikum zu verhindern. Geller lehnte dies wütend ab und provozierte damit den Abbruch der Fernsehsendung. Die schlechte Presse, die Geller dafür erhielt, beeinträchtigte seine weitere Karriere allerdings nicht.[1]

Vier Jahrzehnte nach seinen ersten Auftritten ist Uri Gellers Popularität ungebrochen. So lief 2004 eine nach Geller benannte Fernsehshow auf RTL. Es dürfte in der deutschen Fernsehgeschichte einmalig sein, dass ein Show-Star, der des Deutschen nicht mächtig ist, seine eigene Prime-Time-Sendung erhält. Bemerkenswert finde ich zudem, dass sich Günther Jauch für die Moderation dieser Sendung hergab. Es ist wohl kaum vorstellbar, dass Jauch die teilweise recht billigen Geller-Tricks nicht durchschaute, weshalb man dem ansonsten auf Seriosität bedachten Moderator vorwerfen muss, sein Publikum bewusst getäuscht zu haben. Später lief die Fernsehshow *The next Uri Geller*, in der der Meister einen würdigen Nachfolger suchte, erfolgreich in zahlreichen Ländern. In Deutschland kam das esoterische Casting Anfang 2008 bei Pro 7 auf den Bildschirm.

Offiziell waren die Geller-Nachfolgekandidaten Menschen mit übersinnlichen Fähigkeiten. In Wirklichkeit waren allerdings Zauberkünstler am Werk. Alle im Rahmen der Show-Reihe gezeigten Vorführungen wurden anschließend

---

1) *Uri Geller: Showman oder PSI-Wunder?* Themeneintrag der GWUP (www.gwup.org/themen/texte/uri_geller)

auf zahlreichen Internetseiten erklärt. Wie nicht anders zu erwarten, basierten viele »übersinnliche« Kunststücke auf einfacher Steganografie. Ein Beispiel dafür lieferte der Teilnehmer Hayashi. Diesem fiel nichts Besseres ein, als den am Anfang des Kapitels erwähnten Becher-Nagel-Trick aus der Mottenkiste zu holen (vielleicht schied Hayashi deshalb als Erster aus). Statt Bechern verwendete er Papierröhren, und statt des Nagels war ein spitzes Messer im Einsatz. Außerdem arbeitete Hayashi mit verbundenen Augen, was immerhin einen Fingercode aus dem Publikum als Erklärung ausschließt. Möglich war dagegen ein akustisches Signal. Viele Bühnenmagier nutzen den Tonmeister als Komplizen, der am Mischpult sitzend einen guten Blick auf die Bühne hat und mit der eingespielten Musik ein geheimes Signal geben kann.

Wenn wir davon ausgehen, dass die Produktionsfirma einen solchen Akustiktrick nicht zuließ, dann bleibt immer noch ein versteckter Minisender als Erklärung. Vielleicht war der Trick auch gar nicht steganografisch. Denn durch eine Augenbinde kann man oft nach unten durchsehen (wie man spätestens seit der legendären Buntstiftwette in *Wetten dass...?* weiß), und dies könnte Hayashi für einen Blick auf die Papierröhren ausgenutzt haben.

Eindeutig steganografisch war dagegen ein anderes *The next Uri Geller*-Kunststück. Dieses wurde von den beiden Kandidaten Olaf Kohrs und Vivian Sommer präsentiert. Kohrs behauptete, dass seine Partnerin durch seine Augen sehen könne. Um dies zu belegen, begab er sich ins Publikum und nahm dort allerlei Gegenstände entgegen, die Vivian Sommer auf der Bühne mit verbundenen Augen genau benennen konnte. Des Rätsels Lösung war ein Sprachcode (genauer: ein Jargon-Code). Für jeden Gegenstand nutzten die beiden ein unverfängliches Tarnwort oder eine auf geeignete Weise gestellte Frage. Olaf Kohrs wählte aus den ihm präsentierten Gegenständen solche aus, für die es einen abgemachten Code gab. Den Höhepunkt des Tricks bildete die Szene, in der Vivian Sommer sogar die Nummer auf dem Geldschein eines Zuschauers richtig erriet. Diese lautete 1314275. Der Code war möglicherweise: 1 = schnell, 3 = nun, 1 = schnell, 4 = denn, 2 = was, 7 = für, 5 = ne. Kurz bevor Sommer die Zahlen erraten hatte, sagte ihr Partner zu ihr: »schnell nun schnell denn was für ne nummer steht da drauf.«

In einer weiteren angeblich übersinnlichen Darbietung präsentierten Kohrs und Sommer dem Geller-Show-Publikum vier ungeladene Revolver, die auf einer drehbaren Halterung lagen. Eine der Waffen ließ Kohrs von der Schauspielerin Christina Plate mit scharfer Munition laden und wieder in die Halterung zurücklegen. Da Kohrs bei diesem Vorgang wegschaute und Christina Plate die Halterung mehrfach drehte, konnte der Magier nicht wissen, welche Waffe geladen war.

Kohrs nahm nun einen Revolver nach dem anderen und richtete ihn auf seine Assistentin Vivian Sommer, deren Augen verbunden waren. Angeblich durch ihre übersinnliche Intuition erkannte diese, ob die Waffe geladen war. Wenn ja, dann ließ sie die Waffe beiseitelegen. Wenn nein, forderte sie Kohrs dazu auf, den Revolver auf sie zu richten und abzudrücken. Am Ende schoss Kohrs nur mit den drei ungeladenen Waffen, wodurch die geladene als einzige ungebraucht zurückblieb. Dass dieser vierte Revolver wirklich schoss, demonstrierte er anschließend mit einem Schuss auf eine Glasscheibe, die tatsächlich zersplitterte.

Der Trick bestand im Wesentlichen aus Steganografie. Ob ein Revolver geladen ist, ist von außen leicht erkennbar (beispielsweise ist die Patrone sichtbar, wenn der Schlagbolzen zurückgezogen wird). Kohrs musste seiner Assistentin daher nur durch ein Geheimsignal mitteilen, ob er gerade eine geladene Pistole in der Hand hielt. Da er während des Kunststücks mehrfach mit seiner Assistentin sprach, konnten die beiden einen Sprachcode nutzen. Eine genaue Betrachtung der Aufzeichnung lässt zudem die Vermutung aufkommen, dass die Augenbinde der Assistentin nicht blickdicht war, wodurch auch ein Handsignal Kohrs' möglich war. Vermutlich war es sogar ein sehr einfaches: Kohrs hielt die ungeladenen Revolver stets senkrecht, den geladenen dagegen waagrecht.

Schließlich gehörte die Steganografie auch zu den Hilfsmitteln des Gewinners der Geller-Show: Vincent Raven (bürgerlich Andreas Plörer). Raven ließ drei prominente Zuschauer ihren Namen, ihre Lieblingszahl und einen beliebigen Satz auf ein Stück Papier schreiben. Dieses steckten die drei Promis anschließend in einen Briefumschlag, den sie in den Schlitz einer Schatztruhe warfen. Vincent Raven verbrannte die Briefe daraufhin und erriet trotzdem, was die Prominenten auf ihre Zettel geschrieben hatten.

Der Trick war wieder einmal recht einfach: Nachdem Raven die Umschläge verbrannt hatte, holte seine Assistentin die Schatztruhe ab und brachte sie hinter die Bühne. Es handelte sich dabei um eine Trickkiste, in der die Prominentenbriefe beim Öffnen hinter einer doppelten Seitenwand verschwanden. Dafür kamen drei andere Briefumschläge zum Vorschein, die Raven verbrannte. Den Inhalt der echten Briefe übermittelte ihm seine Assistentin. Allerdings wohl nicht über einen Code, sondern via Funk: Der langhaarige Raven trug vermutlich einen kleinen Lautsprecher im Ohr.

Bessere Noten durch Steganografie

Neben Zauberkünstlern arbeiten auch Schüler und Studenten gerne mit steganografischen Tricks. So kann man etwa Spickzettel getrost in die Rubrik der Datenverstecke einordnen, wie ich sie in Kapitel 3 beschrieben habe. Die Möglichkeiten sind bekannt: Ein Spickzettel lässt sich unter anderem im Ärmel, unter dem Tisch oder im Federmäppchen verstecken. Anstatt auf einen Zettel lassen sich Spickinformationen auch direkt auf den Körper schreiben – beispielsweise auf die Hand. Mädchen können sich ihre Informationen zudem auf den Schenkel schreiben – welcher Lehrer traut sich schon, eine Schülerin zum Hochziehen des Rocks aufzufordern? Der Knöchelbereich ist ebenfalls geeignet, da man diesen beim Übereinanderschlagen der Beine recht gut einsehen kann. Ob ein solcher Spickzettel das Lernen auf eine Klassenarbeit ersetzen kann, sei einmal dahingestellt. Allerdings bringt vermutlich schon das Schreiben einer derartigen Gedächtnisstütze einen erheblichen Lerneffekt, was die eigentliche Nutzung des Spickzettels unnötig macht.

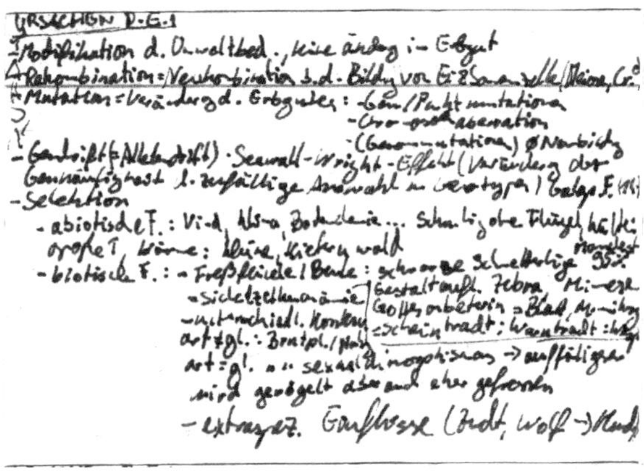

Spickzettel (hier ein Exemplar aus den achtziger Jahren) sind eine besonders häufig verwendete Spielart der Steganografie.

Wenn die Schüler ihre Klassenarbeitshefte selbst aufbewahren oder bei der Klassenarbeit ihr eigenes Papier verwenden, dann bietet sich eine interessante Alternative zum Spickzettel an: Man notiert alle Informationen vorab mit Bleistift und radiert sie während der Arbeit nach Gebrauch wieder aus. Zu meiner Schulzeit forderte beispielsweise ein Biologielehrer, dass wir Schüler in der Lage waren, eine schematische Darstellung des menschlichen Herzens zu zeichnen. In der Klassenarbeit war daher mit einer entsprechenden Frage zu rechnen. Kein Problem: Einige Schüler zeichneten das Herz vorab mit Bleistift auf den Papierbogen, auf den sie später die Klassenarbeit schrieben. Die Bleistiftzeichnung mussten sie anschließend nur noch mit dem Füller nachzeichnen.

Die Steganografie bietet jedoch noch mehr Nützliches für Pennäler. Zu meiner Schulzeit kam beispielsweise folgender Trick zum Einsatz: Bei einem Diktat achteten wir Schüler darauf, dass jeder mit einem Fuß Kontakt zum Fuß des Sitznachbarn hatte (noch besser war es, mit zwei Nachbarn auf diese

Weise vernetzt zu sein). Immer, wenn jemand während des Diktats glaubte, dass ein Komma gesetzt werden müsste, bewegte er seinen Fuß. Dadurch konnte jeder Schüler seine Kommasetzung mit der des Nachbarn abgleichen. Oft sah man auch die Fußbewegung des Vordermanns, was eine weitere Entscheidungshilfe gab. Wie Sie sich denken können, nahm die Zahl der Kommafehler durch diese Praxis deutlich ab.

Ein anderer steganografischer Trick: Während der Klassenarbeit fragt man den Nebenmann nach einem Radiergummi oder nach einem Lineal. Auf dieses schreibt man dann eine Frage (auf einen Radiergummi kann man schreiben, bei einem Lineal hilft ein zuvor angebrachter Papieraufkleber). Bei der Rückgabe geht diese Frage an den Nebenmann. Dieser schreibt die Antwort dazu, die der Nebenmann beim nächsten Ausleihen lesen kann. Dieser Trick funktioniert recht gut bei Übersetzungen, wenn sich beispielsweise die halbe Klasse fragt, was ein bestimmtes Wort im zu übersetzenden Text bedeutet. In diesem Fall kann ein Lineal mit der richtigen Übersetzung auch durch die Hände mehrerer Schüler gehen.

In einer Prüfung, in der sich die Ergebnisse der einzelnen Aufgaben in Form einfacher Zahlen oder eines schlichten ja/nein ausdrücken lassen (z. B. Multiple-Choice-Tests), bietet sich die Nutzung eines etwas aufwendigeren Codes an. Dazu müssen sich die Schüler einer Klasse vorher sekundengenau auf eine Uhrzeit einigen (wenn die Prüfung bis 10:15 Uhr dauert, dann käme 10:10 Uhr dafür infrage). Zur verabredeten Zeit signalisiert jeder Schüler der Klasse zehn Sekunden lang das seiner Meinung nach richtige Ergebnis von Aufgabe 1. Bei einer Multiple-Choice-Aufgabe wäre das etwa »Fußspitze anheben« für ja und »Fußspitze am Boden« für nein. Sind die zehn Sekunden um, dann kommt die zweite Aufgabe an die Reihe und so weiter. Zwischen 10:10 Uhr und 10:15 Uhr lassen sich auf diese Weise 30 Fragen durcharbeiten. Dies bedeutet, dass jeder Schüler innerhalb von fünf Minuten seine Ergebnisse mit denen der Vorder- und Nebenleute abgleichen kann. Zweifellos eine äußerst hilfreiche Methode.

Geld sparen mit Steganografie

Wissen Sie, was ein Squillo ist? Damit bezeichnet man einen Telefonanruf, bei dem es der Absender nur einmal klingeln lässt. Zweck des Anrufs ist es, dem Angerufenen ein Signal zu übermitteln. Dieses kann beispielsweise heißen »ruf mich zurück«, »ich fahre jetzt los«, »Essen ist fertig« oder etwas anderes, was die beiden Kommunikationspartner zuvor vereinbart haben. Der Vorteil eines Squillos ist klar: Im Gegensatz zu einem Anruf oder einer SMS kostet ein Squillo keine Gebühren.

Vor allem bei Jugendlichen, die ihre Handyrechnung nicht zu sehr strapazieren wollen, ist diese Art der steganografischen Kommunikation beliebt. Zwar steckt die empirische Squillo-Forschung noch in den Kinderschuhen, doch mein Eindruck ist, dass diese Form der kostenlosen Kommunikation nahezu überall praktiziert wird, wo es Telefone gibt – wenn auch den meisten der Begriff Squillo nicht bekannt ist. Dieser stammt aus dem Italienischen und bedeutet schlicht »Klingeln«. In Deutschland ist dieser Ausdruck meiner Erfahrung nach vor allem Menschen geläufig, die Kontakte nach Italien haben. Kein Wunder, denn zwischen Mailand und Sizilien ist die Kunst des Squillierens besonders verbreitet – daher auch der italienische Name.

Eine kurze Einführung in den Umgang mit Squillos gibt beispielsweise ein Blog-Artikel der Badischen Zeitung, die das einmalige Klingeln gar als »Italiens geheimstes Kommunikationsmittel« bezeichnet.[2] Es handle sich dabei um eine »geniale italienische Technik, mit ragazza, mama und nonna zu telefonieren und Nachrichten zu übermitteln, ohne zu sprechen". Offenbar verwenden die Italiener Squillos für alles und jedes. Besonders beliebt und ohne vorherige Vereinbarung anwendbar ist ein solches Signal als positive Antwort auf eine SMS-Anfrage, als Nachricht »bin sicher zuhause angekommen« oder einfach als »habe Deine Nachricht erhalten«.

Weitere Möglichkeiten für die Squillo-Nutzung bieten sich, wenn die Kommunikationspartner vorher vereinbaren, was das einmalige Klingeln bedeutet. Beliebt ist etwa die lapidare Botschaft: »Ruf mich zurück, ich habe kein Geld mehr auf meinem Handy.« Neben dieser eher profanen Anwendung gibt es laut dem genannten Artikel auch die romantischen »Squilli degli inammorati« (»Squillos der Verliebten«). Ein Klingeln heißt in diesem Fall: »Ich denke an dich«. Wenn der Empfänger anschließend ebenfalls zum Telefon greift und ein Squillo zurückschickt, dann dürfte die Bedeutung klar sein. So etwas können wohl nur Italiener erfinden.

Auch in Spanien sind Squillos äußerst beliebt und haben einen Namen: torque. Das bedeutet soviel wie »Klopfen«. Mehr Informationen über das Squillo-Phänomen sind in der derzeit verfügbaren Literatur leider nicht aufzutreiben. Vielleicht kann mir der eine oder andere Leser mehr dazu verraten, wie Squillos in einzelnen Ländern verwendet werden und wie sie dort heißen.

Es lässt sich also nicht bestreiten: Mit der Steganografie lässt sich sogar Geld sparen. Dem Squillo ähnliche Tricks gab es bereits lange vor Erfindung des Telefons, etwa in der Zeit vor Mitte des 19. Jahrhunderts, als meist der Empfänger das Porto für einen Brief zahlte. Sparfüchse verschickten damals Karten, auf die sie nur die Adresse und ein einfaches Symbol (etwa ein Kreuz oder einen Stern) schrieben. Dieses hatte eine vorher festgelegte Bedeutung.

---

2) *Der Squillo: Telefonieren ohne zu sprechen.* Blog der Badischen Zeitung, 20.3.2007

Wenn der Postbote die Karte abliefern und die Gebühr kassieren wollte, betrachtete der Empfänger das Symbol auf der Karte und wusste dadurch Bescheid. Anschließend lehnte er die Annahme des Briefs ab und sparte sich dadurch die Gebühr. In einer Zeit, als es noch kein Telefon gab, war dies sicherlich eine praktikable Methode, wichtige Mitteilungen ohne Kosten zu übermitteln.

Im England des 19. Jahrhunderts fand man eine andere Möglichkeit, die Post zu überlisten.[3] Damals wurden Zeitungen von der Post kostenlos transportiert. Vor allem ärmere Bürger nutzten dies, indem sie einzelne Buchstaben in Zeitungen unauffällig markierten, die sich zu Nachrichten zusammensetzten. Anschließend verschickten sie die Zeitung gebührenfrei. Dies war zwar umständlich – aber eben kostenlos.

---

3) Gregory Kipper: *Investigator's Guide to Steganography.* Auerbach Publishers, Boca Raton 2003. S. 13

15 Die Mauer hat ein Loch – Datenschmuggel durch Gefangene

Kurz vor Weihnachten 1986 ging ein beklemmendes Bild durch die Weltpresse.[1] Es zeigte den israelischen Nukleartechniker Mordechai Vanunu, wie er aus einem Polizeiwagen heraus seine Handfläche einem Fotografen in die Kamera hielt. Auf der Hand war Folgendes zu lesen: »Vanunu M / was hijacked / in Rome ITL / 30.9.86 / came to Rome / by BA Fly 504«. Auf Deutsch hieß dies: »Vanunu M wurde am 30.9.86 in Rom (Italien) entführt. Kam nach Rom mit dem British-Airways-Flug 504.«

Bedrückende Botschaften

Mordechai Vanunu hatte zuvor durch einen Geheimnisverrat für Schlagzeilen gesorgt. Als Mitarbeiter einer militärischen Atomanlage in der israelischen Wüste hatte er verbotenerweise Gerätschaften zur Waffenherstellung fotografiert und die Bilder der Presse zugespielt. Da Israel bis dahin stets geleugnet hatte, Atomwaffen zu besitzen, lösten diese Veröffentlichungen einen internationalen Skandal aus. Vanunu setzte sich derweil nach London ab, wo sein Vergehen nicht strafbar war und wo der israelische Geheimdienst Mossad keinen Zugriff wagte. Schon nach wenigen Wochen gelang es jedoch einer Mossad-Agentin, Vanunu nach Rom zu locken, wo ihn die Israelis entführten und ins Gefängnis steckten. Sechs Wochen lang galt Vanunu als verschollen, bis es ihm bei einem Haftprüfungstermin gelang, die erwähnte Nachricht auf seine Hand zu schreiben und fotografieren zu lassen. Dadurch erfuhr die Weltöffentlichkeit von seiner Verhaftung.

Vanunus in die Hand geschriebene Botschaft ist ein spektakuläres Beispiel für eine besondere Anwendung der Steganografie: die verbotene Kommunikation zwischen Gefangenen und der Außenwelt. Ein weiterer bedrückender Fall stammt aus dem Vietnamkrieg. Im Jahr 1965 wurde der US-Militärpilot Jeremiah Denton von den Nordvietnamesen abgeschossen und von diesen gefangengenommen. Er verbrachte acht Jahre in Kriegsgefangenschaft. 1966 wurde

1) Annette Großbongardt: *18 Jahre Haft – und kein bisschen leise.* Spiegel Online vom 21.4.2004

er – entgegen den Genfer Konventionen – zu einem Fernsehinterview gezwungen, in dem er amerikafeindliche Äußerungen von sich geben musste. Denton nutzte die Gelegenheit, um durch Augenblinzeln eine kurze Morsenachricht in seine Heimat zu übermitteln. Die Nachricht lautete »TORTURE«. Das ist das englische Wort für Folter.

Ein ähnlicher Vorfall ereignete sich zwei Jahre später, als die Besatzung des US-Schiffs Pueblo in nordkoreanische Gefangenschaft geriet. Die insgesamt 82 Soldaten mussten 11 Monate überstehen, in denen sie immer wieder misshandelt und gefoltert wurden. Die Nordkoreaner nutzten die Gelegenheit, um mehrfach Mitglieder der Pueblo-Mannschaft – scheinbar gut gelaunt – auf Fotos zu präsentieren. Die nordkoreanische Propaganda erzählte gar, die US-Soldaten würden überlaufen. In den USA erkannte man jedoch schnell, dass es mit der angeblichen Freundlichkeit nicht weit her sein konnte. Auf den Fotos war nämlich mehrfach zu erkennen, dass einige der Soldaten ihre Hand zu einer Geste nutzten, die man heute als Stinkefinger bezeichnen würde. Damals stand dieses Zeichen für »Snowjob«, was etwa »Vertuschungsaktion« bedeutete.

Den Gefangenen war klar, dass die Koreaner früher oder später Verdacht schöpfen würden. Sie vereinbarten, die obszöne Geste in diesem Fall als hawaiianischen Gruß auszugeben. Tatsächlich akzeptierten die Koreaner diese Erklärung zunächst, doch irgendwann kamen sie doch dahinter. Die Gefangenen mussten nun noch mehr Schikanen ertragen. Schon zu Beginn der Gefangenschaft hatte der Pueblo-Kapitän Lloyd M. Bucher die Nordkoreaner mit Hilfe der Steganografie genarrt, als er dazu gezwungen wurde, einen propagandatauglichen Text zu formulieren. Er schrieb: »We paean the North Korean state. We paean their great leader Kim Il Sung.« Den Nordkoreanern fiel nicht auf, dass es das Wort »peaen« im Englischen gar nicht gab. Es hörte sich jedoch wie »pee on« (»auf etwas pinkeln«) an, wodurch die beiden Sätze folgende Bedeutung erhielten: »Wir pinkeln auf den nordkoreanischen Staat. Wir pinkeln auf dessen großen Führer Kim Il Sung.«

Ein Jahrzehnt später nutzte auch eine deutsche Geisel in ihrer Not eine steganografische Technik. 1977 gerieten im Verlauf des »Deutschen Herbsts« die Passagiere der Lufthansa-Maschine »Landshut« in die Hände palästinensischer Terroristen, die deutsche RAF-Gesinnungsgenossen freipressen wollten. Die Entführer dirigierten die auf Mallorca gestartete Maschine zunächst nach Rom und schließlich über Zypern, Dubai, Bahrein und Aden nach Mogadischu. Jürgen Schumann, der Kapitän der Maschine, versuchte bei seinen Funksprüchen mehrfach (und mit Erfolg), auf die Anzahl der Entführer hinzuweisen. Dazu streute er in den englisch geführten Funkverkehr die deutschen Wörter »zwei Männer« und »zwei Frauen« ein.

In Rom gelang es Schumann, vier Zigarettenschachteln auf die Landebahn zu werfen, was der Polizei erneut mitteilte, wie viele Geiselnehmer sich im

Flugzeug befanden. Zusätzlich warf er vier nicht gerauchte Zigaretten in den Müllcontainer, der vom Bodenpersonal geleert wurde. Auf dem Flughafen Dubai wiederholte er diese Information – er bestellte Zigaretten, »zwei Stangen von der einen und zwei von der anderen Sorte«. Leider plauderte ein hoher Beamter des Scheichtums diese Informationen in einem Radio-Interview aus. Als der Anführer der vier Terroristen dies mitbekam, ließ er Schumann vor sich niederknien und deutete eine Erschießung an. Nach einem weiteren Vorfall – Schumann kam verspätet von einer Inspektion zurück – wurde er tatsächlich erschossen.

Kassiber

Neben Kriegsgefangenen und Entführungsopfern nutzen auch gewöhnliche Gefängnisinsassen immer wieder versteckte Kommunikationswege. In einem der spektakulärsten Gefängnisausbrüche der Geschichte war es beispielsweise schlicht ein Funkgerät (Walkie-Talkie), das als Hilfsmittel diente. Ein solches Gerät schmuggelte ein Komplize dem wegen Spionage verurteilten Briten George Blake ins Gefängnis. Blake hatte über Jahre hinweg hoch geheime Informationen an die Sowjetunion geliefert, bevor er 1959 verhaftet und zu 42 Jahren Gefängnis verurteilt wurde. Dies entsprach etwa einem Jahr für jeden Agenten, der durch Blakes Verrat von den Sowjets enttarnt und hingerichtet worden war.

Angesichts dieser staatsgefährdenden Verbrechen gab es in Großbritannien in den sechziger Jahren keinen bedeutenderen Gefangenen als George Blake. Umso erstaunlicher ist es, dass diesem ohne hochkarätige Unterstützung die Flucht gelang und dass er den Rest seines Lebens in Freiheit verbringen konnte. Etwas Vergleichbares schaffte in jüngerer Zeit wohl kein Krimineller dieses Kalibers – jedenfalls nicht in einer Nation wie Großbritannien, die ansonsten nicht als Bananenrepublik gilt.

Blakes einzige Helfer waren drei ehemalige Mithäftlinge, die ihm zunächst das erwähnte Funkgerät ins Gefängnis schmuggelten. Mit diesem konnte er anschließend ungestört zu seinen drei Komplizen Kontakt aufnehmen und mit ihnen seinen Ausbruch vorbereiten. An einem Sonntagnachmittag, als sich seine Wärter und Mithäftlinge gerade einen Film anschauten, war es so weit. Erstaunlicherweise gelang es Blake, aus dem Gefängnisgebäude unbemerkt bis zur sieben Meter hohen Mauer zu gelangen, die die Anlage umgab. Dort wartete Großbritanniens wichtigster Gefängnisinsasse etwa 45 Minuten und stimmte sich per Funkgerät mit seinen Helfern ab, bis diese ihm an der richtigen Stelle eine Strickleiter über die Mauer warfen. Über diese kletterte Blake in die Freiheit. Seine Helfer transportierten ihn anschließend im Auto in eine nahe gelegene Wohnung. Von dort setzte sich Blake später in die Sowjetunion ab, wo er für die britische Polizei nicht mehr erreichbar war. Ohne das Funkgerät hätte dieser für die britischen Behörden äußerst peinliche Ausbruch sicherlich nicht funktioniert.

Eine ganz andere Art von Gefangener war die 13-jährige Stephanie, die 2006 von einem Sexualstraftäter entführt wurde.[2] Fünf Wochen lang war sie dem Entführer und Vergewaltiger ausgeliefert. Doch sie hatte Glück im Unglück: Auf nächtlichen Spaziergängen gelang es ihr mehrfach, kleine Zettel mit Hilferufen zu streuen. Auf diese Weise kam die Polizei schließlich auf ihre Spur. Auf einem der Zettel war zu lesen:

> *»Wer das liest, den bitte ich: Rufe bitte sofort die Polizei an. Das ist kein Scherz. Sie soll zur Laubestraße 2 gehen. In der Wohnung von Mario M. wird die seit Mittwoch, den 11.01.06 vermisste 13-Jährige festgehalten. Handeln Sie schnell! Jede Minute zählt! Es geht um Leben und Tod! Bitte helfen Sie, das ist kein Scherz! Vielen Dank dem Retter oder der Retterin!«*

Wiederum eine andere Art der versteckten Mitteilung wandte möglicherweise der Spion William Fischer an, der unter dem Falschnamen Rudolf Iwanowitsch Abel bekannt wurde (von ihm war bereits in Kapitel »Geheime Signale beim Kartenspiel« auf Seite 121 die Rede). Fischer hatte unter falscher Identität in den USA gelebt, bevor er 1957 verhaftet wurde. Gegenüber dem FBI gab er seinen wahren Namen mit Abel an. Allerdings konnten die US-Behörden nicht überprüfen, ob dieser Name stimmte (heute weiß man, dass er falsch war). Geheimdienstexperten vermuteten daher, dass Fischer für den Fall einer Verhaftung mehrere »echte« Namen parat hatte. Mit demjenigen, den er den Amerikanern nannte, gab er möglicherweise dem sowjetischen Geheimdienst ein Signal, das mitteilte, wie viel er von seinem Wissen verraten hatte. Genaueres zu dieser steganografischen Aktion ist leider nicht bekannt. Allerdings muss Fischers Verhalten aus Sicht der Sowjets wohl richtig gewesen sein, denn nach seiner Rückkehr (er wurde 1962 ausgetauscht) erhielt er höchste staatliche Ehren.

Wie man sich leicht vorstellen kann, versuchten auch die Insassen der Konzentrationslager und Gefängnisse des Dritten Reichs, Nachrichten mit der Außenwelt auszutauschen. Dem Theologen und Widerstandskämpfer Dietrich Bonhoeffer, der 1943 von den Nazis verhaftet wurde, gelang dies mit Hilfe von Büchern, die er in der Untersuchungshaft lesen durfte.[3] War in einem Buch der Eigentümername unterstrichen, dann bedeutete dies, dass seine

---

2) *Fall Stephanie; Eine Chronologie.* ZEIT Online vom 6.11.2006

3) Eberhard Bethge, Renate Bethge, Christian Gremmels (Hrsg.): *Dietrich Bonhoeffer; Bilder aus seinem Leben.* Kaiser, München 1986. S. 212

Familie eine Botschaft darin versteckt hatte. Es handelte sich dabei um ein Textsemagramm: Alle zwei Seiten (von hinten angefangen) war ein Buchstabe mit Bleistift punktiert. Die so gekennzeichneten Buchstaben ergaben die Nachricht. Bonhoeffer erhielt dadurch von seinen Angehörigen Hinweise darauf, welche Angaben er in den Verhören machen sollte. Im April 1945 wurde er hingerichtet.

Im Nachlass eines vor ein paar Jahren verstorbenen Sammlers findet sich ein bedrückendes Beispiel dafür. Es handelt sich dabei um eine Postkarte aus dem Jahr 1943, die von einer Lola Bergman aus Krakau (Polen) verschickt wurde. Empfänger war ein Jacob Rosenblum in Bukarest. Der Text auf der Karte enthält einen belanglosen Gruß. Zusätzlich ist jedoch eine mit Geheimtinte geschriebene Nachricht zu erkennen, die erst durch Hitze oder chemische Behandlung sichtbar geworden ist. Diese mit dem Namen Otto signierte Botschaft enthält eine Beschreibung der Zustände in einem »Todeslager«, in der unter anderem von Hunger, Folter, Gewalt und Vergasung die Rede ist. Außerdem bittet der Schreiber um die Lieferung von Signalpistolen, einer Kamera und Geheimtinte.

Leider ist über die Hintergründe dieser Postkarte wenig bekannt. Sie könnte in einem Konzentrationslager (etwa Auschwitz) geschrieben worden sein, vielleicht aber auch von jemandem, der entsprechende Informationen weiterleitete.[4] Leider sind weder die offizielle Absenderin Lola Bergman noch der Empfänger Jacob Rosenblum noch der Absender namens Otto zweifelsfrei identifiziert. Vielleicht sind die Namen teilweise falsch oder wurden ohne Wissen der jeweiligen Personen verwendet.

Ebenfalls mit Geheimtinte arbeitete der inhaftierte Spion Heinz Felfe.[5] Nachdem dieser als BND-Mitarbeiter jahrelang hochgeheimes Material an den KGB geliefert hatte, wurde er 1961 verhaftet. Dies hinderte ihn jedoch nicht, weiter an seinen Kontaktmann zu berichten. Er fügte Briefen, die er aus dem Gefängnis schreiben durfte, mit Geheimtinte notierte Botschaften hinzu, in denen er beispielsweise Details zu den Verhören mitteilte. Sein wichtigster per Geheimtinte verschickter Wunsch blieb jedoch unerfüllt. Er lautete: »Holt mich hier raus!«

Im Gefängnis

Neben dem Herausschmuggeln von Nachrichten aus einem Gefängnis ist auch der Datenschmuggel innerhalb von Haftanstalten eine verbreitete Praxis. Der

4) *Beneath Love Letter, a Message of Resistance in Invisible Ink.* Associated Press, 30.10.1997

5) *Fiffi in III f.* Der Spiegel 9/1969

bekannteste Fall ereignete im Hochsicherheitsgefängnis von Stammheim, wo 1977 die RAF-Terroristen Andreas Baader, Gudrun Ensslin, Irmgard Möller und Jan-Carl Raspe einsaßen. Das vom Bundestag beschlossene Kontaktsperregesetz führte dazu, dass die Häftlinge nicht mehr miteinander sprechen konnten. Doch die Terroristen fanden einen verblüffenden Weg, dies zu umgehen. Mit eingeschmuggelten Elektroteilen und den für die Gefangenen erlaubten Plattenspielern fertigte Raspe über die von Zelle zu Zelle verlaufenden Leitungen des ehemaligen Anstaltsrundfunks eine Wechselsprechanlage an. Vermutlich verabredeten sich die Terroristen über diese am 18. Oktober 1977 zum Selbstmord, der in drei Fällen auch gelang.

Andere Gefangene mussten auf weniger elegante Kommunikationsmittel zurückgreifen. So gab es im 19. Jahrhundert eine russische Widerstandsgruppe, die sich Nihilisten nannte und deren inhaftierte Mitglieder sich verschiedenen Quellen zufolge im Gefängnis mit Klopfzeichen verständigten. Diese Zeichen bildeten ein Alphabet, das mit dem Morsealphabet verwandt war. Bis heute spricht man in diesem Zusammengang von der »Nihilisten-Chiffre«[6].

Im Zweiten Weltkrieg kommunizierten US-Gefangene auf ähnliche Art. Besonders bekannt wurde der dabei verwendete Klopf-Code (auch Tap-Code genannt) später im Vietnam-Krieg, wo ihn wiederum amerikanische Soldaten verwendeten, als sie in Gefangenschaft gerieten. Die erste belegte Nutzung erfolgte im Jahr 1965 durch vier inhaftierte US-Soldaten in Hanoi. In den Folgejahren wurden die Klopfzeichen zur Routine. US-Gefangene nutzten sie, um zwischen ihren Gefängniszellen zu kommunizieren, und bei persönlichen Begegnungen mit Mitgefangenen, wenn sie dabei nicht sprechen durften.

Mit dem Code teilten sich die Soldaten gegenseitig mit, welche Fragen sie in den Verhören beantworten mussten und welche Informationen sie preisgegeben hatten. Auch über Verletzungen und Krankheiten der Kameraden konnten sie sich austauschen. Nicht zuletzt erfüllte der Tap-Code zweifellos auch eine wichtige psychologische Funktion: Allein schon der Austausch mit Leidensgenossen gab vielen Kriegsgefangenen Hoffnung.

---

6) David Kahn: *The Codebreakers*. Scribner, New York 1996. S. 620

16 Wie sag ich's meinem Kinde – Politisch korrekte Code-Formulierungen

Wenn Jean-Claude Trichet, Präsident der Europäischen Zentralbank, in einer Pressekonferenz den Ausdruck »erhöhte Wachsamkeit« verwendet, dann ist das mehr als nur eine bedeutungslose Floskel. Vielmehr kündigt diese Aussage eine baldige Erhöhung der Leitzinsen an. Auch die Begriffe »Sehr genau beobachten« oder »angemessen« sind von Bedeutung, denn sie stehen für den vorläufigen Verzicht auf eine Zinserhöhung. Wenn der Zentralbank-Präsident dagegen von »akkommodieren« (eigentlich »angleichen«) redet, dann könnte mittelfristig eine Erhöhung ins Haus stehen.

Leberkäswecken im Dienstfunk

Der Zweck von Trichets Geheimcode ist offensichtlich. Er will zwar etwas mitteilen, jedoch nicht auf den Inhalt festgenagelt werden. Daher versteckt er seine eigentliche Aussage hinter scheinbar nichtssagenden Floskeln. Solche politisch korrekten Code-Formulierungen mit tiefer gehender Bedeutung gehören zur Familie der Jargon-Codes (siehe Kapitel 1). Teilweise dienen sie dazu, einen Zensor zu täuschen. In anderen Fällen ist ihre Bedeutung dagegen allgemein bekannt (wie bei der Europäischen Zentralbank), und ihr Zweck besteht darin, juristische Konsequenzen zu vermeiden oder sich ganz allgemein nicht zu weit aus dem Fenster zu lehnen.

Neu sind politisch korrekte Jargon-Codes nicht. Schon in der Bibel kommen Codenamen vor (z.B. Babylon für Rom). Spätere Autoren verpackten Kritik an der Obrigkeit in Fabeln, wobei sie ungeliebte Personen durch Tiere ersetzten. Als Beispiel sei die (sehr kurze) Fabel *Der Esel mit dem Löwen* von Gotthold Ephraim Lessing zitiert:

> *Als der Esel mit dem Löwen des Äsopus, der ihn statt seines Jägerhorns brauchte, nach dem Walde ging, begegnete ihm ein anderer Esel von seiner Bekanntschaft und rief ihm zu: »Guten Tag, mein Bruder!«*
> *»Unverschämter!« war die Antwort.*
> *»Und warum das?« fuhr jener Esel fort. »Bist du deswegen, weil du mit einem Löwen gehst, besser als ich, mehr als ein Esel?«*

Es gehört nicht viel Vorstellungskraft dazu, um sich auszumalen, welche Art von Personen Lessing auf diese Art kritisierte. Dabei hatte er allen Grund, seine Aussagen als Fabel zu tarnen, denn eine direkte Kritik hätte für ihn sicherlich unangenehme Konsequenzen gehabt.

Eine ganz andere Art von Wörter-Codes, die jedoch ebenfalls Zensoren täuschen sollten, lernte ich Anfang der neunziger Jahre im Rettungsdienst kennen. Da es damals noch keine Handys gab, nutzte man manchmal den Dienstfunk für private Anliegen. Dies war zwar nicht zulässig, doch durch einfache Wörter-Codes ließ sich das Verbot umgehen. Zu den Lieblingsspeisen der Rettungskräfte gehörte damals der Leberkäswecken. Sich über den Dienstfunk über die Anzahl georderter Leberkäswecken zu unterhalten, entsprach allerdings nicht den Vorschriften, weshalb stets die Abkürzung LKW verwendet wurde. Ein Satz wie »drei LKW in der Rettungswache« (Bedeutung: bitte drei Leberkäswecken für die Mitarbeiter der Rettungswache) vermied Ärger im Funkverkehr.

Ähnlich verhielt es sich mit »Verbrennungen in der Hauptstraße« (Hähnchen-Braterei) oder »Erfrierungen in der Schillerstraße« (Eisdiele). Mit dem »Goldenen M« oder »dem Schotten« war im Dienstfunk das allseits bekannte Fastfood-Restaurant gemeint, das von Rettungssanitätern zwecks Verpflegung besucht wurde. Ähnliches gilt für »Bürgersteig in der Goethestraße« (Burgerking) oder die »Hütte« (Pizza-Hut).

Andere Codes werden im Rettungsdienst verwendet, um politisch inkorrekte Details über Notfälle zu übermitteln. So sind beispielsweise Einsätze bei Obdachlosen unter Rettungssanitätern nicht besonders beliebt. Daher steht der Ausdruck »Adeliger im Gebüsch« für eine entsprechende Warnung. Ein »zweiter Sieger« oder ein »Deckungsfehler« weist auf eine Schlägerei hin und mahnt zur Vorsicht.[1] Laut einem Bericht des *Spiegel* werden solche Codes teilweise verwendet, wenn die Lage dem Anschein nach nicht ganz so ernst ist, der Rettungsdienst aber dennoch einen (lukrativen) Notfalleinsatz fahren will.

Jargon-Codes für verbotene Mitteilungen

Auch in Krisensituationen leisten politisch korrekte Jargon-Codes wichtige Dienste. So war im Zweiten Weltkrieg oft von Frontbegradigung oder Frontverkürzung die Rede. Noch im Ersten Weltkrieg waren diese Begriffe wörtlich zu nehmen, denn sie standen für eine Verkürzung der Schützengräben durch die Wahl einer direkten Linie. Im Zweiten Weltkrieg wurde daraus jedoch ein Codewort: Frontbegradigung und Frontverkürzung standen für Rückzug.

1) Udo Ludwig, Frank Sommer: *Mit Blaulicht zum Bluterguss*. Der Spiegel 9/2004

Während ich dieses Buch schrieb, hörte ich im Radio von einem ähnlichen, aber deutlich aktuelleren Beispiel. Ein Schweizer Tibet-Experte berichtete in einem Interview, dass er über das Telefon mit einem Bekannten in Tibet in Kontakt stand. Von diesem erhielt er Informationen über die Unruhen, die zu dieser Zeit in der von China annektierten Region herrschten. Da diese Telefongespräche mutmaßlich abgehört wurden, verwendeten die beiden einen Jargon-Code. Der Ausdruck »Es schneit in Tibet« bedeutete dabei »Es sind viele Soldaten auf den Straßen«. Weitere Details verriet der Experte verständlicherweise nicht.

Ein paar Wochen nach dieser Geschichte berichtete der *Focus* über einen weiteren Fall.[2] Auf der ersten Seite schrieb Chefredakteur Helmut Markwort in seiner Kolumne: »Merkwürdige Gespräche führen unsere Reporter Wolfgang Bauer und Martin Sasse aus Birma mit der Redaktion in München.« Die beiden Reporter waren wegen des Zyklons Nargis in das asiatische Land geflogen und vermuteten nun, dass ihr Telefon abgehört würde. Also nutzten sie einen Jargon-Code, den ihre Kollegen in Deutschland entschlüsseln mussten.

Markwort fuhr fort: »Sie sagen: ›Wir fahren wieder in die Urlaubsregion‹, wenn sie das Katastrophengebiet meinen. Ihren einheimischen Helfer nennen sie ›Reiseführer‹, dramatische Fotos beschreiben sie als ›gelungene Schnappschüsse von Naturschönheiten‹. Und ihre Frage nach der Textlänge hört sich so an: »›Soll die Postkarte so umfangreich sein wie üblich?‹« Das zeigt: Auch ein Journalist in einem Krisengebiet sollte etwas von Steganografie verstehen.

Ganz andere Code-Formulierungen verwendete im Kalten Krieg der DDR-Wissenschaftler und Spion Adolf-Henning Frucht[3], von dem in diesem Buch bereits die Rede war. Im Gegensatz zu anderen Steganografie-Nutzern hatte Frucht keine Möglichkeit, mit den designierten Empfängern vorher einen Code zu vereinbaren. Dennoch erfüllte seine versteckte Nachrichtenübertragung ihren Zweck.

Adolf-Henning Frucht war in der DDR ein angesehener Wissenschaftler, als er in den sechziger Jahren in ein militärisches Forschungsprojekt einbezogen wurde. Ziel dieses Vorhabens war es, ein Giftgas zu schaffen, das auch bei niedrigen Temperaturen wirkte und dadurch das atomare Fruhwarnsytem der NATO in der Arktis ausschalten konnte. Frucht machte sich angesichts dieses Projektziels Sorgen um den Weltfrieden und suchte den Kontakt zu einem westlichen Geheimdienst. Über mehrere Jahre hinweg lieferte er Informationen über das Giftgasprojekt an die CIA. Dazu verwendete er hauptsächlich

---

2) Helmut Markwort: *Unwürdige Spiele ums höchste Amt.* Focus 21/2008

3) Clive Freeman, Gwynne Roberts: *Der kälteste Krieg. Professor Frucht und das Kampfstoffgeheimnis.* Ullstein, Berlin 1928

Geheimtinte, mit der er Zusatzinformationen auf unverfängliche Briefe schrieb (siehe Kapitel 8).

Zusätzlich wendete Frucht einen mutigen, aber wirkungsvollen Trick an, um seine Kollegen im Westen zu warnen. Er veröffentlichte Teile seines Wissens ganz offiziell in einer wissenschaftlichen Fachzeitschrift, die von Experten auf der ganzen Welt gelesen wurde. Allerdings tarnte er den Inhalt als harmlose Grundlagenforschung und formulierte seine Erkenntnisse möglichst unverfänglich. Wörter wie »Giftgas« oder »Kampfstoff« vermied er und sprach stattdessen von »toxischen Substanzen«. Dadurch verstanden nur wenige Spezialisten die Brisanz dieser Forschungsarbeit.

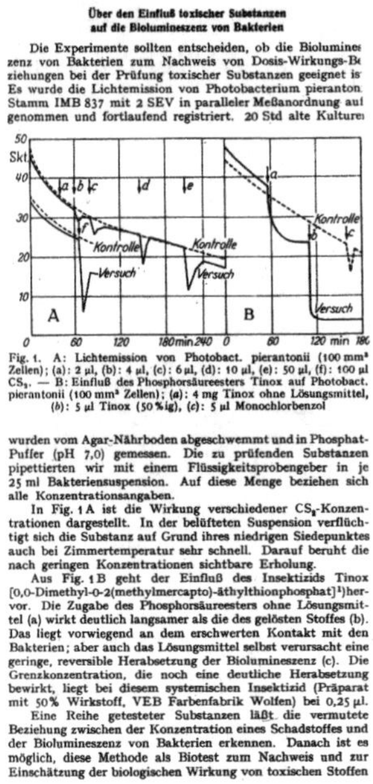

Über den Einfluß toxischer Substanzen auf die Biolumineszenz von Bakterien

Die Experimente sollten entscheiden, ob die Biolumines zenz von Bakterien zum Nachweis von Dosis-Wirkungs-B ziehungen bei der Prüfung toxischer Substanzen geeignet is Es wurde die Lichtemission von Photobacterium pieranton Stamm IMB 837 mit 2 SEV in paralleler Meßanordnung au genommen und fortlaufend registriert. 20 Std alte Kulture

Fig. 1. A: Lichtemission von Photobact. pierantonii (100 mm³ Zellen); (a): 2 µl, (b): 4 µl, (c): 6 µl, (d): 10 µl, (e): 50 µl, (f): 100 µl CS_2. — B: Einfluß des Phosphorsäureesters Tinox auf Photobact. pierantonii (100 mm³ Zellen); (*a*): 4 mg Tinox ohne Lösungsmittel, (*b*): 5 µl Tinox (50%ig), (*c*): 5 µl Monochlorbenzol

wurden vom Agar-Nährboden abgeschwemmt und in Phosphat-Puffer (pH 7,0) gemessen. Die zu prüfenden Substanzen pipettierten wir mit einem Flüssigkeitsprobengeber in je 25 ml Bakteriensuspension. Auf diese Menge beziehen sich alle Konzentrationsangaben.

In Fig. 1 A ist die Wirkung verschiedener CS_2-Konzentrationen dargestellt. In der belüfteten Suspension verflüchtigt sich die Substanz auf Grund ihres niedrigen Siedepunktes auch bei Zimmertemperatur sehr schnell. Darauf beruht die nach geringen Konzentrationen sichtbare Erholung.

Aus Fig. 1 B geht der Einfluß des Insektizids Tinox [0,0-Dimethyl-0-2(methylmercapto)-äthylthionphosphat][1]) hervor. Die Zugabe des Phosphorsäureesters ohne Lösungsmittel (a) wirkt deutlich langsamer als die des gelösten Stoffes (b). Das liegt vorwiegend an dem erschwerten Kontakt mit den Bakterien; aber auch das Lösungsmittel selbst verursacht eine geringe, reversible Herabsetzung der Biolumineszenz (c). Die Grenzkonzentration, die noch eine deutliche Herabsetzung bewirkt, liegt bei diesem systemischen Insektizid (Präparat mit 50% Wirkstoff, VEB Farbenfabrik Wolfen) bei 0,25 µl.

Eine Reihe getesteter Substanzen läßt die vermutete Beziehung zwischen der Konzentration eines Schadstoffes und der Biolumineszenz von Bakterien erkennen. Danach ist es möglich, diese Methode als Biotest zum Nachweis und zur Einschätzung der biologischen Wirkung von toxischen Stoffen

DIE WAHL EINES TOXISCHEN PHOSPHORSÄURE-ESTERS ALS ZU PRÜFENDE SUBSTANZ UND DER HINWEIS AUF G.SCHRADER, DER WESENTLICH AN DER ENTWICKLUNG VON KAMPFSTOFFEN VON BIS DAHIN UNBEKANNTER TOXIZITÄT BETEILIGT WAR, WURDEN VON DEN FACHLEUTEN SOFORT VERSTANDEN. ES MELDETEN SICH DER BRITISCHE UND DER SCHWEIZERISCHE KAMPFSTOFF ABWEHRDIENST MIT SONDERDRUCKANFOERDERUNGEN.

DAS BESCHRIEBENE NACHWEISPRINZIP WIRD INZWISCHEN WELTWEIT, DARUNTER IN DER SOWJETUNION UND DEN USA VERWENDET.

In dieser für Laien kaum verständlichen Forschungsarbeit verriet Adolf-Henning Frucht brisante Informationen.

Fruchts Nachricht verfehlte ihre Wirkung nicht. Während mehrere Experten im Westen verstanden, welche Informationen sie in den Händen hielten, blieb Frucht unbehelligt. Als ihn einige westliche Kollegen um einen Sonderdruck baten, wertete er dies als Signal, dass seine Botschaft angekommen war (auch dies war ein nicht abgesprochener Jargon-Code). Trotz dieses erfolgreichen Schachzugs wurde Frucht zwei Jahre später enttarnt und musste zehn Jahre im Gefängnis verbringen. 1977 wurde er gegen einen chilenischen Kommunisten ausgetauscht.

Arbeitszeugnisse

Der wohl bekannteste Jargon-Code wird hierzulande von nahezu allen Personen angewendet, die Arbeitszeugnisse schreiben. Jeder Arbeitnehmer in den deutschsprachigen Ländern hat einen Anspruch darauf, dass ihm sein Arbeitgeber ein solches ausstellt, wenn er seine Arbeitsstelle verlässt. Allerdings darf ein Arbeitgeber nicht alles in ein Zeugnis schreiben – so müssen Privates, Gewerkschaftsaktivitäten, Gesundheitliches und einiges mehr draußen bleiben. Auch bei den erlaubten Themen lauern einige Fallstricke, da ein Arbeitgeber beispielsweise nur Fakten (und keine Vermutungen) schreiben darf und obendrein zu einer wohlwollenden Beurteilung verpflichtet ist.

Um Ärger zu vermeiden nutzen praktisch alle Arbeitgeber einen Jargon-Code, mit dem sich auch Negatives und Unerlaubtes ausdrücken lässt. Bekannt ist etwa die Formulierung »Er bemühte sich ständig, die Anforderungen zu erfüllen«, was einer glatten Sechs gleichkommt. Auch die Formulierung »Er hat im Großen und Ganzen unsere Erwartungen erfüllt« ist nicht besser. Hier ein paar weitere Beispiele mit der jeweiligen wirklichen Bedeutung:

- *Herr Müller galt im Kollegenkreis als beliebter Mitarbeiter:* Er redete gern und hielt Kollegen von der Arbeit ab.
- *Herr Müller verstand es, Aufgaben mit Erfolg zu delegieren:* Er drückte sich vor der Arbeit.
- *Gegenüber seinen Mitarbeitern war Herr Müller jederzeit ein verständnisvoller Vorgesetzter:* Er zeigte kein Durchsetzungsvermögen.
- *Herr Müller war zur Mehrarbeit bereit, wenn die Situation es erforderte:* Er tat nur das Notwendigste.
- *Herr Müller erledigte alle Aufgaben pflichtbewusst und ordnungsgemäß:* Er ist ein Bürokrat ohne Eigeninitiative.
- *Herr Müller hat alle Aufgaben mit großem Fleiß und Interesse erledigt:* Fleiß und Aufmerksamkeit waren zwar vorhanden, doch das Resultat für die Firma war minimal.
- *Herr Müller arbeitete mit größter Genauigkeit:* Er war langsam, unproduktiv und pedantisch.
- *Herr Müller legte viele Verbesserungsvorschläge zur Arbeitsvereinfachung vor:* Er ist ein nervender Besserwisser.
- *Herr Müller bewältigte seine Aufgaben im Alleingang und mit großer Selbstständigkeit:* Er ist ein Einzelgänger mit mangelnder Teamfähigkeit.
- *Herr Müller wusste seine Auffassungen intensiv zu vertreten:* Er hat ein übersteigertes Selbstbewusstsein.
- *Herr Müller verfügt über Fachwissen und gesundes Selbstvertrauen:* Er überspielt häufig geringes Fachwissen mit seinem Mundwerk.

Die folgenden Floskeln verstecken besonders negative Informationen, die im Klartext kaum in einem Arbeitszeugnis stehen dürften:

- *Herr Müller trat sowohl innerhalb als auch außerhalb unseres Unternehmens engagiert für die Interessen der Kolleginnen und Kollegen ein:* Er war Betriebsrat oder Mitglied einer Gewerkschaft.
- *Herr Müller hat die ihm übertragenen Aufgaben zur vollen Zufriedenheit in seinem und im Interesse der Firma gelöst:* Er hat die Firma bestohlen oder betrogen.
- *Herr Müller war wegen seiner Anpassungsfähigkeit und freundlichen Art im Betrieb sehr geschätzt:* Er hat ein Alkoholproblem.
- *Herr Müller bewies stets Einfühlungsvermögen für die Belange der Belegschaft:* Er suchte im Betrieb nach Sexualkontakten. Steht vor dem Wort Einfühlungsvermögen noch »umfassend«, dann deutet dies auf Homosexualität hin.

Manchmal macht auch eine Kleinigkeit im Arbeitszeugnis etwas aus. »Wir bestätigen Herrn Müller gerne, dass ...« heißt beispielsweise: Herr Müller hat darauf bestanden, dass der folgende Passus ins Arbeitszeugnis aufgenommen wird. Auch die Reihenfolge des Gesagten kann eine Rolle spielen. Wenn etwa bei der Beurteilung des Sozialverhaltens der Vorgesetzte erst nach den Kollegen genannt wird, ist es kein gutes Zeugnis. Zudem kann eine Verneinung verräterisch sein. Wenn Herr Müller einen »nicht unbedeutenden Umsatz« akquirierte oder eine »nicht unwesentliche Rolle« spielte, heißt das: Sein Umsatz war nicht bedeutend und seine Rolle nicht wesentlich.

Selbst die Unterschrift unter einem Arbeitszeugnis lässt sich steganografisch nutzen. So signalisiert eine »Kinderunterschrift«, die übergroß und deutlich lesbar ist, dass der Verfasser das Geschriebene nicht ernst meint. Bei einem senkrecht verlaufenden Strich links neben der Unterschrift ist ebenfalls Vorsicht geboten. Er steht für eine Mitgliedschaft in der Gewerkschaft.

Teil 3:

Steganografie mit dem Computer

17 Ein Bild schmuggelt mehr als tausend Worte – Computerbasierte Steganografie

Im Jahr 1997 füllte eine Diskussion das Sommerloch, in der es um eine wichtige Frage ging: Soll der Staat es zulassen, dass jeder Bürger seine Telefonate und E-Mails verschlüsseln kann, oder muss er einen Riegel vorschieben? Anlass für diesen Disput gab das immer populärer werdende Internet, in dem sich auch Verschlüsselungsprogramme einer wachsenden Beliebtheit erfreuten. Polizeibehörden und Verfassungsschützer befürchteten daher, dass auch Kriminelle ihre Daten verschlüsseln und dadurch den Ermittlern das Mitlesen erschweren würden. Einige Experten für innere Sicherheit wollten Verschlüsselungswerkzeuge deswegen auf den Index setzen. Bei Bürgerrechtlern und Wirtschaftsverbänden stieß dies allerdings auf wenig Gegenliebe.

Die Diskussion um ein Verschlüsselungsverbot rückte eine bis dahin kaum beachtete Technik in den Mittelpunkt: die computerbasierte Steganografie. Deren Zweck ist es, beliebige Botschaften in scheinbar harmlosen digitalen Daten – vor allem in Bildern – zu verstecken. Für die Gegner eines Anti-Verschlüsselungs-Gesetzes lieferte die computerbasierte Steganografie wichtige Schützenhilfe. Ihr Argument: Ein Verschlüsselungsverbot bringt nichts, weil man es mit Hilfe der Steganografie ohne große Mühe unterlaufen kann.

Im Pixel versteckt

Computerdaten, in denen sich eine versteckte Nachricht befindet, werden »Cover« genannt. Praktisch alles, was ein Computer in einer Datei speichern kann, lässt sich als Cover nutzen. Besonders gut geeignet sind Grafiken in einem einfachen Format, also etwa Schwarz-Weiß-Bilder, deren Bildpunkte (Pixel) jeweils mit einem Wert zwischen 0 und 255 dargestellt werden. 0 steht hierbei für schwarz, 255 für weiß, und alle anderen Werte bedeuten Grautöne dazwischen. Wie man sich leicht vorstellen kann, nimmt das menschliche Auge den Unterschied zwischen Werten wie 177 und 178 nicht wahr. Ein geeignetes Programm kann daher in einem Bild jeden Bildpunkt nach Belieben auf einen geraden oder ungeraden Wert setzen, ohne dass dies dem Betrachter auffällt. Damit lässt sich eine Bitfolge kodieren, die beispielsweise einen Text darstellt. Man bezeichnet dieses Vorgehen als LSB-Methode, da in jedem Pixel das niederwertigste Bit (least significant bit) als Datenversteck verwendet wird.

Mit der LSB-Methode lässt sich pro Bildpunkt ein Bit an Information transportieren. Da man mit 8 Bit pro Zeichen jeden beliebigen Text kodieren kann, passen in ein Schwarz-Weiß-Bild der Größe 1000 × 500 Bit immerhin 6250 Zeichen. Das entspricht fast zwei Seiten dieses Buchs. Noch besser ist die LSB-Ausbeute bei einem Farbbild, dessen Pixel mit jeweils drei Werten zwischen 0 und 255 dargestellt werden (meist ist dies jeweils ein Wert für Rot, Grün und Blau). Hierbei verdreifacht sich die Nachrichtenlänge, die in ein Bild der genannten Größe passt. Dadurch sind knapp 20.000 Zeichen (etwa sechs Buchseiten) in einem druckbaren Bild problemlos zu erreichen. Allerdings ist in diesem Fall auch die Datei etwa dreimal so groß wie bei einem Schwarz-Weiß-Bild.

Mit die wichtigste Frage bei einem computerbasierten Steganografie-Verfahren lautet, wie sicher die versteckte Nachricht vor einer Entdeckung ist. Dieses Aufspüren einer versteckten Nachricht wird auch als »Stegoanalyse« bezeichnet. Im Idealfall (für den Code-Sucher) liefert eine Stegoanalyse den genauen Inhalt einer eingebetteten Botschaft. Manchmal muss sich ein Stegoanalytiker jedoch auch mit der Erkenntnis begnügen, dass zwar eine versteckte Nachricht existiert, er sie aber nicht lesen kann. Ein gutes steganografisches Verfahren lässt weder das eine noch das andere Ergebnis zu. Die LSB-Methode gilt als relativ widerstandsfähig gegenüber einer Stegoanalyse. Diese Sicherheit gilt vor allem dann, wenn die versteckte Nachricht verschlüsselt und daher nicht von einem Zufallsmuster zu unterscheiden ist. Bei unverschlüsselten Nachrichten kann eine auf diese Weise versteckte Nachricht dagegen durchaus auffallen.

Auch wenn die LSB-Methode recht wirkungsvoll ist, in der Praxis ist sie oft nicht anwendbar. Dies liegt daran, dass nur recht primitive Bildformate wie MS-Bitmap (BMP) eine Kodierung verwenden, die jeden Bildpunkt mit einem eigenen Zahlenwert darstellt. Deutlich weiter verbreitet sind dagegen Formate wie JPEG oder GIF, die eine Komprimierung des Bilds vorsehen. Komprimierung ist der natürliche Feind der computerbasierten Steganografie, denn das Komprimieren hat den Zweck, überflüssige Datenteile zu entfernen. Gerade diese überflüssigen Teile sind es jedoch, die sich steganografisch nutzen lassen.

Trotzdem gibt es fast immer Möglichkeiten, Botschaften in komprimierte Bilder zu integrieren – wenn auch die versteckte Informationsmenge oft deutlich geringer ist als beim LSB-Verfahren. So arbeiten manche Bildformate mit so genannten indizierten Farben. Das bedeutet, dass ein bestimmter Wert innerhalb der Bilddatei nicht für eine festgelegte Farbe, sondern für ein Feld in einer Tabelle steht, in dem eine Farbe eingetragen ist. Vor allem, wenn ein Farbwert in einem Bild mehrfach vorkommt (dies ist oft der Fall), lässt sich durch indizierte Farben Speicherplatz sparen. Verschiedene Felder der Tabelle können hierbei dieselbe Farbe repräsentieren (dies ist zwar im Sinne einer Komprimierung nicht sinnvoll, aber auch nicht verboten), und das lässt sich für die Steganografie nutzen. Wenn sich jede Farbe durch zwei unterschiedliche Tabelleneinträge darstellen lässt, dann ergibt sich pro Bildpunkt ein Bit an versteckbarer Information. Dies entspricht genauso viel verborgenen Daten wie bei der LSB-Methode, wobei die Datei dank der Indizierung in diesem Fall deutlich kleiner sein kann. Dafür haben doppelte Tabelleneinträge als Datenversteck einen klaren Nachteil: Sie sind in der Stegoanalyse einfach zu erkennen.

Anstatt in jeden einzelnen Pixel eine Informationseinheit aufzunehmen, kann man Bitwerte auch in den Frequenzen eines Bilds unterbringen. Es ist mathematisch recht einfach, eine Folge von Zahlenwerten als Summe verschiedener Frequenzen darzustellen. Wird eine Frequenz geringfügig geändert, dann ist dies für den Betrachter kaum wahrnehmbar. Durch solche kleinen Manipulationen lassen sich Informationen in eine Nachricht einbetten. Gegenüber einer Stegoanalyse ist eine Kodierung mit Frequenzen relativ sicher, da es – im Gegensatz zum LSB-Verfahren – relativ viele Variationsmöglichkeiten gibt, die den Stegoanalysten verwirren. Allerdings sehen Verfahren wie JPEG ohnehin eine Transformation in den Frequenzraum vor, um dort zu Komprimierungszwecken überflüssige Frequenzteile zu entfernen. Dadurch wird der Spielraum für das Verstecken von Informationen deutlich geringer. Komprimierung und Steganografie sind eben auch im Frequenzraum schlecht miteinander verträglich.

Weitere Cover-Daten

Neben Bildern eignen sich auch Audiodateien als Cover. Allerdings ist der Umfang der darin versteckbaren Daten etwas geringer. Dies liegt daran, dass sich das menschliche Gehör nicht so leicht überlisten lässt wie der Sehsinn. Bei unkomprimierten Tonformaten (etwa WAV in seiner einfachsten Form) besteht die offensichtlichste Methode wiederum darin, die jeweiligen Einzelwerte, die zwischen 0 und 255 liegen, gerade oder ungerade zu machen (LSB-Methode). Allerdings werden auch Audiodaten in der Praxis häufig komprimiert, was die steganografische Kapazität deutlich einschränkt. Die gleichen Überlegungen gelten für den Fall, dass Audiodaten in den Frequenzraum übertragen werden.

In Videodaten lassen sich ähnliche steganografische Tricks nutzen wie in unbewegten Bildern. Darüber hinaus bieten auch die Bildübergänge eines Films genügend Möglichkeiten, um Daten darin zu verstecken. Dies ist beispielsweise innerhalb von Videokonferenzen anwendbar. So können sich zwei

Videokonferenz-Teilnehmer über einen steganografischen Kanal untereinander verständigen, ohne dass ein dritter Beteiligter etwas davon mitbekommt. Man braucht nicht viel Fantasie, um sich die eine oder andere sinnvolle Anwendung einer derartigen Vorrichtung vorzustellen. Bereits 1996 veröffentlichte der Informatiker Andreas Westfeld ein Programm, das einen solchen steganografischen Kanal in ein marktübliches Videokonferenz-Produkt einfügt.[1] Leider kam diese Lösung, die im Rahmen einer Diplomarbeit entstand, nicht über den Status eines Prototyps hinaus.

Abgesehen von Bildern und Tönen gibt es noch zahlreiche weitere mögliche Cover. Sehr gut geeignet ist etwa Maschinen-Code. Praktisch alle Prozessor-Befehlssätze haben redundante Bestandteile, wie etwa den No-Operation-Befehl (NOP), der außer einer Verzögerung keine Auswirkungen auf den Programmablauf hat. Es ist einfach, damit eine Nachricht zu kodieren. Teilweise gibt es sogar mehrere Befehle für denselben oder einen ähnlichen Zweck, was sich ebenfalls für einen Code nutzen lässt. In jedem Fall ist es möglich, sinnlose Befehlsfolgen einzubauen, die den Programmablauf nicht beeinträchtigen, aber zur Darstellung einer Nachricht geeignet sind.

Muss ein Programm nicht ausführbar sein, sondern lediglich wie eine ausführbare Befehlsfolge aussehen, dann ist eine steganografische Nutzung ohnehin trivial. Dies ist ein Beispiel für die so genannte konstruktive Steganografie, die nicht den Zweck hat, eine Nachricht in ein Cover einzubetten. Vielmehr sieht sie vor, das Cover passend zur Nachricht zu generieren. Da man einem Stück Maschinencode nur schwer ansieht, ob es funktioniert, ist die konstruktive Steganografie in diesem Fall deutlich einfacher als etwa bei einem Bild oder Video.

Interessante Möglichkeiten für das Verstecken von Daten bietet auch die Festplatte eines Computers. Sofern eine solche nicht voll ist, gibt es genügend Lücken zum Speichern beliebiger Daten, die kaum auffallen. Außerdem kann man Sektoren nutzen. Praktisch jedes Dateisystem teilt ein Speichermedium in Sektoren auf, die oftmals nicht vollständig gefüllt sind (anders wäre ein Speicher-Management, in dem beliebig gelöscht und angelegt werden kann, kaum möglich). Die leer gebliebenen Sektorenstücke (Fragmente) bleiben ungenutzt und bieten dadurch ein gutes Datenversteck. Allerdings führen Betriebssysteme oft eine Defragmentierung durch, bei dem dann auch die versteckte Nachricht verlorengeht.

Zu einem besonders wirkungsvollen Datenversteck wird eine Festplatte, wenn ein steganografisches Dateisystem zum Einsatz kommt. Dabei handelt es sich um eine spezielle Software, die Daten auf der Festplatte versteckt und

---

1) Andreas Westfeld: *Steganographie in komprimierten Videosignalen.* Diplomarbeit TU Dresden, 1.7.1997

sich dabei über eine Benutzeroberfläche wie ein gewöhnliches Dateisystem steuern lässt. Ein Anwender kann damit Dateien anlegen, bearbeiten und löschen – doch sobald er das Programm schließt, ist nichts mehr davon zu erkennen. Sinnvoll ist ein steganografisches Dateisystem allerdings nur, wenn dessen Vorhandensein nicht ohne Weiteres erkennbar ist. Es muss also einen versteckten Befehl geben, um es zu starten.

Auch bei einem steganografischen Dateisystem gehört nicht viel Einfallsreichtum dazu, um sich dessen Nutzen für bestimmte Anwender (etwa im Geheimdienst) auszumalen. Wenn Sie zu dieser Anwendergruppe zählen oder wenn Sie es einfach nur ausprobieren wollen, dann sollten Sie sich das kostenlose steganografische Dateisystem StegFS besorgen (es ist leider nur für Linux verfügbar). Ich wünsche Ihnen beim Dateiverstecken viel Spaß.

Text im Text

Neben Bildern, Audiomaterial und Videos bieten auch Textdaten genügend Möglichkeiten zum Einbetten geheimer Nachrichten. Besonders einfach ist es etwa, Buchstaben im Textverarbeitungsprogramm weiß zu färben, wodurch sie zwar auslesbar, aber für den oberflächlichen Betrachter nicht sichtbar sind. Wenn man so will, ist dies eine moderne Form der Geheimtinte.

Die meisten anderen zum Datenschmuggel in Texten verwendeten Methoden gehören in die Familie der Semagramme (siehe Kapitel 2). So kann man mit dem Computer bestimmte Buchstaben in einem Text markieren, um damit einen Code zu generieren, wie ihn vor 400 Jahren Francis Bacon beschrieb (siehe »Nur markierte Buchstaben zählen (Textsemagramme)« auf Seite 58). Das Umfärben einzelner Buchstaben liefert eine Möglichkeit dazu, wobei man dieses Mal jedoch nicht die Hintergrundfarbe wählen sollte, sondern einen Farbton, der von der Schriftfarbe nicht zu unterscheiden ist (etwa Dunkelgrau statt Schwarz). Ein derartiger Code fällt beim Betrachten kaum auf, lässt sich jedoch vom rechtmäßigen Empfänger leicht entziffern. Dadurch ist allerdings auch die Stegoanalyse meist keine große Herausforderung.

Sicherer als das Markieren von Buchstaben ist oft die Nutzung von Leerzeichen. Ein solches fällt etwa am Zeilenende kaum auf, oft können sogar mehrere Leerzeichen dort stehen. Geht man von einem Bit pro Zeile aus, dann benötigt man allerdings sieben oder acht Zeilen, um einen Buchstaben zu verstecken – dies erscheint recht aufwendig. Dafür ist eine Stegoanalyse deutlich schwieriger. Außerdem lässt sich diese Methode auch für einfache Textdateien im ASCII-Format nutzen, während man für gefärbte Buchstaben ein leistungsfähigeres Format benötigt.

Textdateien eignen sich vor allem für die Blog-Steganografie. Hierbei nutzen die Kommunikationspartner Internetforen oder Blogs, um in unverfänglichen Mitteilungen versteckte Nachrichten auszutauschen. Foren und Blogs haben den Vorteil, dass jeder (oder jeder angemeldete) Nutzer darauf zugreifen kann. Im Gegensatz zu einer E-Mail lassen sich Sender und Empfänger auf einer öffentlichen Webseite nur schwer ermitteln. Dies ist ein erheblicher Vorteil, denn wer eine versteckte Nachricht verschickt, will in aller Regel anonym bleiben.

Will man eine steganografische Botschaft unauffällig versenden, kann man sie auch in einer (vermeintlichen) Spam-Mail verstecken. Dies ist eine Form der konstruktiven Steganografie. Die Webseite www.spammimic.com bietet einen entsprechenden Dienst kostenlos an. Allerdings werden die hierbei konstruierten Nachrichten recht lang. Gibt man etwa die (sehr kurze) Nachricht »5 Uhr« ein, dann erhält man folgende Spam-Nachricht:

Dear Colleague ; Thank-you for your interest in our briefing ! We will comply with all removal requests ! This mail is being sent in compliance with Senate bill 1816 ; Title 3 ; Section 307 ! THIS IS NOT MULTI-LEVEL MARKETING . Why work for somebody else when you can become rich as few as 56 days ! Have you ever noticed how long the lineups are at bank machines & how many people you know are on the Internet ! Well, now is your chance to capitalize on this ! We will help you decrease perceived waiting time by 190% and deliver goods right to the customer's doorstep ! The best thing about our system is that it is absolutely risk free for you ! But don't believe us . Mrs Simpson of Maryland tried us and says "I was skeptical but it worked for me" . We assure you that we operate within all applicable laws ! We implore you – act now ! Sign up a friend and you get half off . Thanks .

Auf derselben Seite kann der Empfänger aus dieser Nachricht die versteckte Botschaft wieder extrahieren lassen. Leider ist nicht dokumentiert, wie die Kodierung funktioniert. Gerüchten zufolge spielen die Leerzeichen eine Rolle, während die Zeichen selbst keine steganografische Bedeutung haben.

Einen ähnlichen Ansatz verfolgt die Software Texto. Dieses recht simple Tool wandelt beliebige Nachrichten in belanglose englische Sätze um. Es gibt eine Internetseite, auf der Sie dies ausprobieren können (www.eberl.net/texto-demo.html). Die Eingabe »5 Uhr« führt beispielsweise zum Text »The car sneakily thinks to the blue porch. I wash loud clouds near the old old.« Das Resultat ist also deutlich kürzer als bei Spam Mimic, doch dafür sieht es nicht wie eine Spam-Mail aus.

Besonders einfach ist es, in einer HTML-Datei versteckte Nachrichten unterzubringen. Wie praktisch alle Programmiersprachen unterstützt HTML Kommentare, die bei der Ausführung des Programms nicht ausgewertet werden. In den Kommentar lässt sich beliebiges schreiben – auch eine mehr oder weniger gut getarnte Nachricht. Daneben kann man in HTML besonders gut Leerzeichen nutzen, da diese (sofern sie nicht in Anführungszeichen stehen) die Ausführung ebenfalls nicht beeinträchtigen. Eine Webseite lässt sich mit solchen Methoden wie ein Toter Briefkasten nutzen. Der Geheimdienst kann seinen Agenten im Feld über eingebettete HTML-Botschaften auf einer Tarn-Webseite Anweisungen geben. Ein Agent sendet seinerseits über das Gästebuch oder über ein Formular Informationen zurück.

Spreu und Weizen

Im Jahr 1998, also zur Hochzeit der Diskussion um ein Verschlüsselungsverbot, veröffentlichte der US-Kryptologe Ron Rivest ein Verfahren, das er »Chaffing and Winnowing« nannte. Auf Deutsch könnte man dieses als Spreu-und-Weizen-Verfahren bezeichnen (»to winnow the chaff from the wheat« bedeutet im Englischen »die Spreu vom Weizen trennen«). Chaffing and Winnowing erlaubt das Geheimhalten einer Nachricht, ohne sie im eigentlichen Sinne zu verschlüsseln. Das Verfahren sieht vor, eine Nachricht mit sinnlosem Füllmaterial zu vermischen, um sie dadurch unlesbar zu machen. Chaffing and Winnowing ist daher eine Mischung aus Verschlüsselung und Steganografie.

Chaffing and Winnowing bietet gegenüber einer herkömmlichen Verschlüsselung auf den ersten Blick keine Vorteile. Es gibt daher nur einen Grund, es zu nutzen: Chaffing and Winnowing ist – so kann man zumindest argumentieren – nicht von einem Verschlüsselungsverbot betroffen. In der Tat ging es Ron Rivest bei der Entwicklung dieser Technik vor allem darum, die Sinnlosigkeit eines Verschlüsselungsverbots aufzuzeigen.

Um Chaffing and Winnowing zu erklären, betrachten wir folgende Nachricht, die es zu verbergen gilt: KAUFE AKTIEN DER FIRMA ABC. Diese Botschaft teilen wir in vier Teile auf (diese bilden zusammen den Weizen), die jeweils eine eigene Prüfsumme erhalten. Als Prüfsumme verwenden wir in unserem Beispiel die Anzahl der Buchstaben des jeweiligen Teils. Dadurch ergibt sich folgender Weizen:

1. KAUFE, 5
2. AKTIEN, 6
3. DER FIRMA, 8
4. ABC, 3

Nun generieren wir die Spreu. Diese besteht aus vier sinnlosen Teilen, ebenfalls mit Prüfsumme:

1. VERTEILE, 8
2. PRODUKTE, 8
3. DER ORGANISATION, 15
4. XY, 2

Das Cover sieht nun wie folgt aus: KAUFE/VERTEILE, PRODUKTE/AKTIEN, DER ORGANISATION/DER FIRMA, ABC/XY. Mit diesem Kauderwelsch kann ein ungebetener Mitleser wenig anfangen. Wenn der Empfänger jedoch den Schlüssel 5, 6, 8, 3 (dies sind die korrekten Prüfsummen) kennt, dann kann er die Spreu vom Weizen trennen. In der Praxis werden statt ganzer Wörter einzelne Bits oder kurze Bitfolgen als Weizen verwendet. Die Prüfsumme ist eine kryptografisch sichere Hashfunktion, in die ein Schlüssel eingeht.

Chaffing and Winnowing ist zwar in der Tat eine pfiffige Art, ohne Verschlüsselung zu verschlüsseln. Als Argument gegen ein Verschlüsselungsverbot taugt diese Methode meiner Meinung nach dennoch nicht. Der Zweck von Chaffing and Winnowing ist schließlich eindeutig das Verbergen einer Nachricht, und daher ist es für einen Juristen ein Leichtes, ein Verschlüsselungsverbot so zu definieren, dass auch Chaffing and Winnowing darunterfällt. Für einen Richter würde in einem etwaigen Fall nur die Frage zählen, ob eine Nachricht für einen staatlichen Abhörer lesbar ist oder nicht. Falls nein, handelt es sich rechtlich um eine Verschlüsselung. Der Unterschied zwischen Kryptografie und Steganografie wird wohl kaum einen Juristen interessieren.

Steganografie bei Al Qaida?

An Softwareprogrammen, mit denen sich computerbasierte Steganografie nutzen lässt, herrscht kein Mangel. Mehrere Hundert Werkzeuge dieser Art sind in den letzten 15 Jahren entstanden. Eine recht große Bekanntheit erlangte Ende der neunziger Jahre beispielsweise das Programm Stego, das von der Programmiererin Romana Machado nach dem Shareware-Prinzip vertrieben wurde. Von Vorteil war hierbei sicherlich, dass die Urheberin im Nebenberuf als Nacktmodell arbeitete und dadurch von sich reden machte. Inzwischen hat Machado ihre Arbeit an Stego jedoch eingestellt.

Als bestes Steganografie-Programm galt Ende der neunziger Jahre jedoch nicht Stego, sondern eine aus Deutschland stammende Software namens Steganos. Steganos überzeugte durch eine grafische Benutzeroberfläche, die es selbst für Computerlaien einfach zu bedienen machte. Auch Steganos ist jedoch inzwischen von der Bildfläche verschwunden. Übrig geblieben ist lediglich die Firma gleichen Namens, die sich mittlerweile auf herkömmliche Verschlüsselungsprodukte konzentriert.

Die meisten weiteren Steganografie-Lösungen sind hauptsächlich einfache Tools, die im Internet kostenlos oder als Shareware angeboten werden. Als derzeit beste Wahl gilt das Programm S-Tools, dessen grafische Benutzeroberfläche recht professionell wirkt und an Stego erinnert. Namhafte Softwarehersteller sind in diesem Markt kaum vertreten. Auffällig ist auch, dass es in den letzten Jahren kaum Innovationen gegeben hat. Die meisten Programme – einschließlich Stego, Steganos, Texto und S-Tools – werden nicht mehr gepflegt. Steganografie-Webseiten tragen oft ein mehrere Jahre altes Datum.

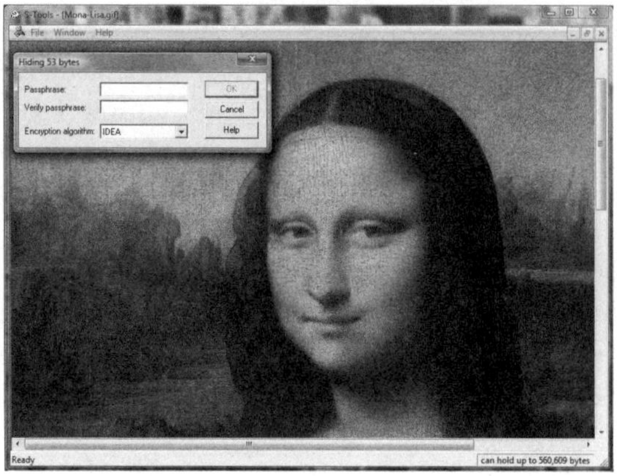

Mit der Software S-Tools lässt sich eine beliebige Datei in einem Bild verstecken.

Das alles verdeutlicht, dass mit computerbasierter Steganografie im Moment nicht das große Geld zu verdienen ist. Der Steganografie-Boom, der Ende der neunziger Jahre sogar Nachrichtenmagazine über dieses Thema berichten ließ,[2] hat sich längst als Strohfeuer erwiesen. Der wichtigste Grund dafür liegt auf der Hand: Nach der hitzigen Diskussion im Jahr 1997 zeichnete sich schnell ab, dass es in Deutschland und den meisten anderen Staaten kein Verschlüsselungsverbot geben würde – die computerbasierte Steganografie hatte damit als Mittel zum Unterlaufen derartiger Vorschriften ausgedient.

Interessant ist daher die Frage, wer heute überhaupt computerbasierte Steganografie nutzt. Als ich Ende der neunziger Jahre die Firma Steganos – damals der einzige nennenswerte kommerzielle Anbieter – fragte, sagte man mir, dass man die eigenen Kunden nicht kenne. Dies klingt plausibel, denn wer redet schon darüber, dass er Daten versteckt. Allerdings zeigen verschiedene Studien, die im Internet zugängliche Daten auf versteckte Botschaften untersuchten, dass Steganografie tatsächlich eingesetzt wird. Natürlich vermitteln derartige Untersuchungen nur ein Zerrbild, da gute Steganografie gerade den Zweck hat, Botschaften so zu verstecken, dass sie nicht auffindbar sind. Interessante Ergebnisse gibt es trotzdem, wenn auch sehr unterschiedliche. Die Firma WetStone fand bei einer Untersuchung angeblich in 0,6 Prozent der betrachteten Bilder im Internet versteckte Botschaften.[3] Demnach müsste im Internet ein wahres Steganografie-Fieber grassieren. Eine Studie der Universität

2) Hilmar Schmundt, Christoph Seidler: *Botschaft im Pornobild.* Der Spiegel 40/2001

Michigan kam allerdings zu einem weniger spektakulären Ergebnis. Sie konnten in keinem von 17.000 im Internet untersuchten Bildern eine versteckte Nachricht finden.[4]

Unstrittig ist, dass Steganografie dort eingesetzt wird, wo sie auch schon in der Vor-Computer-Ära zum Einsatz kam: im Geheimdienstwesen. Glaubt man dem Journalisten Udo Ulfkotte, dann ist dies in Deutschland längst gängige Praxis. So schreibt Ulfkotte: »Der deutsche Spion der Gegenwart lächelt längst auch über jene Kryptografie genannten Verschlüsselungstechniken, die eigentlich der Sicherheit dienen sollen. Auch hier ist man in Pullach schon einen Schritt weiter: Nicht Kryptografie, sondern Steganografie heißt das Zauberwort. Nicht in aufschraubbaren Spraydosen, sondern verborgen in den Bits der Datensammlungen werden heute von Geheimdienstlern Informationen durch die Welt geschmuggelt.«[5] Leider ist über diese Mutmaßung hinaus wenig über den Steganografieeinsatz bei den Geheimdiensten bekannt.

Als mögliche Steganografie-Anwender werden zudem immer wieder islamistische Terroristen genannt. Im Februar 2001 berichtete die Zeitung *USA Today* erstmals über dieses Thema. Al-Qaida-Anhänger, so war dort zu lesen, nutzten harmlose Fotos als Verstecke für geheime Nachrichten. Aus US-Geheimdienstkreisen wurden diese Nachrichten bestätigt. Angeblich gingen die versteckten Bildbotschaften in manchen Fällen per E-Mail über das Netz, doch das soll die Ausnahme gewesen sein. Stattdessen nutzten die Terroristen eBay-Webseiten, Internet-Diskussionsforen (solche lassen auch den Austausch von Bildern zu) und sogar Pornoseiten als Tote Briefkästen. Da sich ein im Internet angebotenes Bild unauffällig herunterladen lässt, ist diese Kommunikationsform für Terroristen sicherlich oftmals attraktiver als ein E-Mail-Austausch.

Solche Berichte über steganografische Aktivitäten der Al Qaida sind zwar durchaus glaubwürdig, doch überzeugende Belege dafür gibt es bisher nicht. So ist auch die Behauptung, die Anschläge am 11. September 2001 seien auf diese Weise vorbereitet worden, nur Spekulation. Immerhin kursiert seit 2007 eine Anleitung im Internet, in der ein radikaler Moslem seinen Kollegen Tipps zur Nutzung von computerbasierter Steganografie gibt.[6] Die Anweisungen sind kompetent geschrieben und daher gut nutzbar. Es gibt sogar ein Verschlüsselungs- und Steganografie-Programm, das eigens für islamistische Terroristen entwickelt wurde. Der Titel: *Secrets of the Mujahideen*. Wie viele Terroristen damit arbeiten, ist allerdings nicht bekannt.

---

3) *Internet-Enthüllung: Terroristen verstecken Befehle in digitalen Fotos und Musik-Files.* Computer-Informations-Dienst vom 5.11.2001

4) *Keine Terrorbotschaft in Bildern.* Computer-Informations-Dienst vom 8.10.2001

5) Udo Ulfkotte: *Verschlusssache BND.* Wilhelm Heyne Verlag, München 1997. S. 46

6) Abdul Hameed Bakier: *The New Issue of Technical Mujahid, a Training Manual for Jihadis.* The Jamestown Foundation, 2007

18 Hütchenspiele und Parasiten – Covert Channels

1979 standen Militärexperten in den USA vor einer wichtigen und gleichzeitig spannenden Frage. Im Rüstungsbegrenzungsvertrag SALT 2 sicherten die Amerikaner damals der Sowjetunion zu, die Anzahl ihrer Interkontinentalraketen vom Typ Minuteman auf 100 zu begrenzen. Allerdings fürchteten sie unter diesen Umständen einen Angriff der Sowjets, der mit 100 Raketen gleichzeitig alle Minuteman-Abschussbasen auf einmal hätte zerstören können. Da der Vertrag nur die Zahl der Raketen, nicht aber die Zahl der Abschussbasen begrenzte, gab es einen naheliegenden Ausweg: Die Amerikaner betrieben 1000 Abschussbasen, von denen aber immer nur 100 bestückt waren. Sofern die Sowjets die Raketenstandorte nicht kannten, mussten sie nun gleich 1000 Angriffe gleichzeitig starten, um alle Minuteman-Waffen außer Gefecht zu setzen. Dies hielt man für unrealistisch.

Hütchenspiel mit verdecktem Kanal

Da die Amerikaner ihre Raketen nicht immer in denselben Abschussbasen belassen wollten, sahen sie regelmäßige Verlegungen vor. Diese wollte man mit zusätzlichen Dummy-Transporten ergänzen, bei denen die verwendeten Lastwagen mit Raketen-Attrappen durch die Gegend fuhren, damit die Sowjets keine Rückschlüsse auf den jeweiligen Standort ziehen konnten. Aufgrund dieser Tarnmanöver ging der Plan der Amerikaner als »atomares Hütchenspiel« in die Geschichte ein.

Die entscheidende Frage lautete nun: Wie sollten die Sowjets überprüfen, ob es im atomaren Hütchenspiel tatsächlich nur 100 Minuteman-Raketen gab, ohne deren Standorte zu kennen? Eine stichprobenartige Überprüfung hielten beide Parteien für zu ungenau. Es blieb daher nichts anderes übrig, als eine spezielle Technik für diesen Zweck zu entwickeln. Diese Aufgabe übernahm die US-Geheimdienstbehörde NSA zusammen mit der Rüstungsfirma TRW. In der Tat fanden die beiden Organisationen einen scheinbar geeigneten Weg. Dieser sah die Entwicklung eines speziellen Hardwaremoduls vor, das mit Hilfe von Sensoren die Anwesenheit einer Minuteman-Rakete feststellen konnte. Ein solches Modul sollte in jede Abschussbasis eingebaut werden. Spezielle Schutzmechanismen sollten dafür sorgen, dass es nach dem Einbau keine Möglichkeit zur Manipulation gab. Jedes Modul hatte die Nummer der Abschussbasis gespeichert, wobei die Zuordnung nur den Amerikanern bekannt war.

Zu den Bestandteilen eines Moduls gehörte eine Sendeeinheit, die auf Anfrage die Nummer der Abschussbasis sowie die Information »bestückt« oder »nicht bestückt« lieferte. Da nur die Amerikaner Zugriff auf die Abschussbasen und damit auf die Module hatten, musste sichergestellt werden, dass die an die Sowjets weitergelieferte Antwort echt war. Zu diesem Zweck enthielt jedes Modul einen von den Sowjets gelieferten Chip, der zu jeder Antwort der Sendeeinheit eine Prüfsumme berechnete. Da der genaue Ablauf der Prüfsummenberechnung nur den Sowjets bekannt war, konnten die Amerikaner keine Antwort fälschen, da die Sowjets dies an einer falschen Prüfsumme erkannt hätten.

Um die Einhaltung des Vertrags zu überprüfen, konnten die Sowjets in festgelegten Abständen bei den Amerikanern eine Abfrage aller Module veranlassen. Die USA lieferten anschließend alle 1000 Antworten inklusive der jeweiligen Prüfsumme. Stellten sich alle Antworten als korrekt heraus (dies ergab sich aus den jeweiligen Prüfsummen) und enthielten nur 100 davon eine »bestückt«-Meldung, dann konnten sich die Sowjets sicher sein, dass tatsächlich nicht mehr Raketen existierten als im Vertrag vereinbart.

Dieses Abfragekonzept war bereits von allen Experten abgesegnet, als es einer Firma namens Sandia vorgelegt wurde. Sandia war an der Herstellung der Hardwaremodule beteiligt, hatte jedoch mit der Prüfsummenlogik nichts zu tun. Allerdings arbeitete damals bei Sandia der Computerexperte Gustavus J. Simmons, und diesem fiel auf, dass der Ablauf einen erheblichen Mangel hatte.[1] Es war für die Sowjets nämlich möglich, in der Prüfsumme eine Zusatzinformation von einem Bit unterzubringen. Damit wäre der in ein Modul eingebaute Chip in der Lage gewesen, eine Information über seinen Standort an die Sowjetunion zu übermitteln. Über mehrere Abfragen hinweg hätte dies sogar genügt, um eine Abschussbasis eindeutig zu identifizieren.

Eine solche Möglichkeit zur Datenübertragung wird »Covert Channel« genannt. Der Zweck eines Covert Channel ist es, Botschaften zu übermitteln, deren Übermittlung eigentlich verboten ist. Als Gus Simmons seine Entdeckung an die NSA meldete, musste diese zugeben, dieses Thema nicht bedacht zu haben. Daher mussten die NSA-Experten nun erst einmal untersuchen, wie realistisch das von Simmons aufgezeigte Covert-Channel-Szenario war.

1) Gustavus Simmons: *The History of Subliminal Channels.* In: Ross Anderson: *Information Hiding: First International Workshop. Proceedings.* Springer, Berlin 1996 (Taschenbuch, November 2007)

Noch bevor diese Untersuchungen beendet waren, zeichnete sich ab, dass die Hardwaremodule gar nicht eingesetzt würden. Schuld daran war jedoch nicht der Covert Channel, sondern der große Aufwand, der durch das atomare Hütchenspiel entstand. Der Betrieb von 1000 Abschussbasen inklusive der zahlreichen Transporte und Scheintransporte war schlichtweg zu teuer. Für Gus Simmons lohnte sich die Sache dennoch. Für ihn begann eine Karriere als weltweit geachteter Verschlüsselungsexperte.

Covert Channels im System

Durch Gus Simmons' Überlegungen rückten Covert Channels Ende der siebziger Jahre erstmals in den Blickpunkt. Neu war dieses Thema damals jedoch nicht mehr. Bereits 1973 hatte der US-Informatiker Butler Lampson den Begriff Covert Channel eingeführt und damit erste Forschungsaktivtäten angeregt. Informatiker interessierten sich zu dieser Zeit vor allem für Covert Channels in Großrechnern, in denen mehrere Prozesse unterschiedlicher Sicherheitsstufen gleichzeitig abliefen. Die Kommunikation zwischen solchen Prozessen war nur über genau festgelegte Schnittstellen erlaubt. Dadurch sollte beispielsweise der E-Mail-Prozess eines einfachen Anwenders nicht in der Lage sein mitzubekommen, was die Umsatzkalkulation der Unternehmensführung auf demselben Rechner gerade machte.

Im Jahr 1976 entwickelte der Computerspezialist Bob Mullen ein einfaches Programm für das Betriebssystem Multics, das einen Covert Channel herstellte. Damit gelang es ihm, zwei Prozesse miteinander kommunizieren zu lassen, die streng voneinander abgeschottet waren. Die Kommunikation kam zustande, indem der sendende Prozess auf eine bestimmte Datei zugriff und der empfangende dadurch beim gleichzeitigen Zugriff eine Zeitverzögerung hinnehmen musste. Diese Verzögerungen bildeten einen Code, über den sich die Prozesse verständigen konnten. Die Geschwindigkeit war groß genug, um einen Text während des Eintippens übertragen zu können.

Bis heute sind Covert Channels ein interessanter Forschungsgegenstand geblieben. Wie sich zeigte, lässt sich praktisch in jedes Computersystem ein versteckter Kanal einbauen. So können verschiedene Prozesse nicht nur über den gemeinsamen Zugriff auf eine Datei, sondern auch über den Ressourcenverbrauch kommunizieren. Wenn beispielsweise ein Prozess die Systemlast durch eine sinnlose, aber aufwendige Rechnung nach oben treibt, kann dies als Code-Signal dienen, das im gesamten Computersystem empfangbar ist. Möglich ist es auch, eine zulässige Kommunikationsverbindung mit einem zusätzlichen Covert Channel zu versehen, indem man Zeitverzögerungen einbaut, die als Code dienen. Dies bezeichnet man als Zeitkanal.

Natürlich überlegten sich Forscher nicht nur, wie sich Covert Channels herstellen, sondern auch, wie sie sich verhindern ließen.[2] Ein Ansatz sieht vor, die interne Uhr eines Computersystems ungenauer zu machen. Wie man sich leicht vorstellen kann, ist ein Zeitkanal deutlich weniger effektiv, wenn ein Prozess die Zeit nicht in Millisekunden, sondern nur in Sekunden messen kann. In ähnlicher Form können künstliche Verzögerungen einen Zeitkanal unbrauchbar machen. Andere Covert Channels lassen sich häufig nur durch eine restriktive Einschränkung von Zugriffsrechten verhindern. Allerdings sind viele Anwender nicht begeistert, wenn beispielsweise nur noch besonders sicherheitskritische Prozesse einen bestimmten Drucker oder bestimmte Dateien nutzen dürfen. Eine höhere Sicherheit hat eben immer auch eine geringere Nutzbarkeit zur Folge.

Trotz aller Vorsichtsmaßnahmen lassen sich Covert Channels in der Praxis meist nicht komplett verhindern. Zumindest dann, wenn verschiedene Prozesse sich Ressourcen wie Prozessor, Drucker oder Internetzugang teilen, gibt es immer Möglichkeiten zur Signalisierung. Als gängiges Ziel gilt es daher, die Leistungsfähigkeit eines Covert Channel auf etwa ein Bit pro Sekunde zu begrenzen. Ist selbst das zu viel, dann muss es eine komplette Trennung geben. Dies ist ein Grund dafür, dass wichtige Verschlüsselungsvorgänge oft in eine separate Hardware ausgelagert werden. Diese kostet zwar oft mehr als der Rechner, auf dem die Anwendung läuft, doch in manchen Fällen muss ein Systembetreiber dies in Kauf nehmen.

Parasiten im Protokoll

Während die einen Experten sich mit Covert Channels innerhalb eines Systems beschäftigen, suchen andere nach versteckten Kanälen zwischen zwei Systemen. Ein interessantes Beispiel fand der bereits erwähnte Gus Simmons, der bis heute zu den führenden Covert-Channel-Spezialisten zählt. In den achtziger Jahren veröffentlichte Simmons mehrere Arbeiten, in denen er Covert Channels in digitalen Signaturverfahren aufzeigte. Eine digitale Signatur ist eine spezielle Prüfsumme, die mit einer Geheiminformation (privater Schlüssel) angefertigt wird, die aber dennoch von jedermann überprüft werden kann. Der private Schlüssel wird oft auf einer Chipkarte gespeichert, die der Besitzer stets bei sich tragen kann. Simmons zeigte in seiner Untersuchung, dass es möglich ist, in einer Prüfsumme (Signatur) versteckte Nachrichten abzulegen.[3] Besonders das weit verbreitete Verfahren Digital Signature Algorithm (DSA) erwies sich als anfällig gegenüber einem Covert Channel in der Signatur.

2) Ross Anderson: *Security Engineering.* Wiley Computer Publishing, New York 2001. S. 153
3) Bruce Schneier: *Applied Cryptography.* John Wiley & Sons, New York 1996. S. 534

Die Folgen erwiesen sich als äußerst verwirrend. Durch Simmons' Kanal wurde es beispielsweise möglich, einen Teil des privaten Schlüssels in der Signatur abzulegen. Auf diese Weise könnte eine manipulierte Signatur-Software quasi die Bauanleitung zur Fälschung einer Signatur unerkannt mitliefern. Interessant waren solche Überlegungen nicht zuletzt für das in den neunziger Jahren diskutierte digitale Bargeld (das sich allerdings nie durchsetzte), bei dem die verwendeten Geldscheine digital signiert sein sollten. Zum Wesen des digitalen Bargelds gehört es, dass dessen Wege nicht nachvollziehbar sind (im Gegensatz zu einer Kreditkarte, wo zumindest die Kreditkartenfirma immer weiß, wer an wen gezahlt hat). Mit Hilfe des Covert Channel wäre es möglich gewesen, Geldscheine zu markieren und dadurch ihren Weg zu verfolgen. Da digitales Bargeld (anders als echtes Bargeld) nur einmal verwendet werden kann und dann zur Bank gebracht werden muss, ist eine solche Markierung besonders wirkungsvoll.

Digitales Bargeld wurde zwar nie Wirklichkeit, doch der mögliche Covert Channel in manchen Signaturverfahren ist geblieben. Da sich digitale Signaturen derzeit einer wachsenden Beliebtheit erfreuen, ist dieses Thema aktueller denn je. Immerhin haben verschiedene Experten inzwischen wirksame Gegenmaßnahmen entwickelt. Außerdem zeigte sich, dass nicht alle Signaturverfahren gegenüber einem Covert Channel anfällig sind. Insbesondere das besonders beliebte RSA-Verfahren scheint nicht betroffen zu sein. Dennoch schweben Covert Channels nach wie vor wie ein Damoklesschwert über vielen Signatur-Programmen. Zum Glück ist bisher noch nie ein Missbrauchsfall bekannt geworden.

Andere suchten und fanden Möglichkeiten, Daten in Netzwerk-Protokollen zu verstecken. Netzwerk-Protokolle wie HTTP, TCP und IP bilden quasi die Sprache, in der sich Rechner im Internet oder anderen Netzen miteinander unterhalten. Der Aufbau einer Protokollnachricht (Datenpaket) ist in zahlreichen Normen genau festgelegt. Neben den Nutzdaten enthält ein Datenpaket stets noch zusätzliche Informationen wie etwa die Senderadresse, die Empfängeradresse, eine Paketnummer und einiges mehr. Manche dieser Zusatzinformationen werden nur in speziellen Fällen benötigt (etwa das Feld für eine Priorisierung, das es im IP gibt) oder sind nur noch aus historischen Gründen vorhanden und werden daher generell nicht mehr verwendet. Einige Felder werden sogar grundsätzlich nicht benutzt, da sie lediglich für zukünftige Erweiterungen eingefügt wurden. In all diesen ungenutzten Feldern lassen sich beliebige Informationen als blinde Datenpassagiere unterbringen.

Kombiniert man die diversen Möglichkeiten, die sich im Internet bieten, dann lässt sich über eine normale DSL-Verbindung (2 Mbit pro Sekunde) ein Covert Channel mit der Datenrate eines Modems (um 10 Kbit pro Sekunde) einrichten. Damit ist es beispielsweise möglich, über Organisationsgrenzen hinweg eine Kommunikationsbeziehung aufzubauen, von der keine Firewall etwas mitbekommt (dies bezeichnet man als Tunneln einer Firewall). Selbst eine besonders restriktiv konfigurierte Firewall, die nur ganz bestimmte Anwendungen zulässt und alle Aktivitäten protokolliert, lässt sich so oft überlisten. Allerdings gibt es längst Firewall-Produkte, die Covert Channels erschweren, indem sie verdächtige Felder einfach überschreiben.

Einen Nutzen hat eine solcher Covert Channel natürlich nur, wenn es innerhalb des abgeschotteten Bereichs ein Programm gibt, das ihn nutzt, um Daten hinein- oder hinauszuschmuggeln. Dies kann beispielsweise ein Computervirus oder ein Trojaner sein. In einem gut überwachten Computersystem sollte so ein Programm im Normalfall zwar nicht vorkommen, doch auszuschließen ist dies nicht.

Unautorisierte Programme, die aus einer gesicherten Umgebung heraus einen gefährlichen Kommunikationskanal nach außen aufbauen, sind keineswegs eine Seltenheit. Allerdings nutzen diese meist keinen Covert Channel, sondern eine ganz normale Internetverbindung. Wie dies funktionieren kann, zeigt die berüchtigte Software Back Orifice. Kommt diese auf einem PC zum Laufen, dann kann sie über das Internet einen Fernwartungszugang herstellen, von dem der PC-Nutzer nichts mitbekommt. Dies ist ein gefundenes Fressen für Hacker. Ein solcher kann Back Orifice in einer harmlosen Software verstecken, die er an ahnungslose Zeitgenossen verteilt. Startet einer von ihnen das Programm, dann stehen für den Hacker alle Türen offen.

Bisher nutzt Back Orifice (die aktuellste Version stammt aus dem Jahr 1999) zwar nur gewöhnliche Internetverbindungen. Da dies in der Regel ohne Einverständnis des Anwenders erfolgt, handelt es sich dennoch um einen versteckten Übertragungskanal. Echte Covert Channels, die eine Firewall tunneln, unterstützt Back Orifice bisher nicht. Allerdings wäre dies zweifellos ein sinnvolles Feature für die nächste Version.

Die PROMIS-Hintertür

Die Schäden, die Back Orifice bisher verursacht hat, klingen geradezu harmlos im Vergleich zu dem, was die Software PROMIS des US-Anbieters Inslaw schon so alles angerichtet haben soll. Auf den ersten Blick ist dies erstaunlich, denn PROMIS (Prosecutor's Management Information System) ist kaum mehr als ein langweiliges Auswertungsprogramm, das Informationen aus verschiedenen Datenbanken unter einen Hut bringen kann. Inslaw hatte das Programm in den siebziger Jahren für das US-Justizministerium entwickelt, das es auch intensiv nutzte. Allerdings stellte das Ministerium Mängel in der Software fest und hielt deshalb Zahlungen zurück, was Inslaw an den Rand der

Pleite brachte. Es folgten juristische Auseinandersetzungen, die Inslaw zwar gewann, ohne jedoch jemals die zugesprochene Entschädigung erhalten zu haben. PROMIS steht daher für eine seit Jahrzehnte andauernde Skandalgeschichte, in der das letzte Wort noch nicht gesprochen ist.

Für uns ist besonders eine Facette des PROMIS-Skandals interessant: Ende der neunziger Jahre behaupteten einige Medienberichte, der US-Geheimdienst NSA habe die Software PROMIS manipuliert und über Tarnfirmen an mehrere Staaten verhökert. Die Manipulationen sorgten dafür, dass das Programm heimlich Inhalte der bearbeiteten Datenbanken über eine Online-Verbindung an die NSA schickte. Sollte dieser Covert Channel tatsächlich existiert haben, dann wären die diversen PROMIS-Installationen für die USA ein erstklassiges Spionagemittel gewesen. Schließlich standen auf der angeblichen Kundenliste Staaten wie Iran, Jordanien, Ägypten, Russland und Israel. Sogar Osama Bin Laden soll zu den PROMIS-Kunden gehört haben,[4] und russische Geheimdienstoperationen sowie Atomtests sollen damit ausgewertet worden sein.

Als Kronzeuge für die angebliche PROMIS-Hintertür präsentierte die Presse den Amerikaner Michael Riconosciuto, der wegen Drogendelikten eine dreißigjährige Haftstrafe verbüßt. Riconosciuto behauptete, im Auftrag der NSA die entsprechenden Änderungen am Programmcode durchgeführt zu haben. Doch damit nicht genug: Riconosciutos Angaben zufolge benötigte PROMIS nicht einmal eine Online-Verbindung, um Datenbankinhalte nach Amerika zu schmuggeln, sondern kam bei Bedarf ohne jegliche Netzwerkunterstützung aus.

Diese Behauptung ist nicht ganz so abenteuerlich, wie sie sich anhört. Denn bekanntlich gibt ein Computer (wie jedes Elektrogerät) elektromagnetische Strahlung ab, deren Stärke und Frequenz von den Strömen abhängen, die gerade darin fließen. PROMIS soll laut Riconosciuto durch geeignete Befehle gezielt Ströme auf Adress- und Datenbussen des jeweiligen Rechners erzeugt haben, um die elektromagnetische Abstrahlung zu beeinflussen. Mit Hilfe der Intensität und der Frequenz der Strahlung hätte man einen Code gebildet, wodurch eine Datenübermittlung möglich gewesen sei. Da derartige elektromagnetische Wellen mit empfindlichen Messgeräten über mehrere Hundert Meter empfangbar sind, könnte ein Empfänger außerhalb des jeweiligen Gebäudes tatsächlich entsprechende Signale empfangen haben.

Doch was ist von den Angaben Riconosciutos zu halten? Man kann sie nicht gerade als zuverlässig einstufen, denn Riconosciuto ist für seine unglaubwürdigen Aussagen bekannt. So will er im Voraus von den Terroranschlägen

---

4) Florian Rötzer: *Hat Bin Ladin mit einem Programm der US-Geheimdienste gearbeitet?* Telepolis vom 6.1.2003

des 11. September 2001 gewusst haben. Auch in einer Verschwörungstheorie, die eine Zusammenarbeit zwischen Ronald Reagan und den iranischen Geiselnehmern im Jahr 1980 zum Inhalt hat, hat er nach eigenen Angaben eine Rolle gespielt. Angesichts dieser wenig glaubhaften Behauptungen spricht vieles dafür, dass Riconosciuto sich mit seinen Aussagen zum Thema PROMIS lediglich wichtig machen wollte. Einem Mann, der 30 Jahre im Knast verbringen muss, kann man dies kaum übel nehmen.

19 Markige Zeichen – Digitale Wasserzeichen

Im Jahr 1997 gab das Männermagazin *Playboy* eine interessante Neuerung bekannt. Nicht etwa, dass der *Playboy*-Hase seine Farbe änderte oder dass die Playmates plötzlich angezogen abgelichtet wurden. Vielmehr kündigte das Magazin an, fortan seine online abrufbaren Bilder durch so genannte digitale Wasserzeichen zu schützen. Anlass für diesen Schritt war die Tatsache, dass immer mehr *Playboy*-Fans Fotos aus dem kostenpflichtigen Mitgliederbereich kopierten und in Internetforen austauschten. Mit digitalen Wasserzeichen markiert waren solche Bilder leichter aufzufinden, was diesen Praktiken Einhalt gebieten sollte.

Digitale Wasserzeichen

Der *Playboy*-Deal war nur eine von mehreren Geschichten, die digitale Wasserzeichen um das Jahr 1997 in die Medien brachten. Die unsichtbaren Markierungen schienen eine passende Antwort auf das hemmungslose Kopieren und Verbreiten von Fotos und anderen Daten im Internet zu sein. Doch was sind überhaupt digitale Wasserzeichen? Man kann sich darunter eine Variante der computerbasierten Steganografie vorstellen. Ein digitales Wasserzeichen ist eine Information, die mit einer steganografischen Technik in einer Bilddatei oder einem ähnlichen Dokument versteckt wird. Der Sinn einer solchen eingeschmuggelten Kurzbotschaft ist es jedoch nicht, unauffällig zu kommunizieren. Vielmehr dienen digitale Wasserzeichen der Kennzeichnung eines Bilds oder einer sonstigen Datei.

Für digitale Wasserzeichen gibt es mehrere Anwendungen. Der *Playboy* nutzte die versteckten Zeichen, um anzuzeigen, dass das jeweilige Bild sein geistiges Eigentum war. Ergänzend setzte das Erotikmagazin ein Programm ein, das das Internet systematisch nach Bildern mit *Playboy*-Wasserzeichen durchkämmte. Wurde das Suchprogramm fündig, dann konnte der *Playboy* beispielsweise den Betreiber einer Webseite dazu auffordern, das jeweilige Bild zu entfernen.

Diese Anwendungsform macht deutlich, dass ein digitales Wasserzeichen andere Anforderungen stellt als die computerbasierte Steganografie. Bei Letzterer kommt es vor allem darauf an, dass niemand die versteckte Nachricht findet. Bei digitalen Wasserzeichen reicht es dagegen in vielen Fällen aus, wenn die verborgene Nachricht beim Betrachten nicht auffällt. Nur bei einigen speziellen Wasserzeichen-Anwendungen ist auch die Widerstandsfähigkeit gegenüber einer Stegoanalyse gefordert. Es gibt eine weitere wichtige Anforderung, die an digitale Wasserzeichen oft (wenn auch nicht immer) gestellt wird: Es darf nicht ohne Weiteres möglich sein, die eingebettete Information zu entfernen. Man spricht in diesem Zusammenhang auch von der Robustheit des Wasserzeichens.

Sowohl die computerbasierte Steganografie als auch digitale Wasserzeichen waren auch schon vor Aufkommen des Computers weit verbreitet – wenn auch in anderer Form. Die Vorläufer der computerbasierten Steganografie sind die in diesem Buch ausführlich beschriebenen Methoden, die von der Null-Chiffre bis zum Semagramm reichen. Den digitalen Wasserzeichen entsprechen dagegen Techniken wie Autorenakrostichen (»Autorenakrostichen« auf Seite 67) oder Kanarienvogelfallen (»Kanarienvogelfallen« auf Seite 102). Die reine Steganografie war früher deutlich wichtiger als die damals verfügbaren Wasserzeichen-Methoden. Wie Sie in folgendem Kapitel sehen werden, hat sich dieses Verhältnis seit Aufkommen des Computers umgekehrt.

Digitale Wasserzeichen als Vielzweck-Waffe

Es gibt einen einfachen Grund dafür, dass digitale Wasserzeichen die computerbasierte Steganografie an Bedeutung überholt haben: Während Letztere nur für Spielereien oder von Terroristen und Geheimagenten genutzt wird, lässt sich mit digitalen Wasserzeichen (zumindest in der Theorie) als Massenanwendung Geld verdienen. Der *Playboy* ist schließlich nicht der einzige Anbieter, der seine Bilder schützen will. Außerdem sind Bilder die Existenzgrundlage des *Playboy* und anderer Anbieter – dafür gibt man bei Bedarf deutlich mehr Geld aus als für eine Spielerei.

Die scheinbar gute Geschäftsgrundlage digitaler Wasserzeichen führte Ende der neunziger Jahre zu zahlreichen Unternehmensgründungen. Investitionskapital gab es reichlich, denn der Internetboom war in vollem Gange. Als wichtigste Branchengrößen etablierten sich Digimarc und Tigermark. Auch die deutsch-amerikanische Firma Mediasec, die einige Patente des Fraunhofer-Instituts übernommen hatte, versuchte ihr Glück auf dem Wasserzeichenmarkt.

Die zahlreichen Anbieter fanden schnell zusätzliche Anwendungsmöglichkeiten für digitale Wasserzeichen. So lassen sich mit dieser Technik in einem Bild oder einer Musikdatei Angaben zu den Nutzungsrechten unterbringen (z.B. »diese Datei darf nicht kopiert werden«). Dies ist eine Form von digitalem Rechte-Management (DRM). Zudem kann ein DRM-System über ein digitales Wasserzeichen Informationen über den Käufer in eine Datei einbetten. Gibt der Kunde die Daten (widerrechtlich) an andere weiter, dann lässt sich der Übeltäter oftmals über das Wasserzeichen ermitteln.

Musikdateien, die Namen und E-Mail-Adresse des Kunden enthalten, führte beispielsweise die Firma Apple 2007 auf ihrer iTunes-Plattform ein.[1] Allerdings war nicht ganz klar, wozu diese Markierungen dienen sollten, denn das Unternehmen verzichtete nach eigenen Angaben auf ein DRM-System. US-Bürgerrechtler wurden daraufhin misstrauisch und vermuteten sogar, dass Apple weitere Informationen in den Musikdateien ablegen würde. Dies bestätigte sich bisher jedoch nicht.

Davon abgesehen können auch beliebige Informationen zum Bild (Herkunft, Aufnahmedatum usw.) per Wasserzeichen eingebracht werden. Und schließlich lassen sich auf diese Weise Prüfsummen oder digitale Signaturen in Daten einbringen, die beispielsweise anzeigen, ob ein Bild verändert wurde.

Wie die computerbasierte Steganografie lassen sich auch digitale Wasserzeichen in unterschiedlichen Datenarten einsetzen. Sinnvolle Anwendungsmöglichkeiten gibt es vor allem in Bildern, Tönen und Videos. Konstruktive Steganografie (also das Erstellen eines Covers speziell für die Nachricht) ergibt für digitale Wasserzeichen dagegen keinen Sinn. In Texten und Programmen lassen sich zwar auch Wasserzeichen einbetten, doch darauf wird meist verzichtet, da sich in derartige Daten auch ohne Wasserzeichen entsprechende Hinweise aufnehmen lassen. In Filmen, Bildern und Audiodaten stören zusätzliche Hinweise dagegen und werden daher oft gelöscht. Außerdem sind in Bilder integrierte Hinweise für ein Programm, das das Internet durchkämmt, deutlich schwieriger zu erkennen als ein digitales Wasserzeichen.

Zu den wichtigsten Anwendungsgebieten digitaler Wasserzeichen haben sich in den letzten Jahren Videofilme entwickelt. Hierbei spielen vor allem so genannte Screener eine Rolle. Dabei handelt es sich um Filmkopien, die Personen aus der Filmindustrie (etwa Journalisten, Preis-Jurys oder Produzenten) zur Verfügung gestellt werden. Ein Beispiel ist die jährliche Oscar-Verleihung, vor der die Hollywood-Studios ihre Filme oft als Screener auf DVD an bestimmte Personen herausgeben. Immer wieder kam es vor, dass solche Screener an die Öffentlichkeit gelangten und raubkopiert wurden – teilweise bevor ein Film überhaupt auf DVD veröffentlicht wurde.

Zahlreiche Produktionsfirmen sind daher inzwischen dazu übergegangen, Screener mit digitalen Wasserzeichen auszustatten. Besonders beliebt wurde diese Praxis, nachdem im Jahr 2003 einige Oscar-Screener im Umlauf gerieten

1) *US-Bürgerrechtler vermuten Wasserzeichen in DRM-freien iTunes-Musikdateien.* Heise Online, 3.6.2007

und die Quelle mit Hilfe von Wasserzeichen ausfindig gemacht werden konnte. Leider ist nicht öffentlich bekannt, wer für die undichte Stelle verantwortlich war.

Digitale Wasserzeichen als Forschungsgebiet

Von den in diesem Buch beschriebenen steganografischen Techniken bilden digitale Wasserzeichen zweifellos diejenige, zu der derzeit am meisten geforscht wird. In Deutschland gilt beispielsweise die Magdeburger Professorin Jana Dittmann als führend – sie beschäftigt sich seit über zehn Jahren mit diesem Thema. Das vergleichsweise große Interesse von Informatikern an digitalen Wasserzeichen hat vor allem zwei Gründe: Zum einen handelt es sich (wie erwähnt) um eine wirtschaftlich interessante Technik. Zum anderen sind digitale Wasserzeichen eine recht komplexe Sache – deutlich komplizierter etwa als die computerbasierte Steganografie. Durch diese Komplexität ergeben sich nahezu unbegrenzte Forschungsmöglichkeiten.

Die Vielschichtigkeit des Themas digitale Wasserzeichen ist nicht zuletzt in den zahlreichen, teilweise gegensätzlichen Anforderungen begründet, die man an die versteckten Zeichen stellt. Schon eine hohe Robustheit ist alles andere als einfach zu erzielen. Durch einen Wechsel des Formats, eine Komprimierung, eine geringfügige Vergrößerung oder ähnliche Änderungen verschwindet fast jede versteckte Information in einer Datei. Vermutlich wird es daher nie digitale Wasserzeichen geben, die sich nicht mit moderatem Aufwand entfernen lassen. Das Ziel der Wasserzeichen-Forscher ist es daher, es den Angreifern wenigstens so schwer wie möglich zu machen. In manchen Fällen ist der Angreifer ohnehin zu faul oder zu unvorsichtig, um das Wasserzeichen durch irgendwelche Dateiänderungen zu löschen.

Um eine möglichst hohe Robustheit und andere Ziele zu erreichen, verwenden die meisten digitalen Wasserzeichen komplexere Einbettungsmethoden als die computerbasierte Steganografie. Die LSB-Methode, die jeweils das niederwertigste Bit eines Datenbytes nutzt (siehe »Digitale Wasserzeichen« auf Seite 168), wird für digitale Wasserzeichen kaum verwendet. Es gibt dafür andere Verfahren, die im Bildraum arbeiten. Weiter verbreitet ist jedoch eine Einbettung in den Frequenzraum. Daneben gibt es auch einige spezielle Methoden, die meist nur bei speziellen Formaten funktionieren. Allerdings haben diese den Nachteil, dass eine Formatänderung das Wasserzeichen verschwinden lässt. Manche Anbieter digitaler Wasserzeichen halten die von ihnen verwendeten Methoden geheim, weil sie sich dadurch eine höhere Sicherheit versprechen und weil sie Nachahmer fürchten.

Neben Robustheit gibt es weitere Anforderungen an digitale Wasserzeichen, mit denen sich Wissenschaftler beschäftigen. So sollte ein digitales Wasserzeichen in manchen Fällen schwer detektierbar sein. Zudem muss oft ein möglichst kleiner Bildausschnitt genügen, um das Wasserzeichen erkennen zu können. Besonders interessant ist eine Methode, wenn sie Medienbrüche übersteht, also beispielsweise auch nach dem Ausdrucken und Einscannen eines Bilds noch erkennbar ist. Diese Aspekte machen deutlich, warum im Bereich der digitalen Wasserzeichen nach wie vor aktiv geforscht wird und immer wieder neue Ansätze entstehen.

Wenn ein digitales Wasserzeichen in einen Film eingebracht werden soll, dann ist oft eine hohe Performanz bei der Einbettung gefordert. Wie man sich leicht vorstellen kann, ist es recht aufwendig, einen Film so zu markieren, dass selbst in einem beliebigen, kleinen Ausschnitt das Wasserzeichen vollständig lesbar ist. Noch aufwendiger wird es dann, wenn eine Produktionsfirma jede Filmkopie mit individuellen Wasserzeichen versehen will. Das Einbetten darf daher nicht zu viel Rechenzeit erfordern, ansonsten ist ein PC schnell einige Stunden pro Film beschäftigt. Wasserzeichen für Filme bringen noch einen weiteren Fallstrick mit sich: Wenn ein Wasserzeichenverfahren mit Hilfe von Unterschieden zwischen einzelnen Bildern arbeitet, dann kann dies zu einem Flimmern führen und die Bildqualität verschlechtern – selbst dann, wenn die Einzelbilder für sich genommen in Ordnung sind.

Bei Audiodaten stellen sich wiederum andere Rahmenbedingungen. Da das Ohr etwas schwerer zu überlisten ist als das Auge, müssen die entsprechenden Wasserzeichenverfahren etwas behutsamer vorgehen. Auch hier spielt oft die Geschwindigkeit eine Rolle – wenn beispielweise eine Musikdatei vor dem Herunterladen noch schnell markiert werden soll, dann darf dies nicht mehr als ein paar Sekunden dauern. Zudem sollte eine Wasserzeichen-Markierung die gesamte Audiodatei umfassen und nicht durch das Herausnehmen eines Ausschnitts zerstörbar sein.

Neben Bildern, Filmen und Audiodaten lassen sich auch andere Informationen mit digitalen Wasserzeichen versehen. So gibt es beispielsweise Forschungsarbeiten zum Markieren von dreidimensionalen Modellen mit Hilfe der Programmiersprache VRML (die sich allerdings nicht durchsetzen konnte). Darüber hinaus kann man auch Texte, Datenbankeinträge, digitalisierte Landkarten, Musiknoten und einiges mehr markieren.

Besonders aktuell ist derzeit das Einbringen von Wasserzeichen in biometrische Daten, die zur Personenerkennung genutzt werden. In Deutschland und vielen Staaten werden derzeit Ausweisdokumente mit Fingerabdruck- oder Gesichtsdaten bestückt, um damit den Missbrauch zu erschweren. In ein Fingerabdruck- oder Gesichtsreferenzmuster lassen sich problemlos einige Zusatzinformationen einschmuggeln, die nur für einen Insider erkennbar sind. Eine

Passbehörde könnte auf diese Weise missliebige Zeitgenossen mit einer unsichtbaren Marke im Pass versehen, die per Maschine ausgelesen werden kann. Wollen wir hoffen, dass es diesen und ähnlichen Missbrauch nicht geben wird.

Eine Lösung ohne Problem?

Bei meiner Recherche zum Thema digitale Wasserzeichen traf ich mich mit dem IT-Sicherheitsexperten Roland Krüger, der selbst mehrere Jahre lang für eine Firma arbeitete, die sich auf digitale Wasserzeichen spezialisiert hatte. An digitale Wasserzeichen als interessante Zukunftstechnologie glaubt Krüger inzwischen nicht mehr: »Die Euphorie um dieses Thema ist in den letzten Jahren immer mehr verflogen. Unternehmen wie Digimarc, die einst als Hoffnungsträger starteten, tun sich schwer oder sind vom Markt verschwunden.«

Roland Krüger kennt auch die Gründe für die Krise: »Digitale Wasserzeichen sind eine technisch interessante, aber bisher wirtschaftlich eher erfolglose Sache. Sie können viel, sind aber auf keine Anwendung spezialisiert.« Krüger hat sich im Laufe der Jahre so manches Geschäftsmodell angeschaut, in dem digitale Wasserzeichen eine Rolle spielen. Keines davon hat wirklich funktioniert. Für die Eigentümeridentifizierung gilt nach wie vor der Nachteil, dass Wasserzeichen zu einfach zu entfernen sind. Im digitalen Rechte-Management hat sich das Markieren von Inhalten mit Kunden- oder Nutzungsrechten nie durchgesetzt – es gibt zu viele Anwendungen, die diese Informationen schlicht ignorieren. Prüfsummen oder sonstige Informationen im Wasserzeichen sind offensichtlich nicht attraktiv genug, um dafür zahlungswillige Kunden zu finden.

Anbieter wie Digimarc suchen daher seit Jahren händeringend nach einer Killerapplikation, die digitalen Wasserzeichen zum Durchbruch verhilft. Einige Unternehmen haben sich bereits von den digitalen Wasserzeichen wegbewegt und sind in verwandte Bereiche ausgewichen. Ein aktueller Trend sind beispielsweise Markierungen, die sichtbar auf ein Stück Papier aufgedruckt sind. Sie werden auf Dokumenten verwendet, die der Kunde nicht digital, sondern nur auf Papier erhält (z. B. Beipackzettel für Medikamente). Der Zweck: Wird ein solches Dokument fotokopiert, dann ist das Zeichen auf der Kopie minimal schlechter als auf dem Original. Dadurch lassen sich beispielsweise gefälschte Medikamente erkennen.

Ebenfalls eine mit den digitalen Wasserzeichen verwandte Technik (und ein Teilgebiet der Steganografie) ist das Markieren von Laserausdrucken beziehungsweise Laserkopien. Moderne Laserdrucker erreichen eine hohe Qualität, und das nutzen zunehmend auch Kriminelle für das Fälschen von Dokumenten (etwa von Geldscheinen). Einige Geräte drucken daher ein unsichtbares Muster auf jeden Ausdruck, in dem verschiedene Daten über die Herkunft des Druckdokuments kodiert sind. Dadurch lässt sich zwar das Kopieren eines Geldscheins nicht verhindern, man kann über den Code jedoch häufig den Fälscher ausfindig machen.

Das unsichtbare Muster besteht aus einem Punktraster, das über das ganze Druckfeld verteilt ist. Die Punkte haben einen Durchmesser von nur einem Zehntel Millimeter und einen Abstand von etwa einem Millimeter. Da die Markierungen klein und außerdem mit einer hellen Farbe (gelb) gedruckt sind, sind sie mit bloßem Auge nicht zu erkennen. Ihre Anordnung kodiert Informationen über Hersteller und Seriennummer des Geräts, sowie Datum und Uhrzeit des Druckvorgangs. Auf einem DIN-A4-Blatt erscheint der Code etwa 150 Mal. Dadurch lassen sich die Informationen auch dann auslesen, wenn nur ein Papierschnipsel zur Verfügung steht oder große Teile der Ausgabe überdruckt sind.

Doch was ist mit digitalen Wasserzeichen in ihrer ursprünglichen Form? Eine halbwegs aussichtsreiche Anwendung hat Roland Krüger am Ende dann doch noch gefunden: »Man könnte digitale Wasserzeichen verwenden, um spaßige oder romantische Inhalte in ein Bild einzubetten. Bestimmt gibt es Handy-Besitzer, die ein Bild mit den eingebetteten Worten ›Ich liebe Dich‹ an ihre Angebetete schicken würden. Diese könnte die versteckte Botschaft durch die Eingabe eines gemeinsamen Geheimnisses, etwa dem Kosenamen des Senders, lesbar machen.« Sollte Roland Krüger Recht behalten, dann würden 15 Jahre Forschung und Investorengelder in dreistelliger Millionenhöhe am Ende in eine Anwendung münden, die technisch kaum anspruchsloser sein könnte. Roland Krüger würde diese Entwicklung nicht mehr betreffen. Er hat sich längst nach einem anderen Betätigungsfeld umgesehen.

Teil 4:

Para-Steganografie

20 Code oder nicht Code – Die Shakespeare-Bacon-Debatte

Kann ein Theaterschauspieler aus der Provinz zum bedeutendsten Dichter des Jahrtausends aufsteigen? Diese Frage stellen sich seit dem 18. Jahrhundert Experten und Hobbyforscher beim Blick auf das Schaffen von William Shakespeare (1564–1616). In der Tat passen die offensichtlich beträchtliche Bildung und der enorme Wortschatz des englischen Poeten nicht so recht zu seiner scheinbar einfachen Herkunft. Da über das Leben Shakespeares darüber hinaus nur sehr lückenhafte Kenntnisse vorliegen, kann man darüber spekulieren, ob das vermeintliche Genie in Wirklichkeit nur ein Strohmann war, der die Werke eines anonymen Meisters unter seinem Namen veröffentlichte.

Obwohl die Frage nach der Urheberschaft der Shakespeare-Werke auf den ersten Blick berechtigt ist, hat die etablierte Wissenschaft sie längst abgehakt. Shakespeares Herkunft als Sohn eines Beamten und Handschuhmachers sowie einer Frau aus wohlhabender Familie war nicht so einfach, wie es die Zweifler oft darstellen. Daher kann der junge William durchaus eine höhere Schule besucht haben, die ihm das notwendige Wissen vermittelte. Auch sonst gibt es keine ernsthaften Hinweise darauf, dass an den Werken Shakespeares etwas faul sein könnte.

Einige halten Francis Bacon noch immer für den wahren Autor der Werke Shakespeares. Den Code, den er in die Zeilen eingeschmuggelt haben soll, hat bisher jedoch noch niemand gefunden.

Einige Literaturliebhaber und Hobbyforscher halten trotz allem bis heute an der Strohmann-Theorie fest. Viele von ihnen favorisieren den Philosophen und Shakespeare-Zeitgenossen Francis Bacon (1561–1626) als wahren Verfasser. Bacon ist uns bereits in Kapitel als Erfinder einer Steganografie-Methode begegnet, die nach ihm als Bacon-Chiffre bezeichnet wird. Da sich Bacon mit geheimen Botschaften beschäftigte, vermuten manche Unterstützer der Bacon-Strohmann-Theorie, er habe seinen Namen durch einen steganografischen Geheimcode in die Shakespeare zugeschriebenen Werke geschmuggelt. Sollte dies zutreffen, dann wäre Bacon nicht der erste Schriftsteller gewesen, der seine Autorenschaft steganografisch festhielt (in Kapitel haben Sie bereits einige derartige Beispiele kennengelernt). Doch gibt es diese geheimen Bacon-Signaturen wirklich?

Ignatius Donelly

Als Pionier der Bacon-Code-Theorie gilt der US-amerikanische Politiker und Schriftsteller Ignatius Donelly (1831–1901).[1] Dieser war auf pseudowissenschaftliche Themen spezialisiert und ist heute vor allem für seine Atlantis-Theorien bekannt. 1878 las er in einem Jugendbuch von der Bacon-Chiffre und kam daraufhin auf die Idee, in den Werken Shakespeares nach einem von Bacon eingefügten Code zu suchen (die Behauptung, Bacon sei der wahre Shakespeare-Autor gewesen, gab es damals bereits). Den Winter 1878/79 nutzte Donelly, um diese Frage zu untersuchen. Auch in den Folgejahren, in denen sein Atlantis-Buch zum Bestseller wurde, fand er immer wieder Zeit, sich um die Bacon-Theorie zu kümmern.

Donelly steigerte sich immer tiefer in seine Suche hinein und glaubte schließlich, einen Code entdeckt zu haben. 1884, während seines Wahlkampfs fur ein Amt als Kongress-Abgeordneter, vermeldete er schließlich Erfolg – eine Veröffentlichung gab es jedoch zunächst nicht. Den angestrebten Platz im Kongress verfehlte Donelly zwar, doch die angebliche Code-Nachricht sorgte für ein gewisses Aufsehen. Eine Tageszeitung schickte daraufhin einen Mathematiker zu Donelly, um die Sache unter die Lupe zu nehmen. Erstaunlicherweise kam der Mathematiker zu einem positiven Urteil, was Donelly eine dicke Schlagzeile auf der Titelseite der Zeitung bescherte.

Nun musste Donelly allerdings seine Methode veröffentlichen. Er tat dies in Form eines Buchs namens *The Great Cryptogram*, das 1888 erschien.[2] Wer sich den Schmöker zu Gemüte führte, musste sich durch zahlreiche Zahlen

---

1) David Kahn: *The Codebreakers. Scribner*, New York 1996. S. 874

2) Ignatius Donnelly: *The Great Cryptogram: Francis Bacon's Cipher in the So-Called Shakespeare Plays*. Kessinger Publishing, Whitefish 1997 (Original von 1887)

und Berechnungen kämpfen, die nur schwer nachzuvollziehen waren. Donelly nahm beispielsweise eine Zahl und zog eine andere davon ab, um anschließend die Anzahl der kursiv geschriebenen Wörter auf einer Shakespeare-Seite abzuziehen. Zusätzlich zog er teilweise die Anzahl der Wörter in Klammern und die mit einem Bindestrich versehenen Wörter ab. Am Ende ergaben sich dabei eine Seitennummer und die Position eines Worts darauf.

Mit solchen Rechnereien kam Donelly beispielsweise auf die Nachrichten »Skaks't spur never writ a word of them« und »It is even thought here that your cousin of St. Alban writes them«. Dies bedeutete zusammengenommen mit etwas Fantasie: »Shakespeare schrieb kein Wort davon. Es könnte sogar sein, dass Dein Cousin von St. Alban [Bacon trug den Titel Viscount St. Alban] sie schreibt.« Einer kritischen Analyse hielt diese Entschlüsselung allerdings nicht stand. Da Donelly seine Zahlen reichlich willkürlich auswählte, hätte er auf diese Weise nahezu beliebige Wörter aus einem Shakespeare-Stück herauspicken und daraus eine Nachricht basteln können.

Angesichts dieser Schwächen in Donellys Code fehlte es nicht an Kritik. Der Amerikaner Joseph Gilpin Pyle beispielsweise veröffentlichte ein Büchlein, das er in Anspielung an Donellys Vorlage *The Little Cryptogram*[3] nannte. Mit einer ähnlichen Methode wie Donelly fand er in *Hamlet* folgenden Text: »Don nill he [Donelly], the author, politician and mountebanke, will worke out the secret of this play.« (»Donelly, der Autor, Politiker und Scharlatan, wird das Geheimnis dieses Stücks herausfinden.«)

Im Gegensatz zu Donellys äußerst erfolgreichem Atlantis-Buch floppte *The Great Cryptogram* in den USA. Die Schwächen des angeblichen Codes waren einfach zu offensichtlich. Donelly ließ sich davon nicht beirren und reiste nach Europa, um sein Buch dort in Vorträgen zu bewerben. Doch auch diese Aktion hatte nur mäßigen Erfolg, und so musste sich Donelly nach seiner Rückkehr mit Honorar-Rückforderungen seines Verlags herumschlagen. Während sein Stern als Politiker immer mehr verglühte, flüchtete er in die Rolle des verkannten Genies. Ein Jahr vor seinem Tod veröffentlichte er im Eigenverlag ein weiteres Shakespeare-Bacon-Buch – ohne Erfolg.

Weitere Bacon-Code-Sucher

Die Arbeiten Donellys waren zwar nicht von Erfolg gekrönt, zogen aber trotzdem zahlreiche Nachahmer an. Einige davon stießen scheinbar auf verblüffend einfache Botschaften in den Werken Shakespeares, die sie Bacon

3) Joseph Gilpin Pyle: *The little cryptogram: A literal application to the play of Hamlet of the cipher system of Mr. Ignatius Donnelly.* Pioneer Press, 1888

zuschrieben. Der deutschstämmige US-Amerikaner Walter Conrad Ahrensberg wurde beispielsweise in folgenden Zeilen aus *Hamlet* fündig.[4]

Costly thy habit as thy purse can buy;
But not exprest in fancie; rich, not gawdie:
For the Apparell oft proclaimes the man
And they in France of the best ranck and station, ...

Die Anfangsbuchstaben Co, B, F und An lassen sich zu »F. Bacon« zusammensetzen. Ahrensberg bezeichnete dies als Akrostichon und sah darin eine versteckte Signatur Bacons. War damit der Beweis für die Urheberschaft Bacons gefunden? Angesichts der veränderten Reihenfolge und der willkürlichen Buchstabenwahl erscheint dies äußerst zweifelhaft. Höchstwahrscheinlich handelt es sich nur um einen Zufall.

Zahlreiche Code-Spekulationen löste das längste Wort aus, das bei Shakespeare zu finden ist: »honorificabilitudinitatibus«[5]. Dieser aus dem Lateinischen stammende Ausdruck findet sich im Shakespeare-Drama *Verlorene Liebesmüh* und bezeichnet die Fähigkeit, eine Ehre zu erhalten. Ein gewisser Sir Edwin Durning-Lawrence fand zu diesem Wort folgendes Anagramm: »Hi ludi F Baconis nati tuiti orbi« (»diese Stücke von F. Bacons Ursprung werden für die Welt aufbewahrt«). Allerdings erscheint dieser holprige lateinische Satz als Hinweis auf Bacons Autorenschaft nicht gerade zwingend, zumal sich aus demselben Wort zahlreiche andere Anagramme bilden lassen.

Durch eine ähnliche Buchstabenumstellung einer anderen Shakespeare-Stelle fand ein Bacon-Fan namens Edward D. Johnson die Wortfolge FR BACON AUTHOR AUTHOR AUTHOR[6]. Auch wenn das Wort »Author« dabei gleich dreimal vorkommt, konnte Johnson kaum jemanden davon überzeugen, dass damit der wahre Autor der Shakespeare-Werke gefunden war. Johnson ließ sich davon jedoch nicht beirren. Im Laufe seines Lebens veröffentlichte er über ein Dutzend Schriften, in denen er teilweise recht polemisch begründete, warum Shakespeare nicht der wahre Urheber der ihm zugeschriebenen Werke sein konnte. Die etablierte Shakespeare-Forschung ließ sich davon jedoch nicht beeindrucken.

Zu den fleißigsten Code-Enthusiasten gehörte der US-amerikanische Arzt Orville Owen (1854–1924).[7] Dieser suchte nicht nur bei Shakespeare, sondern auch bei Bacon und einigen weiteren Autoren der damaligen Zeit nach versteckten Botschaften. Dabei fand er einen vermeintlichen Code, der sich über etwa 1000 Buchseiten der unterschiedlichen Autoren erstreckte. Die

4) David Kahn: *The Codebreakers.* Scribner, New York 1996. S. 880
5) David Kahn: *The Codebreakers.* Scribner, New York 1996. S. 880
6) David Kahn: *The Codebreakers.* Scribner, New York 1996. S. 881
7) David Kahn: *The Codebreakers.* Scribner, New York 1996. S. 879

entsprechenden Seiten mit seinen Markierungen klebte er zu einem etwa einen Meter breiten Streifen zusammen, den er zu einer Schriftrolle beachtlicher Größe zusammenrollte. Die Ergebnisse von Owens Untersuchungen wären einer solch monumantalen Rolle würdig gewesen – wenn sie denn gestimmt hätten. Der von Owen entdekte Code besagte nicht nur, dass Bacon der wahre Autor von Shakespeare- und den anderen Werken war, sondern nannte auch zahlreiche politische Details aus der Shakespeare-Zeit, die – falls es sich um Tatsachen gehandelt hätte – ein Umschreiben der englischen Geschichte notwendig gemacht hätten.

Owens Code sah vor, bestimmte Schlüsselwörter (FORTUNE, HONOR, NATURE und REPUTATION) zu suchen, um anschließend Textstellen in deren Nähe auszuwählen, die sich zur vermeintlichen Nachricht zusammensetzten. Allerdings war auch bei dieser Methode so viel Willkür im Spiel, dass von einem eindeutig definierten Code nicht die Rede sein konnte. So ging Owen nicht als Code-Entdecker, sondern lediglich als Schöpfer einer riesigen Schriftrolle in die Geschichte ein.

Währenddessen versuchten es andere Anhänger der Bacon-These mit der von Bacon selbst erfundenen Bacon-Chiffre (siehe Kapitel). Dieses sieht vor, durch das Variieren des Druckbilds von Buchstaben einen Code zu erzeugen. Da es von Shakespeare keine originalen Handschriften mehr gibt, stürzten sich Code-Sucher auf die in Stein gehauene Grabinschrift des Dichters. Auf dieser ist ein vierzeiliges Gedicht zu lesen. Zwar ist auch die Grabinschrift nicht im Original enthalten, doch es gibt Abbildungen davon.

Der Code-Sucher Hugh Black behauptete 1887, die Buchstaben der ursprünglichen Grabinschrift hätten eine unterschiedliche Größe gehabt und würden dadurch eine Bacon-Chiffre bilden.[8] Die von Black auf diese Weise ermittelte Buchstabenfolge lautete SAEHRBAYEEPRFTAXARAWAR. Dies ließ sich als Anagramm in folgende Nachricht umstellen: FRA BA WRT SHAXPEARE EAR AY. Dies bedeutete angeblich: »Francis Bacon wrote Shakespeare's plays«. Allerdings setzte sich diese Ansicht genauso wenig durch wie mehrere Verfeinerungen dieser Behauptung.

Ein Code-Sucher schreibt Weltgeschichte

Zu den unermüdlichen Bacon-Code-Forschern zählte auch die Amerikanerin Elizabeth Wells Gallup (1848–1934).[9] Die in Paris geborene Dame studierte unter anderem an der Sorbonne und in Marburg, bevor sie in den USA als

8) David Kahn: *The Codebreakers*. Scribner, New York 1996. S. 884
9) David Kahn: *The Codebreakers*. Scribner, New York 1996. S. 885

Lehrerin und Schulleiterin arbeitete. Nebenbei interessierte sie sich für die Shakespeare-Bacon-Diskussion. Sie gelangte zur Überzeugung, dass die vermeintlichen Werke Shakespeares mit Bacon-Chiffren versehen waren, die die Urheberschaft Bacons bewies. Im Gegensatz zu Hugh Black entdeckte sie den angeblichen Code jedoch nicht in der Grabinschrift, sondern in der frühesten Gesamtausgabe der Shakespeare-Werke (dem so genannten First Folio). Zwar erschien das First Folio erst ein paar Jahre nach dem Tod des Dichters, doch Bacon war zu diesem Zeitpunkt noch am Leben.

Gallups angebliche Bacon-Chiffre ergab sich aus Unterschieden im Druckbild der Buchstaben im First Folio. 1899 veröffentlichte die umtriebige Dame ein Büchlein, das diesen Code erklärte und damit scheinbar die Urheberschaft Bacons bewies. Gallups Veröffentlichung stieß auf großes Interesse und erschien daher in mehreren Auflagen. Zu den begeisterten Lesern gehörte der US-Textilfabrikant George Fabyan, der in Illinois eine private Forschungseinrichtung namens Riverbanks Labs betrieb. Dort forschten zahlreiche Wissenschaftler auf so unterschiedlichen Gebieten wie Stimmgabeln, Handgranaten und Architekturakustik. Fabyan holte Gallup in die Riverbank Labs, damit sie dort ihre Code-Forschungen unter professionellen Bedingungen fortsetzen konnte. Er gab ihr mehrere Mitarbeiter an die Hand.

Gallups Forschungen brachten jedoch kein überzeugendes Ergebnis. Trotzdem konnte sie 1916 einen skurrilen Achtungserfolg verbuchen. Damals plante ein Unternehmer die Verfilmung von Shakespeare-Stoffen und sah den Erfolg seines Vorhabens durch die Pro-Bacon-Veröffentlichungen Gallups gefährdet. Daher versuchte er, durch eine Klage gerichtlich feststellen zu lassen, dass Shakespeare seine Werke selbst geschrieben hatte.[10] Erstaunlicherweise beschäftigte sich der Richter tatsächlich mit dieser Frage – heute würde man erwarten, dass sich die Justiz aus einer solchen Diskussion heraushält. Zur Überraschung der zahlreichen Beobachter entschied sich der Richter gegen Shakespeare und legte Bacon als wahren Autor fest. Allerdings blieb es nicht lange bei dieser Entscheidung. Nachdem einige Kollegen intervenierten, musste der Richter schließlich einsehen, dass er ein Eigentor geschossen hatte und sein Urteil revidieren.

Obwohl Gallups Aktivitäten aus heutiger Sicht überflüssig waren, beeinflussten sie die Weltgeschichte. Dabei spielte die junge Elizebeth Smith eine Rolle, die zuvor englische Literatur studiert hatte und ab 1916 im Team von Gallup arbeitete. Die Bacon-Forscher erhielten Unterstützung von einem Kollegen namens William Friedman, den Fabyan eigentlich für genetische Forschungsarbeiten eingestellt hatte. Friedman erwies sich als äußerst geschickt

---

10) Louis Kruh: *When a court ruled for Bacon instead of Shakespeare – temporarily.* Cryptologia 1/1995

im Umgang mit Codes und entwickelte eine große Faszination für dieses Thema. Nebenbei lernten sich Smith und Friedman bei dieser Gelegenheit näher kennen. 1917 heirateten sie.

Das junge Paar erkannte schnell, dass hinter den Bacon-Code-Theorien Gallups nichts steckte. Die Unterschiede zwischen den Buchstaben im First Folio waren zwar vorhanden, doch sie waren erkennbar auf Ungenauigkeiten beim Drucken und leichte Beschädigungen zurückzuführen. Ein Code ergab sich daraus beim besten Willen nicht. Nachdem Elizebeth Smith ihre Chefin zunächst für deren Fähigkeit, verborgene Nachrichten zu erkennen, bewundert hatte, bemerkte sie nun, dass es die gefundenen Botschaften gar nicht gab. Gallup wollte dies jedoch nicht wahrhaben. Etwa 25 Jahre lang forschte sie in den Diensten Fabyans nach einem Code, und erst kurz vor ihrem Tod im Jahr 1934 fanden ihre erfolglosen Bemühungen ein Ende.

In der Zwischenzeit traten die USA dem Ersten Weltkrieg bei. Als Patriot stellte Riverbanks-Chef George Fabyan einen Teil seiner Kapazitäten dem Militär zur Verfügung. Da sich William Friedman inzwischen einiges Wissen zum Thema Codes angeeignet hatte, wurde er als Verschlüsselungsexperte engagiert. Für ihn begann damit eine beispiellose Karriere als Kryptologe in Diensten des US-Militärs. Er löste im Laufe der Jahrzehnte über 1000 Verschlüsselungsverfahren und wurde so zum erfolgreichsten Codeknacker aller Zeiten. Als sein Meisterstück gilt das Knacken der japanischen Verschlüsselungsmaschine Purple, ohne jemals ein solches Gerät zu Gesicht bekommen zu haben. Gleichzeitig trug Friedman mit seiner Entwicklungsarbeit dazu bei, dass die USA im Zweiten Weltkrieg sichere Verschlüsselungsmaschinen einsetzten. Diese und andere Leistungen beeinflussten den Kriegsverlauf maßgeblich.

Auch Friedmans Frau Elizebeth wurde eine erfolgreiche Verschlüsselungsexpertin. In der Prohibitionszeit knackte sie mit bescheidenen Mitteln, aber großem Geschick die Codes von Alkoholschmugglern. Später gelangen ihr ähnliche Erfolge, die zur Aufklärung von Verbrechen führten. Auch Elizebeth Friedman musste im Laufe ihres Lebens vor kaum einem Verschlüsselungsverfahren kapitulieren. In den fünfziger Jahren fand sie noch einmal die Zeit, sich zusammen mit ihrem Mann mit der Bacon-Shakespeare-Diskussion zu beschäftigen. Gemeinsam untersuchten sie alle damals bekannten Code-Theorien, die auf Bacon als Shakespeare-Autor hinwiesen, und veröffentlichten ihre Ergebnisse 1957 in einem Buch.[11] Das Ergebnis war eindeutig: Alle angeblichen Codes erwiesen sich als haltlos.

---

11) William Friedman and Elizebeth Friedman: *The Shakespearian ciphers examined.* Cambridge University Press, Cambridge 1957

21 Ist Gott ein Datenschmuggler? – Der Bibelcode

Das 1997 veröffentlichte Buch *Der Bibel-Code* von Michael Drosnin stellt scheinbar alles in den Schatten, was jemals über Steganografie veröffentlicht wurde. Glaubt man den Inhalten dieses Bestsellers, dann sind in der Bibel Null-Chiffren enthalten, die nicht von einem Menschen stammen können – nur Gott persönlich kommt als Urheber infrage. Sollte es diesen göttlichen Datenschmuggel tatsächlich geben, dann hätte die Steganografie zur vermutlich großartigsten Entdeckungen aller Zeiten verholfen.

Gottes geheime Null-Chiffre

Bereits in Kapitel haben Sie erfahren, wie sich mit einer Null-Chiffre eine Nachricht in einem unverfänglichen Text verstecken lässt. Eine Null-Chiffre liegt beispielsweise vor, wenn nur jede fünften (oder elften oder hundertsten o. Ä.) Buchstaben des Texts aneinandergereiht eine versteckte Botschaft ergeben. Man spricht in diesem speziellen Fall auch von einer Null-Chiffre auf Basis äquidistanter Buchstabenfolgen.

Der erste, der sich mit einer Null-Chiffre in der Bibel beschäftigte, war der jüdische Rabbi Chaim Weissmandl. Dieser suchte in den vierziger Jahren des 20. Jahrhunderts in der Thora (diese entspricht etwa dem Alten Testament) nach versteckten Mitteilungen, indem er äquidistante Buchstabenfolgen bildete. Betrachtet man einen Text auf diese Art, dann entsteht in der Regel eine sinnlose Aneinanderreihung von Buchstaben, in der höchstens per Zufall das eine oder andere sinnvolle Wort enthalten ist. Ergeben sich dagegen in einer äquidistanten Buchstabenfolge sinnvolle Wörter, die sich zu einer Nachricht zusammenfügen, dann spricht dies dafür, dass der Urheber bewusst eine Null-Chiffre in den Text eingebaut hat.

Chaim Weissmandl glaubte, in der Thora einige Null-Chiffren gefunden zu haben. Dies veranlasste vier Jahrzehnte später den israelischen Mathematiker Eliyahu Rips dazu, dieses Thema aufzugreifen und wissenschaftliche Methoden darauf anzuwenden. Rips gilt als genialer Mathematiker, dessen Arbeiten im Bereich der Gruppentheorie auf weltweite Anerkennung gestoßen sind. Der in Lettland aufgewachsene gläubige Jude galt in seiner Jugend als mathematisches Ausnahmetalent, eckte jedoch mit seinen politischen Ansichten an. 1969 musste er ins Gefängnis, nachdem er versucht hatte, sich selbst in Brand zu stecken, um gegen das Eingreifen sowjetischer Truppen im Prager Frühling zu demonstrieren. Selbst während seiner Inhaftierung gelangen Rips bedeutende mathematische Entdeckungen. Nach heftigen Protesten westlicher Mathematiker wurde er 1972 freigelassen und nach Israel abgeschoben.

Für seine Suche nach Null-Chiffren in der Thora engagierte Rips den Physiker Doron Witztum. Die beiden beschlossen, in der Thora mit äquidistanten Buchstabenfolgen nach den Namen bedeutender Juden sowie deren Geburts- und Sterbedaten zu suchen. Sie wollten wissen, in wie vielen Fällen ein gesuchter Name in räumlicher Nähe zum zugehörigen Geburts- oder Sterbedatum auftauchte. Die Gesetze der Wahrscheinlichkeitsrechnung ließen erwarten, dass es den einen oder anderen Treffer geben würde. Rips und Witztum hofften jedoch auf eine besonders hohe Trefferzahl. Eine solche würde darauf hindeuten, dass die Thora eine unbekannte Null-Chiffre in sich barg.

Die Liste der gesuchten Namen und Daten stellten Rips und Witztum mit Hilfe einer jüdischen Enzyklopädie zusammen. Sie berücksichtigten insgesamt 66 prominente jüdische Personen, jeweils mit Geburts- und Sterbetag. Da jeder hebräische Buchstabe einem bestimmten Zahlenwert zugeordnet ist, mussten die beiden nicht zwischen Zahlen und Buchstaben unterscheiden. Als nächstes entwickelten Rips und Witztum ein statistisches Modell. Dieses definierte ein Maß für den Abstand zweier äquidistanter Buchstabenfolgen. Die Software zur Durchführung der Suche sowie zur Berechnung von Abständen steuerte der Computerexperte Yoav Rosenberg bei.

Das Ergebnis der Code-Suche erschien dem Dreier-Team höchst erstaunlich. Nach den Berechnungen von Rips und Witztum war der durchschnittliche Abstand zwischen Name und Geburts- oder Sterbedatum signifikant kleiner als erwartet. Dies deutete darauf hin, dass der Urheber der Thora bewusst die Namen der berühmten Juden samt ihrer Lebensdaten in den Text eingeschmuggelt hatte. Da alle fraglichen Personen erst nach Niederschrift der Thora lebten, schien dieses Resultat mit rationalen Argumenten nicht erklärbar.

Nach ausführlicher Prüfung reichten die drei Wissenschaftler einen Aufsatz über ihre Entdeckungen bei der renommierten Fachzeitschrift *Statistical Science* ein. Da auch die Fachlektoren dieser Publikation keinen Fehler fanden, erschien in der Ausgabe 3/1994 der *Statistical Science* der Artikel »Equidistant Letter Sequences in the Book of Genesis« von Witztum, Rips und Rosenberg.[1] Darin erklären die Autoren ihre statistischen Berechnungen und geben für die entdeckten geringen Abstände zwischen Name und Datum eine

1) D. Witztum, E. Rips, Y. Rosenberg: *Equidistant Letter Sequences in the Book of Genesis.* Statistical Science 1994. S. 429

Signifikanzstufe von 0,00002 an. Dies schien den Zufall als Erklärung auszuschließen.

Drosnins Bestseller

Die Reaktionen auf die vermeintlichen Bibel-Null-Chiffren waren zunächst nicht so enthusiastisch, wie man es im Nachhinein vermuten würde. Die meisten Experten sahen in den angeblichen Thora-Botschaften eher ein Kuriosum als ein ernsthaftes Betätigungsfeld. Die Öffentlichkeit nahm vom Rips-Code ohnehin kaum Notiz. Dies sollte sich ändern, als der US-Journalist Michael Drosnin von den Untersuchungen Rips' hörte. Drosnin hatte zuvor als Reporter bei der *Washington Post* und dem *Wall Street Journal* gearbeitet und 1987 die erfolgreiche Howard-Hughes-Biografie *Citizen Hughes* veröffentlicht.

Die Sache mit dem Thora-Code faszinierte Drosnin. Allerdings erschienen ihm die Rips-Null-Chiffren nicht spektakulär genug – wer interessiert sich schon für irgendwelche Namen aus der Welt des Judentums? Daher machte sich der US-Journalist selbst an die Arbeit und durchsuchte äquidistante Buchstabenfolgen aus der Thora nach weiteren Botschaften. Im Gegensatz zu Rips verzichtete Drosnin dabei auf eine wissenschaftliche Vorgehensweise und suchte stattdessen nach Gutdünken nach allerlei Begriffen, die ihm gerade in den Sinn kamen. Bei entsprechender Variation der Suchparameter wurde er in den 304.805 Buchstaben der Thora meist auch fündig.

Wie zuvor Rips suchte auch Drosnin vor allem nach Fällen, in denen im äquidistanten Buchstaben-Gewirr mehrere sinnvolle Wörter in räumlicher Nähe zueinander auftauchten. Auf die Definition eines Abstandsmaßes und ähnliche mathematische Details verzichtete er jedoch. Auf diese Weise stieß Drosnin beispielsweise auf Buchstabenkombinationen, die sich auf Hebräisch als »Jitzhak Rabin« und »Mörder der morden wird« lesen ließen und die sich noch dazu überkreuzten. Dies interpretierte der Journalist als Hinweis auf den Mord am israelischen Ministerpräsidenten Rabin im Jahr 1995.

Weitere scheinbare Null-Chiffren dieser Art veranlassten Michael Drosnin dazu, ein Buch namens *The Bible Code* (deutscher Titel: *Der Bibel-Code*) zu schreiben, das 1997 erschien.[2] Darin berichtete er über zahlreiche angebliche Prophezeiungen in der Bibel. Diese bezogen sich auf Ereignisse zu Personen wie Jitzhak Rabin, Winston Churchill, Stalin, Adolf Hitler und Napoleon sowie auf andere Begebenheiten der Weltgeschichte.

Bei seinen Ausführungen verschwieg Drosnin, dass die von ihm gefundenen angeblichen Prognosen nicht mehr viel mit den Arbeiten von Rips zu tun

2) Michael Drosnin: *Der Bibel-Code*. Wilhelm Heyne Verlag, München 1997

hatten – weder von den Ergebnissen her noch vom wissenschaftlichen Niveau. Stattdessen schilderte »das wichtigste Buch, das je über das Buch der Bücher geschrieben wurde« (Eigenwerbung) Rips als genialen Mathematiker und Erfinder des Bibelcodes, während sich Drosnin selbst bescheiden als dessen ehrfürchtiger Schüler darstellte. Diese ebenso clevere wie dreiste Strategie verfehlte ihre Wirkung nicht. *Der Bibel-Code* wurde ein Bestseller, der sich weltweit über 20 Millionen Mal verkaufte. In Deutschland hielt sich das Werk stolze 39 Wochen in der *Spiegel*-Bestsellerliste.

Null-Chiffren wörtlich genommen

Während zahlreiche Laien Drosnins steganografische Spielereien als Sensation hinnahmen, schüttelten Fachleute nur den Kopf. Steganografie-Experten und Statistiker waren sich einig, dass man mit der Drosnin'schen Methode beliebige Botschaften in nahezu jedem Buch finden konnte – man musste nur lange genug danach suchen. Im Fall der Rabin-Prognose hatte Drosnin eine Schrittweite von 4772 eingestellt, wobei völlig unklar ist, nach welchen Begriffen Drosnin sonst noch suchte und wie groß dabei die Erfolgsquote war. Da der Autor auch rückwärts und schräg geschriebene Wörter zählte, erhöhte sich die Trefferzahl zusätzlich. Nicht zuletzt kam Drosnin entgegen, dass im Original der Bibel keine Vokale enthalten sind. Der Name Jitzhak Rabin besteht daher nur aus acht und »Mörder, der morden wird« aus elf Buchstaben. Eine weitere Vereinfachung ist, dass es im Hebräischen nur 22 Buchstaben gibt. Da jeder Buchstabe einer Zahl entspricht, fanden sich auch zahlreiche Jahreszahlen in den äquidistanten Folgen. Letztendlich hatte Drosnin also den Begriff Null-Chiffre wörtlich genommen – die Chiffre existierte schlichtweg nicht.

Drosnin ließ sich von der Kritik nicht beirren. Er forderte seine Kritiker dazu auf, im Text von Herman Melvilles Roman *Moby Dick* vergleichbare Botschaften zu finden. Gelänge dies, so die Argumentation, dann wäre die Beliebigkeit des Bibel-Codes belegt. Der australische Mathematiker Brendan McKay ließ sich nicht lange bitten und zeigte, dass sich auch in *Moby Dick* vermeintliche Prophezeiungen aufspüren ließen. Obwohl im Englischen im Gegensatz zum Hebräischen die Vokale nicht fehlen, fand McKay die Morde an Indira Gandhi, Leo Trotzkij, Martin Luther King und John F. Kennedy in dem bekannten Roman. Darüber hinaus stieß McKay auf die Wörter »MDrosnin«, »nail«, »killed« und »liar«, die nahe beieinanderlagen. Sollte dies etwa auch eine Null-Chiffre sein?

Der Physiker David E. Thomas machte sich ebenfalls auf die Suche nach versteckten Prophezeiungen und wurde in einer englischen Bibelübersetzung sowie einer Entscheidung des Obersten Gerichtshofs der USA fündig. Auch deutsche Skeptiker nahmen sich des Themas an. Der Zauberkünstler und Esoterikaufklärer Wolfgang Hund nahm sich 1999 das Märchen Rotkäppchen vor und »entdeckte« darin eine auf den Mentalmagier Uri Geller gemünzte Prophezeiung: »Uri is in LA in march tu meet US CIA men on old UFO«. Offenbar wussten die Gebrüder Grimm seinerzeit schon von einem Treffen zwischen Uri Geller und der CIA.

Angesichts dieser Sachlage erntete Drosnin in den seriösen Medien reihenweise hämische Kommentare. »Wer suchet, der findet«, spottete die Wochenzeitung *DIE ZEIT.*[3] *Der Spiegel* sprach von einer »Esoterik-Schwarte« und und einem »Code ohne Zukunft«.[4] Selbst die Fernsehzeitschrift *TV Spielfilm* berichtete mit einem Augenzwinkern und setzte das Wort »Sachbuch« beim Hinweis auf Drosnins Bestseller in Anführungszeichen.[5] Lediglich der *Focus* widmete Drosnins Bibel-Code 1997 einen ausführlichen Artikel, der eine abschließende Bewertung vermied.[6] Peinlich ist allerdings, dass der *Focus*-Autor offensichtlich den Unterschied zwischen dem Rips-Code und dem Drosnin-Code nicht verstanden hatte. Nach diesem einen Artikel war der Bibel-Code dem *Focus* nie wieder eine Berichterstattung wert.

Natürlich hielt auch Eliyahu Rips nichts von Drosnins Buch. Er erklärte, er habe nie mit Drosnin zusammengearbeitet, er unterstütze dessen Schlussfolgerung nicht und halte Versuche für zwecklos, dem Bibel-Code Prophezeiungen zu entnehmen.[7]. Das alles störte Drosnin jedoch wenig, und so brachte er 2002 ein zweites Buch auf den Markt, das unter dem Namen *Der Bibel-Code II: Der Countdown* in Deutschland erschien.[8] Dieses Werk war an Dreistigkeit kaum zu überbieten. Drosnin verwischte weiterhin den Unterschied zwischen seinem selbstgebastelten Bibel-Code und den Arbeiten Rips'. Über die vernichtende Kritik an seinen Null-Chiffren-Fantasien verlor der Autor kein Wort – stattdessen ging Drosnin lediglich auf Kritik an den Behauptungen des israelischen Wissenschaftlers ein. Natürlich verschwieg Drosnin auch, dass sich Rips längst von seinem Bestseller distanziert hatte und stellte den Mathematiker stattdessen erneut als seinen Partner dar, mit dem er angeblich regelmäßig telefonierte und den er häufig besuchte.

Inhaltlich bot das zweite Bibelcode-Buch wenig Neues. Unvermeidlicherweise wollte Drosnin zwischenzeitlich auch die Anschläge auf das World Trade Center im Jahr 2001 in der Bibel entdeckt haben, nebst einigen anderen

---

3) Christoph Drösser: *Wer suchet, der findet.* DIE ZEIT vom 21.11.1997
4) *Code ohne Zukunft.* Der Spiegel 26/1997
5) TV Spielfilm 18/2008. S. 24
6) Reinhard Breuer: *Der Bibel-Code.* Focus 23/1997
7) *Code ohne Zukunft.* Der Spiegel 26/1997
8) Michael Drosnin: *Der Bibel-Code II: Der Countdown.* Wilhelm Heyne Verlag, München 2002

bedeutenden Ereignissen der Weltgeschichte. Darüber hinaus enthielten einige Code-Stellen sogar die Aussage, dass der Code wirklich existiert – wer bis dahin zweifelte, hatte nun also Schwarz auf Weiß, dass er sich irrte. Nebenbei präsentierte Drosnin einen bevorstehenden »atomaren Holocaust« für das Jahr 2006, wodurch sich auch der Untertitel »Der Countdown« erklärt. Das genannte Ereignis trat jedoch nicht ein – im Gegensatz zu einigen Katastrophen (etwa dem Tsunami von 2005), die Drosnin nicht vorhergesagt hatte.

Drosnin sagte in seinem zweiten Bibel-Code-Buch einen »atomaren Holocaust« für das Jahr 2006 voraus. Den Tsunami von 2005 hatte er bei der Code-Suche dagegen übersehen.

Die Verkaufszahlen von *Der Bibel-Code II* blieben weit hinter dem Vorgänger zurück. In Deutschland schaffte das Werk nicht den Sprung in die *Spiegel*-Bestsellerliste. Dennoch kündigte Drosnin Ende 2005 eine weitere Fortsetzung unter dem Titel *Bible Code III: The Quest* an (eine Prohezeiung des Tsunami dürfte darin nicht fehlen). Die Veröffentlichung verschob sich jedoch und war bei Redaktionsschluss dieses Buchs noch immer nicht erfolgt. Vielleicht wollte Drosnin abwarten, ob nicht doch noch der von ihm angekündigte atomare Holocaust eintreffen würde.

Und was ist mit den Rips-Null-Chiffren?

Während die Fachwelt für Drosnins Bibel-Code nur Spott übrig hatte, erfuhren die etwas weniger spektakulären Arbeiten von Rips und Witztum deutlich weniger Widerspruch. Dennoch gab es auch gegenüber diesen fundierte Kritik. Als diesbezüglich wichtigste Arbeit gilt eine Veröffentlichung des bereits erwähnten Mathematikers Brendan McKay und vier weiterer Autoren in der

Statistical Science.[9] Die fünf Wissenschaftler wiesen vor allem darauf hin, dass die von Rips und Witztum gewählte Vorgehensweise bei der Code-Suche zwar schlüssig, jedoch keineswegs ohne Alternative war. Schon bei der Auswahl der Rabbis hatten Rips und Witztum einige Freiheiten; Gleiches galt für die Schreibweise der Namen, für die es fast immer mehrere Varianten gab. Auch bei der Definition des statistischen Modells – insbesondere des Abstandsmaßes – gab es Spielräume. An diesen Stellschrauben konnten Rips und Witztum drehen, um die Trefferquote möglichst groß zu machen. In der Tat zeigten die Untersuchungen von McKay und seinen Kollegen, dass nahezu jede andere Einstellung als die von Rips zu einem weniger spektakulären Ergebnis geführt hätte. Die Experten um McKay vermieden jedoch eine Aussage darüber, ob Rips und Witztum absichtlich günstige Parameter gewählt hatten oder ob es sich um einen Zufall handelte.

Abgesehen von statistischen Argumenten wiesen McKay und seine Kollegen auf ein weiteres Problem hin: Rips und Witztum nahmen für sich in Anspruch, ihre Experimente mit dem Originaltext der Thora durchgeführt zu haben. Damit meinten sie eine 1962 veröffentlichte Ausgabe des Koren-Verlags. Es gibt jedoch von allen Thora-Texten unterschiedliche Versionen, und daher ist es praktisch unmöglich, einen Originaltext anzugeben. So stimmt die Koren-Version beispielsweise nicht in allen Einzelheiten mit den Schriftrollen aus den Qumran-Höhlen überein, die als älteste Thora-Quelle gelten. Dabei ist klar: Schon ein einziger fehlender Buchstabe könnte einen eventuellen Bibel-Code zum Einsturz bringen.

Es gibt neben McKay noch weitere Rips-Code-Kritiker. 2003 produzierte die BBC eine Reportage, in deren Rahmen eine Wiederholung des Rips-Witztum-Versuchs durchgeführt wurde. Das Signifikanzniveau lag dieses Mal nur zwischen 0,3 und 0,5 statt bei 0,00002. Aus dem »statistischen Beweis eines Wunders« (McKay und Kollegen) war damit eine Banalität geworden. Die BBC-Redakteure kamen daher zu einem eindeutigen Schluss: »[Solange der wissenschaftliche Befund nicht wasserdicht ist], können Skeptiker mit Recht bezweifeln, dass die Wissenschaft die Existenz des Bibel-Codes je belegen kann.«[10]

Inzwischen hat Rips mit einer neuen Veröffentlichung nachgelegt.[11] Darin behauptet er, dass in der Thora eine Null-Chiffre enthalten sei, die Hinweise auf die Terroranschläge auf das World Trade Center im Jahr 2001 enthält. Diese Behauptung kam überraschend, denn bis dahin hatten sich Rips' Code-

9) B. McKay, D. Bar-Natan, M. Bar-Hillel, G. Kalai: *Solving the Bible Code Puzzle.* Statistical Science 1999, S. 150

10) *The Bible Code.* BBC-Sendung aus der Reihe »Horizon« aus dem Jahr 2003

11) Elivahu Rips, Art Levitt: *The Twin Towers Cluster in Torah Codes.* The 18th International Conference on Pattern Recognition 2006

Funde nur auf die Namen und Lebensdaten prominenter Juden bezogen. Mit Drosnins Spielereien hatte die neue Rips-Theorie dennoch wenig zu tun, da es sich bei letzterer um eine wissenschaftlich deutlich fundiertere These handelt. Da das Interesse am Bibel-Code inzwischen generell nachgelassen hat, gab es bisher nur wenige Reaktionen auf den neuen Rips-Code. Auffällig ist, dass es für die Code-Suche erneut zahlreiche Stellschrauben gibt, die sich auf ein möglichst spektakuläres Ergebnis optimieren lassen. Eine Sensation ist daher nicht zu erwarten – auch wenn ein echter Bibel-Code für die Steganografie eine tolle Sache wäre.

22 Nichts ist ohne Code – Paracodes

Die Bibel und die Werke Shakespeares sind bei Weitem nicht die einzigen Literaturquellen, in denen Hobbyforscher und Wichtigtuer versteckte Codes entdeckt haben wollen. So musste der legendäre Astrologe Nostradamus genauso als angeblicher Steganograf herhalten wie Johann Sebastian Bach und Leonardo da Vinci. Träfen die jeweiligen Behauptungen zu, dann müssten einige der prominenten Code-Verstecker gar hellseherische Fähigkeiten gehabt haben oder der Wissenschaft ihrer Zeit um Jahrhunderte voraus gewesen sein. Dieses Kapitel ist derartigen steganografischen Codes gewidmet, die aller Wahrscheinlichkeit nach nicht existieren. Man bezeichnet so etwas auch als Paracode.

Nostradamus-Codes

Kein lebender Astrologe ist so populär wie Nostradamus (1503–1566). Der umtriebige Renaissance-Prophet hieß eigentlich Michel de Nostredame und war ein durchaus erfolgreicher Arzt und Schriftsteller. Auf die Idee, Horoskope zu schreiben, kam er erst im Alter von 47 Jahren, nachdem er zuvor schon mit der Veröffentlichung von Haushaltstipps den weiblichen Adel als Zielgruppe gewonnen hatte. Nostradamus' astrologische Ergüsse sind fast alle in Form von Gedichten mit vierzeiligen Strophen verfasst, in denen es von Anspielungen, Wortspielen, Buchstabenvertauschungen und Unverständlichkeiten nur so wimmelt.

Mit etwas Phantasie lassen sich zahlreiche Ereignisse der Weltgeschichte in den Versen des Nostradamus finden – man muss die unverständlichen Vierzeiler nur in der gerade passenden Weise interpretieren. Obwohl schon bei oberflächlicher Betrachtung offensichtlich ist, dass Nostradamus' Gedichte auch ohne übernatürliche Kräfte zustande gekommen sein können, gibt es eine ganze Szene von Nostradamus-Fans, die an die hellseherischen Kräfte des Propheten glauben. Schade nur, dass bisher keiner von ihnen durch Nostradamus-Auslegungen wirklich etwas vorhersehen konnte. Umso mehr gelingt es ihnen, Ereignisse im Nachhinein mit irgendwelchen Nostradmus-Zeilen in Verbindung zu bringen.

Da die wirren Vierzeiler des Nostradamus weit weniger hergeben, als uns manche selbsternannten Experten glauben machen wollen, suchten einige darin nach versteckten Botschaften. Mittlerweile ist schon mindestens ein halbes Dutzend Bücher erschienen, deren Autoren behaupteten, einen geheimen Nostradamus-Code entdeckt zu haben. Technisch gesprochen handelt es sich dabei meist um Jargon-Codes oder Null-Chiffren oder um wirre Kombinationen der beiden Methoden. Selbstverständlich sind die Aussagen der bisher »entdeckten« Codes mindestens genauso spektakulär wie das, was ohnehin schon in die unverständlichen Vierzeiler hineininterpretiert wird.

Von den vielen Entdeckern eines Nostradamus-Codes will ich mich auf einen beschränken: den Autor und Hobby-Historiker Manfred Dimde. Dieser zählt zu den erfolgreichsten Nostradamus-Deutern – was die Verkaufszahlen seiner Bücher anbelangt. Glaubt man Dimde, dann muss Nostradamus eine Menge Aufwand in seine Verse gesteckt haben, denn es sollen gleich mehrere Codes darin versteckt sein. Trotz dieser Codes haben die Vierzeiler laut Dimde auch eine unverschlüsselte Bedeutung.

Leider (aber verständlicherweise) haben sich bisher noch nicht viele Code-Experten in ausführlicher Form mit den Code-Funden Dimdes beschäftigt (man möge mir nachsehen, dass ich es auch nicht getan habe). Einer der wenigen ist der inzwischen leider verstorbene Mathematiker Volker Guiard. Während seiner Recherchen stand er mit Dimde in Briefkontakt. Seine Ergebnisse hat Guiard in einem ausführlichen Artikel veröffentlicht.[1] Darauf basieren die folgenden Betrachtungen.

Eine von Dimdes Methoden nennt sich »das innere Wort«. Diese Methode sieht vor, dass man einen Satz nimmt, die Wortzwischenräume entfernt und (nach kaum nachvollziehbaren Regeln) ein paar Buchstaben austauscht. Anschließend nimmt man Teile dieser Zeichenfolge und schreibt ihnen eine halbwegs passende Bedeutung zu. Gemäß dieser Methode wird aus »M. Nostradamus« die Folge MNOSTRADAMUS. Darin sind Wörter wie M (tausend), NO (schwimmen), STRA (Einsturz, Haufen), MUS (Maus) oder DAM (Frau, Dame) enthalten. Die jeweilige Bedeutung ist nicht gerade zwingend, auch wenn M das lateinische Wort für tausend ist und NO auf Lateinisch »ich schwimme« heißt. Nimmt man es mit den Wortübergängen nicht so genau und lässt ein paar Buchstaben weg, dann kommt ein Satz wie der folgende zustande:

M NO NOST OS S ST OSTR T AD R RAD

1) Volker Guiard: *Die seltsame Welt des Nostradamus-Deuters Manfred Dimde*. In: Michael Shermer, Benno Maidhof Christig, Lee Traynor: *Endzeittaumel*. Alibri, Aschaffenburg 1998

Dies heißt (laut Dimde): »Tausend Worte fließen aus dem Mund. Die Sequenz ohne Zeit ist wie eine Muschel. Die Zeit füge zur Weissagung. Strahle.« Es dürfte klar sein, dass man auf diese Weise eine beliebige Zahl unsinniger Sätze produzieren kann, die sich wiederum auf unterschiedliche Weise interpretieren lassen.

Die anderen von Dimde vorgeschlagenen Entschlüsselungsmethoden geben auch nicht mehr her. So gesehen verwundert es kaum, dass Volker Guiard Manfred Dimde offen als Scharlatan bezeichnet. Sein Fazit: »Inzwischen habe ich mich aufgrund des Studiums seiner Bücher, meiner Korrespondenz mit ihm sowie von Begegnungen mit ihm zu der persönlichen Ansicht durchgerungen, dass Manfred Dimde mit seinen Büchern einen genialen Aprilscherz veranstaltet hat, auf den viele hereingefallen sind.« Obwohl Dimde nie zugegeben hat, dass sein Code nur ein Scherz sein soll, können wir getrost davon ausgehen, dass sein Nostradamus-Code nicht existiert. Zum Glück fielen nicht ganz so viele auf diesen Unsinn herein wie auf den Bibel-Code.

Codes im Voynich-Manuskript

Das wohl rätselhafteste Buch der Weltliteratur befindet sich in einer Bibliothek der Yale-Universität in Connecticut (USA). Dieses Werk, das nach seinem Entdecker Wilfried Voynich als »Voynich-Manuskript« bezeichnet wird, ist in einer Schrift verfasst, die trotz zahlreicher Versuche bisher niemand entziffern konnte. Auch auf die zahlreichen Bilder darin konnte sich bisher niemand einen Reim machen. Schließlich sind auch die Entstehungszeit und die Urheberschaft äußerst umstritten – eine Fälschung ist keineswegs ausgeschlossen.[2]

Mit Steganografie hat das Voynich-Manuskript auf den ersten Blick nichts zu tun. Wenn überhaupt, dann handelt es sich bei den unverständlichen Buchstaben um eine Verschlüsselung, sofern nicht einfach eine unbekannte Schrift im Spiel ist. Angesichts der Rätselhaftigkeit des Buchs verwundert es allerdings kaum, dass bereits mehrere Hobbyforscher nach versteckten Botschaften in den seltsamen Zeilen suchten. Schon zweimal vermeldeten Voynich-Exegeten Erfolg. Leider erwiesen sich beide Meldungen als Unfug.

Die erste steganografische »Lösung« des Voynich-Manuskripts präsentierte 1921 der Philosophie-Professor William Newbold (1865–1926). Newbolds Entdeckung brachte scheinbar gleich vier Erkenntnisse auf einmal: Sie zeigte, wie im Manuskript eine Nachricht versteckt war, was die Schriftzeichen bedeuteten, wer das Manuskript verfasst hatte und dass man ein Kapitel

2) Klaus Schmeh: *Das Voynich-Manuskript: Das Buch, das niemand lesen kann.* Skeptiker 2/08

der Technikgeschichte umschreiben musste. Leider erwies sich dieser Newbold-Code als reichlich unsinnig, weshalb ich ihn hier in eine Reihe mit dem Bibel-Code und den Nostradamus-Codes stellen muss.

Das Voynich-Manuskript ist das vielleicht rätselhafteste Buch der Welt. Die vermeintlich darin entdeckten steganografischen Geheimcodes erwiesen sich jedoch als Unfug.

Als Newbold seine Untersuchungen veröffentlichte, lag die Entdeckung des Manuskripts erst neun Jahre zurück. Voynich hatte es (angeblich) in einem italienischen Kloster aufgespürt. Newbold war zwar ein verdienter Wissenschaftler mit einer beachtlichen Allgemeinbildung, doch von Verschlüsselung und Steganografie verstand er nichts. Bei seinen Untersuchungen ging er für einen Wissenschaftler erstaunlich ungestüm vor. Wie Voynich vermutete er, dass der englische Mönch und Naturwissenschaftler Roger Bacon der Autor des Manuskripts war.

Bei seinen Betrachtungen, für die ihm nur Kopien des Manuskripts zur Verfügung standen, nahm Newbold auch eine Lupe zu Hilfe. Dabei fiel ihm auf, dass winzig kleine Teile der seltsamen Schriftzeichen Buchstaben einer griechischen Kurzschrift ähnelten. Er ging daher davon aus, dass die eigentliche Botschaft auf diese Weise in das Dokument eingebettet war, während der unverständliche Text keine Bedeutung hatte. Immerhin gelang es Newbold, aus der angeblichen griechischen Kurzschrift in mehreren Arbeitsschritten einen halbwegs sinnvollen Text zusammenzubasteln.

In den drei kurzen Passagen, die er auf diese Weise »entschlüsselte«, stieß Newbold auf den Namen Roger Bacon, was dessen Autorenschaft scheinbar bestätigte. Ganz nebenbei fand der eifrige Professor auch noch eine Erklärung für einige der Bilder im Manuskript, die er für Eierstöcke, Zellstrukturen, Spermien und den Großen Andromedanebel hielt. Da diese Objekte nur mit einem guten Mikroskop beziehungsweise Teleskop erkennbar sind, folgerte

Newbold, dass Roger Bacon bereits im 14. Jahrhundert solche Geräte besessen (und vermutlich selbst erfunden) hatte. Nach bisherigem Kenntnisstand wurden diese Apparate erst etwa 250 Jahre später entwickelt.

Doch praktisch alle Experten, die Newbolds Arbeit lasen, hielten sie für Humbug. In den Entschlüsselungsschritten war so viel Willkür enthalten, dass man auf ähnliche Weise auch ganz andere Inhalte in den Voynich-Text hineininterpretieren konnte. Zudem ließ sich Newbolds Methode, die in einem kurzen Stück des Texts scheinbar funktionierte, nicht auf den Rest des Dokuments übertragen. So lebte Newbolds steganografische These kaum länger als deren Erfinder, der im Jahr 1926 starb. Roger Bacon wird inzwischen von allen seriösen Voynich-Forschern als Autor ausgeschlossen.

Der zweite Voynich-Forscher, der im Manuskript steganografische Botschaften gefunden haben will, ist der Buchautor Erhard Landmann. Dieser schaute sich 2005 zum ersten Mal Fotos des Voynich-Manuskripts an und fand nach eigenen Angaben auf den ersten Blick die Lösung.[3] Seiner Ansicht nach sind die seltsamen Voynich-Zeichen nichts weiter als gewöhnliche Buchstaben der damaligen Zeit, die etwas undeutlich geschrieben sind. Mit Hilfe dieser Erkenntnis konnte Landmann das Manuskript nach eigenen Angaben ohne große Mühe lesen – was vor ihm noch niemand geschafft hatte. Leider hat er bisher keine detaillierte Beschreibung seiner Theorie veröffentlicht, geschweige denn eine Klartextversion des Manuskripts. Man darf also seine Zweifel haben.

Doch damit nicht genug. Die zahlreichen Sterne, die im Voynich-Manuskript abgebildet sind, bestehen laut Landmann aus mikroskopisch kleinen Schriftzügen. Dies erkannte er, obwohl ihm keine Abbildung des Manuskripts mit ausreichender Vergrößerung zur Verfügung stand. Daher kann Landmann bis heute auch nicht sagen, welchen Inhalt die derart verborgenen Botschaften haben. Wir müssen uns bis zur Lösung des Voynich-Codes also noch etwas gedulden.

Trotz mehrerer scheinbar erfolgreicher Entschlüsselungsversuche und trotz der beiden scheinbaren Code-Funde ist das Voynich-Manuskript damit bis heute ein Rätsel. Dabei ist es unwahrscheinlich, dass der Schlüssel zur Lösung in der Steganografie liegt. Mehrere seriöse Voynich-Experten vermuten sogar, dass das Manuskript überhaupt keinen sinnvollen Inhalt enthält. So oder so ist das rätselhafteste Buch der Literaturgeschichte noch für manche Diskussion gut. Bestimmt wird früher oder später jemand die nächste versteckte Nachricht darin finden.

---

3) Erhard Landmann: *Das sogenannte Voynich-Manuskript*. Magazin 2000plus; Alte Kulturen Spezial, 2007

Der Bach-Code

Was Literaten recht ist, kann Musikern nur billig sein. Wenn die Bibel und andere Werke der Weltliteratur einen versteckten Code in sich tragen, dann könnte dies auch für einige berühmte musikalische Kompositionen gelten. Ein naheliegender Anwärter auf kodierte Nachrichten ist zweifellos Johann Sebastian Bach. Wie in Kapitel »Musikalische Botschaften« auf Seite 25 erwähnt, versteckte dieser tatsächlich die Tonfolge B-A-C-H in einigen seiner Werke. Dies als Bach-Code zu bezeichnen, wäre allerdings übertrieben. Hobby-Forscher und Wissenschaftler wollten daher mehr und hielten nach versteckten Nachrichten in Bachs Kompositionen Ausschau – und wurden dabei scheinbar fündig.

Die umfangreichsten Arbeiten zu einem vermeintlichen Bach-Code stammen von dem Theologen und Musikwissenschaftler Friedrich Smend (1893–1980).[4] Dieser ging davon aus, dass Bach ein einfaches Zahlenalphabet nutzte, das wie folgt aussah:

A = 1, B = 2, C = 3, ..., I/J = 9, K = 10, L = 11, ..., U/V = 20, W = 21, ..., Z = 24

Es handelt sich also um eine einfache Nummerierung der Buchstaben des Alphabets, wobei I und J beziehungsweise U und V nicht unterschieden werden. Wie Bach diese Zahlen verwendete, zeigt angeblich sein *Canon a 4 voce*, den der Komponist 1713 für einen gewissen Johann Gottfried Walther geschrieben hat. Wandelt man Bachs Name in Zahlen um und zählt diese zusammen, dann ergibt sich:

B + A + C + H = 2 + 1 + 3 + 8 = 14

Der Name Walther liefert folgendes Ergebnis:

W + A + L + T + H + E + R = 21 + 1 + 11 + 19 + 8 + 5 + 17 = 82

Das Besondere daran ist, dass der besagte Kanon 14 Taktstriche und 82 Noten hat. Smend nennt in seinen Veröffentlichungen zahlreiche weitere Beispiele, in denen Bach auf diese Weise weitere Wörter in seinen Werken versteckt haben soll, darunter CHRISTUS (112) und CREDO (43). Größere Aufmerksamkeit erzielte Smend mit seinen Forschungen jedoch nicht. Seine Argumente waren nicht stark genug, um zu belegen, dass mehr als Zufall hinter dem Bach-Code steckte. Es gibt auch keine nennenswerten historischen Belege dafür, dass Bach mit solchen Codes arbeitete. Zudem darf man vermuten, dass Bach

4) Ruth Tatlow: *Bach and the riddle of the number alphabet.* Cambridge University Press. Cambridge 1991

Besseres zu tun hatte, als seine Kompositionen mit belanglosen Codes auszustatten.

Mag man Smends Arbeiten wenigstens noch einen Rest an Seriosität zubilligen, so ziehen einige seiner Nachfolger den Bach-Code völlig ins Absurde. Die beiden Autoren Kees van Houten und Marinus Kasbergen glaubten gar, das Geburts- und das Sterbedatum Bachs in dessen Werken kodiert gefunden zu haben.[5] Offensichtlich war Bach nicht nur ein außergewöhnlicher Komponist, sondern auch ein Hellseher, der seinen Todestag im Voraus kannte.

Der Koran-Code

Es musste wohl so kommen: Nachdem fleißige Code-Sucher in der Bibel, bei Shakespeare, bei Nostradamus, bei Johann Sebastian Bach, im Voynich-Manuskript und in mehreren anderen Literaturquellen geheime Botschaften gefunden hatten, war es nur noch eine Frage der Zeit, bis auch der Koran seinen Code abbekommen würde. 2004 war es schließlich soweit. Ein gewisser Adel Awadalla, über den ich sonst nichts in Erfahrung bringen konnte, veröffentlichte sein Buch *The Mystifying Codes of The Holy Quran*[6]. Darin stellte er einen Geheimcode vor, der in der Heiligen Schrift des Islam versteckt sein soll. Mit Hilfe dieses Codes soll es möglich sein, verschiedenste Ereignisse der Weltgeschichte aus dem Koran herauszulesen – insbesondere solche, die sich erst lange nach der Entstehung des Korans ereignet haben.

Ganz neu war die Idee eines Koran-Codes nicht. Bisherige Varianten bezogen sich jedoch nicht auf etwaige versteckte Nachrichten, sondern auf allerlei Zahlenspielereien. Die meisten davon haben den Zweck, im Koran die Zahl 19 nachzuweisen. Da hierbei keine Nachricht übertragen wird, handelt es sich eher um Numerologie als um Steganografie, weshalb wir diese Spielereien hier nicht betrachten wollen.

Im Vergleich zu Drosnins Bestseller hat Awadallas Werk (selbst in der islamischen Welt) nur wenig Aufsehen erregt. Schon ein erster Blick in das Buch zeigt, warum. Das offenbar in Eigenregie als Book on Demand verlegte Werk wirkt äußerst dilettantisch. Das Layout ist eine Katastrophe, und mit dem Inhalt sieht es nicht viel besser aus. Awadalla reiht Informationen hintereinander, ohne dass eine Aussage ersichtlich ist. Trotz mehrmaligen Durchlesens konnte ich zahlreiche Passagen mit dem besten Willen nicht verstehen. Klar ist immerhin, dass in dieser seltsamen Schwarte nicht nur von einem Koran-Code

5) Kees van Houten, Marinus Kasbergen: *Bach en het getal*. Walburg Pers, Zutphen 1986
6) Adel Awadalla: *The Mystifying Codes of The Holy Quran*.Trafford Publishing, Victoria 2004

die Rede ist, sondern auch seitenweise von Hitler-Bush-Vergleichen und angeblichen Anti-Islam-Verschwörungen.

who believe in this Quran and the books before, and in the Oneness of Allah "God"). [28:4]. Verily, Fir'aun (Pharaoh) exalted himself in the land and made its people sects, weakening (oppressing) a group (Children of Israel, and others) among them, killing their sons, and letting their females live. Verily, he was of the Mufsidun (those who commit great sins and crimes, oppressors, tyrants, etc.)

Horned Hand: The "Horned Hand" is the sign of recognition between Satanist's who are in the occult.

The Skull & Bones Society: The Skull & Bones Society has been described as the most secretive organization in the world. Some of the world's most famous and powerful men alive today are "bones men," including

to silence. It only exists on
about). It has rules. It has c
happy with prying, probin
initiates as 'outsiders' or 'v
deny membership (or are s
and in checking hundreds
members we found only h
affiliation with Skull & Bo
interesting point is whethe
Administrations or who h
declared their members in
for FBI 'background check
powerful, unbelievably po
and examine the evidence
overwhelming - there is n
will suddenly come sharp
frightening clarity. It is a S
only at Yale. Members are
spend only one year on ca
Skull & Bones. In other wo
oriented to the graduate o
annually - patriarchies onl
Lawrence River.
Senior societies are uniqu
senior societies at Yale, bu
and Wolf's Head are supp

Die Veröffentlichung des angeblichen Koran-Codes verzichtet auf überzeugende Fakten, spart dafür jedoch nicht mit Geschmacklosigkeiten.

Angesichts dieser – in jeglicher Hinsicht – unzumutbaren Darstellung bitte ich um Nachsicht, dass ich an dieser Stelle nur einen Auszug aus der Code-Theorie bringe. Im Gegensatz zu Drosins Bibel-Code ist Awadallas Koran-Code keine Null-Chiffre, sondern eine Art Jargon-Code. Awadalla ordnet jedem Buchstaben des arabischen Alphabets eine Zahl zwischen 1 und 1000 zu (dies ist nicht seine Erfindung, sondern entspricht einer alten arabischen Tradition) und zieht aus den Zahlen allerlei Schlüsse. In einer Koran-Sure ermittelt Awadalla beispielsweise 397 als Summe der Buchstabenwerte des ersten Verses. Dies entspricht (laut Awadalla) der Anzahl der Jahre zwischen dem Beginn des Aufenthalts der Juden in Ägypten und der Offenbarung der Thora. Im zweiten Vers ergibt sich die Summe 1224. Dies entspricht angeblich der Zeitspanne zwischen der Thora-Offenbarung und dem Beginn des Christentums im Jahr 11 n. Chr. Im dritten Vers ergibt sich 3121. Dies ist die Zeitspanne zwischen dem Beginn des Judentums und dem Ende des Osmanischen Reichs im Jahr 1908.

Bei solchen Spielereien bricht wohl jeder Historiker in Gelächter aus. So ist es völlig willkürlich, den Beginn des Judentums auf das Jahr 1213 v. Chr. festzulegen. Gleiches gilt für das Jahr 11, in dem das Christentum entstanden sein soll. Da Jesus erst um 30 n. Chr. in der Öffentlichkeit auftrat, muss man diese Datierung sogar als falsch bezeichnen. Und warum Awadalla das Jahr 1908 als Ende des Osmanischen Reichs nimmt (und nicht etwa das Jahr 1923), wird wohl ebenfalls sein Geheimnis bleiben.

Es ist also eindeutig: Awadallas Koran-Code behandelt eine blödsinnige Theorie und stellt sie auf indiskutable Weise dar. Angesichts dieses Humbugs brauchen wir uns auch bezüglich der diffusen Katastrophen (es geht um Krieg und um »besondere Bestrafungen«), die Awadalla für die kommenden Jahre aus dem Koran herauskodiert, keine großen Sorgen zu machen.

Der Da-Vinci-Code

Es gibt wohl nur einen Paracode, der es an Popularität mit dem Bibel-Code aufnehmen kann: den Da-Vinci-Code. Bekannt wurde dieser durch den gleichnamigen Roman von Dan Brown, der auf Deutsch unter dem Titel *Sakrileg* erschienen ist.[7] Der Da-Vinci-Code ist angeblich im Gemälde *Abendmahl* von Leonardo da Vinci versteckt. Allerdings ist es etwas irreführend, in diesem Zusammenhang von einem Code zu reden, denn es geht hier nicht um eine in Buchstaben kodierte Nachricht. Vielmehr schreiben die Anhänger des Da-Vinci-Codes einigen Gesten und Anordnungen, die auf dem Gemälde dargestellt sind, eine geheime Bedeutung zu.

Hintergrund für den angeblichen Code von Leonardo da Vinci ist eine obskure Verschwörungstheorie. Diese besagt, dass Jesus von Nazareth mit der in der Bibel mehrfach erwähnten Maria Magdalena verheiratet war und diese zur Verbreitung des christlichen Glaubens auserwählt hatte. Diese wahren Absichten Jesu wurden aber nach Meinung der Verschwörungstheoretiker unterdrückt. Nur eine kleine Gruppe von Eingeweihten – die Bruderschaft von Sion – übermittelte das geheime Wissen über die Jahrhunderte hinweg. Zur Bruderschaft soll auch Leonardo da Vinci gehört haben. Als er sein berühmtes Abendmahl malte, schmuggelte er angeblich ein paar Hinweise auf sein geheimes Wissen in das Bild.

So soll die Person auf dem Bild rechts neben Jesus nicht den Apostel Johannes, sondern Maria Magdalena darstellen. Der Zwischenraum zwischen den beiden hat die Form eines mit der Spitze nach unten zeigenden Dreiecks, was den Mutterschoß und das göttlich Weibliche symbolisieren soll. Die Körper-

7) Dan Brown. *Sakrileg*. Lübbe, Bergisch Gladbach 2004

haltung der beiden entspricht ebenfalls der V-Form. Außerdem fehlt der Kelch auf dem Bild, was in den Augen der Verschwörungstheoretiker daran liegt, dass Maria Magdalena selbst der Heilige Gral ist.

Das *Abendmahl* von Leonardo da Vinci soll einen Code enthalten. Experten sind skeptisch.

Doch so schön diese Geschichte auch ist, sie hat einen Nachteil: Sie ist durch nichts belegt. Die Ehe Jesu mit Maria Magdalena ist reine Spekulation und die Bruderschaft von Sion hat vermutlich nie in der beschriebenen Form existiert. Kunsthistoriker weisen außerdem darauf hin, dass der Apostel Johannes auf vielen Gemälden mit jugendlichen Zügen dargestellt wird, da es sich der Überlieferung nach um den jüngsten Apostel handelte. Dass Johannes auf dem Bild wie eine Frau aussieht, kann einfach daran liegen, dass es da Vinci mit der Jugendlichkeit etwas übertrieben hat.

Vielleicht wollte der geniale Künstler auch jemanden ärgern, oder vielleicht war sein Modell eine Frau. Eine Verbindung zu Maria Magdalena, der Bruderschaft von Sion und irgendwelchen Geheimnissen ist aus dem Bild allerdings mit dem besten Willen nicht herauszulesen. Der Da-Vinci-Code teilt also ein wesentliches Merkmal mit dem Bibel-Code und dem Shakespeare-Bacon-Code: Es gibt ihn nicht.

23 Code-Fieber – Weitere Paracodes

Nachdem sich in den letzten Jahren Bücher mit Titeln wie *Der Bibel-Code* und *Der Da-Vinci-Code* in den Bestsellerlisten tummelten, brach in Verlagen und Redaktionen offenbar ein wahres Code-Fieber aus. Die Masche, geheime Botschaften in irgendetwas hineinzuinterpretieren, erwies sich dabei immer wieder als erfolgreich. Für ein typisches Beispiel sorgte 2005 die britische »Wissenschaftszeitschrift« *Fortean Times*, als sie in ihrer Titelgeschichte von einem geheimnisvollen »Holbein-Code« berichtete.[1] Angeblich hatte der berühmte Maler Hans Holbein der Jüngere (ca. 1497–1543) in seinem Gemälde *Die Gesandten* einige geheime Botschaften versteckt, die »den Lauf der Geschichte veränderten«.

Code-Fieber

Die Idee eines Holbein-Codes lag nahe, denn Hans Holbein lebte etwa zur gleichen Zeit wie Leonardo da Vinci, und warum sollte Letzterer der einzige Maler gewesen sein, der verschwörerisches Gedankengut per Pinselstrich festhielt. Zum Glück erwies sich der Artikel in der *Fortean Times* als etwas weniger reißerisch als das Titelbild. Statt eines weltbewegenden Codes präsentierte der Verfasser eine Theorie des Hobby-Forschers John North, der in dem Gemälde *Die Gesandten* einige versteckte Hinweise gefunden haben will. Unter anderem soll aus diesen hervorgehen, wann und wo die dargestellte Szene stattgefunden hat (am 11. April 1533, zwischen drei und vier Uhr nachmittags in London). Leider haben Kunsthistoriker längst einige Unstimmigkeiten in dieser Theorie gefunden, und von einer Veränderung des Laufs der Geschichte kann sowieso keine Rede sein.

Dennoch wollte die deutsche Zeitschrift *Wunderwelt Wissen* den britischen Kollegen nicht nachstehen und nahm in ihrer Aprilausgabe des Jahrs 2008 einen »Geheimcode der Smaragdtafel« auf die Titelseite.[2] Zum Glück war der zugehörige Artikel auch hier deutlich seriöser, als es die Ankündigung auf der Titelseite vermuten ließ. Die so genannte Smaragdtafel ist nicht etwa

1) David Hambling: *The Holbein Code*. Fortean Times 10/2005
2) Sabine Schwabenthan: *Der Geheimcode der Smaragdtafel*. Wunderwelt Wissen 4/2008

ein geheimnisvoller Gegenstand, sondern ein von allerlei Mythen umwobener Text, der seit dem Mittelalter belegt und möglicherweise noch deutlich älter ist. Der Text besteht aus 20 Sätzen und enthält so bedeutungsvolle Aussagen wie die folgende: »Dasjenige, welches unten ist, gleicht demjenigen, welches oben ist, und dasjenige, welches oben ist, gleicht demjenigen, welches unten ist.« Einen Geheimcode hat bisher noch niemand darin gefunden.

Mit einem Code wurden auch immer wieder die berühmten Scharrbilder von Nazca (Peru) in Verbindung gebracht. Es handelt sich dabei um großflächige Liniengebilde, die nur aus der Luft als Gesamtkunstwerk zu erkennen sind. Entstanden sind sie durch das Abtragen der Oberfäche auf dem wüstenartigen Boden. Einige Bilder stellen Tiere (z. B. Affen und Kolibris), andere Menschen dar. Die größten Scharrbilder erreichen eine Ausdehnung von über 250 Metern. Die Bilder hatten vermutlich rituelle Zwecke und wurden in vielen Fällen als Pfade für Prozessionen verwendet. Bekannter (allerdings nicht besonders plausibel) ist die Behauptung, es handle sich um Markierungen für Außerirdische, die aus ihren Fluggeräten einen guten Blick auf die Scharrbilder gehabt hätten. Von einem »Nazca-Code« zu reden ist allerdings in jedem Fall irreführend, da keine kodierten Botschaften im Spiel sind.

Einen ähnlichen Code-Missbrauch betrieb ein Verlag im Zusammenhang mit dem bereits erwähnten Voynich-Manuskript. Dabei handelt es sich um ein möglicherweise Jahrhunderte altes Buch, dessen Inhalte keiner lesen kann (siehe »Codes im Voynich-Manuskript« auf Seite 193). Ein durchaus seriöses Buch zum Voynich-Manuskript stammt von Rob Churchill und Gerry Kennedy. Es heißt im Original schlicht *The Voynich Manuscript*. Dem Verlag Rogner & Bernhard fiel für die deutsche Übersetzung kein besserer Titel ein als *Der Voynich-Code*[3]. Zweifellos spekulierte man damit auf eine Leserschaft, die bei dem Stichwort »Code« an den Da-Vinci- oder den Bibel-Code dachte. So erhielt ein lesenswertes Buch unnötigerweise einen pseudowissenschaftlichen Anstrich.

Der Pyramiden-Code

Zu den Klassikern unter den Paracodes zählt die inzwischen fast 100 Jahre alte Behauptung, die Erbauer der Cheops-Pyramide hätten irgendwelche sensationellen Botschaften in das berühmte Steinmonument einkodiert. Nach dem Erfolg von Drosnins *Bibel-* und Browns *Da-Vinci-Code* war es nur eine Frage der Zeit, bis ein Verlag diese alte Geschichte aufwärmen und als Pyramiden-

3) Gerry Kennedy, Rob Churchill: *Der Voynich-Code. Das Buch, das niemand lesen kann.* Rogner & Bernhard, Berlin 2005

Code neu veröffentlichen würde. Im Jahr 2001 war es soweit. Mit dem Buch *Der Pyramiden-Code* von Horst Bergmann und Frank Rothe erschien ein weiteres fragwürdiges Werk mit dem Begriff »Code« im Namen.[4]

Bei näherem Hinsehen ist der Titel »Der Pyramiden-Code« nur teilweise gerechtfertigt, denn gerade einmal einer von acht Kapitelblöcken des Buchs beschäftigt sich tatsächlich mit einem (angeblichen) Code. In den anderen Teilen geht es um allerlei abenteuerliche Thesen, die sich um die ägyptischen Pyramiden ranken. Das Niveau ist geradezu unterirdisch. So diskutieren die Autoren allen Ernstes, ob die alten Ägypter vielleicht in der Lage waren, mit speziellen Maschinen die Schwerkraft aufzuheben. Abenteuerlich ist auch die Behauptung, dass vor der Sintflut (angeblich etwa 10.500 v. Chr.) ein Jahr nur 360 Tage hatte, bevor die weltweite Überschwemmung für eine fünftägige Verlängerung sorgte, die heute noch gültig ist. Völlig zu Recht schreibt daher der Skeptiker Klaus Richter über das Buch *Der Pyramiden-Code:* »Es handelt sich um ein pseudowissenschaftliches Werk, das seine Erkenntnisse aus fehlerhafter Interpretation alter Quellen bezieht und den Fehldarstellungen in anderen pseudowissenschaftlichen Büchern.«[5]

Auf einem ähnlichen Niveau spielt sich der achte und letzte Teil des Buchs ab, in dem die Autoren den eigentlichen Pyramiden-Code beschreiben. Hinter diesem steckt die These, dass die alten Ägypter beim Bau der Pyramiden verschiedene Längen, Breiten, Winkel und ähnliche Größen so wählten, dass diese bestimmte Naturkonstanten und andere bedeutende Zahlen repräsentierten. Die Pyramiden wären für die Ägypter demnach nicht nur Grabmale, sondern steinerne Lehrbücher gewesen, in denen sie einen Teil ihres Wissens für die Nachwelt festhielten. Bei diesem Unterfangen spielte angeblich eine Längeneinheit eine Rolle, die die Autoren Grundeinheit (GE) nennen, da sie »dem gesamten Pyramidenfeld auf dem Gizeh-Plateau zugrunde liegt«[6].

Wie dieser angebliche Code funktioniert, zeigt folgendes Zitat aus dem Buch: »Wir nehmen unsere inzwischen wohl bekannte Grundseitenlänge von 168, wandeln sie in Meter um und ziehen von diesem Wert 1 ab. Das Ergebnis (229,2978262) multiplizieren wir mit der Hälfte des Pi-Wertes 3,14 (1,57) und bekommen als Resultat 359,9975871. Das liegt ganz dicht bei 360 Tagen.«[7] Da 360 Tage angeblich der Länge eines Jahrs vor der Sintflut ent-

4) Horst Bergmann, Frank Rothe: *Der Pyramiden Code: Das Rätsel ist gelöst.* Tosa, Wien 2006

5) Buchkritik von Klaus Richter bei www.buchkritik.at vom 20.9.2002

6) Horst Bergmann, Frank Rothe: *Der Pyramiden Code: Das Rätsel ist gelöst.* Tosa, Wien 2006. S. 13

7) Horst Bergmann, Frank Rothe: *Der Pyramiden Code: Das Rätsel ist gelöst.* Tosa, Wien 2006. S. 228

sprechen, glauben die Autoren nicht an einen Zufall, sondern an einen bewusst eingebauten Code.

Doch damit nicht genug. Mit ähnlichen Rechenexempeln versuchen die Autoren nachzuweisen, dass die alten Ägypter auch detaillierte Kenntnisse über das Laserlicht, die DNS und zur kalten Fusion besaßen und in die Pyramiden hineinkodierten. Derartige Informationen hatten die Ägypter angeblich von Außerirdischen, die damals auf der Erde weilten. Spätestens an dieser Stelle dürfte klar sein, warum seriöse Ägyptologen dem Pyramiden-Code nicht viel abgewinnen können – von Code-Experten ganz zu schweigen. Klaus Richter hat also recht, wenn er sagt: »Er [der Pyramiden-Code] ist ein reines Phantasieprodukt und mit den realen Verhältnissen in Bau und Geschichte der Pyramiden von Gizeh nicht vereinbar.«[8]

Es ist sicherlich nicht ganz einfach, einen Unsinn wie den Pyramiden-Code durch einen noch unsinnigeren Spaßcode zu überbieten. Der niederländische Physiker Cornelis de Jager versuchte es trotzdem. In seinem Aufsatz »Mein paranormales Fahrrad« zeigte er, dass nicht nur in den ägyptischen Pyramiden, sondern auch in seinem Fahrrad unerklärliche steganografische Botschaften versteckt sind.[9] Dies ist wenig verwunderlich, denn schließlich haben Fahrräder in den Niederländer einen änlichen Status wie die Pyramiden in Ägypten.

Um seine These zu belegen, definierte de Jager zunächst die Längeneinheit eines Heiligen-Fahrrad-Inchs (HFI), die seinem gesamten Hollandrad zugrunde liegt. Ein HFI entspricht 17 Millimetern. Bezeichnet man den Durchmesser des Pedalwegs mit P, den Durchmesser der Lampe mit L und den Durchmesser der Klingel mit B, dann ergibt sich folgende erstaunliche Formel (*sqrt* steht für die Wurzel):

$$P^2 \times sqrt(L) \times sqrt(B) = 1823$$

1823 ist das Massenverhältnis zwischen Proton und Elektron. Mit ähnlichen Formeln fand der Niederländer auch die Feinstrukturkonstante und die Lichtgeschwindigkeit in seinem Fahrrad kodiert. Da das alles kein Zufall gewesen sein kann, müssen wir davon ausgehen, dass der Hersteller des Hollandrads bewusst physikalische Konstanten in das Fahrzeug einkodiert hat. Damit dürfte erwiesen sein, dass die niederländischen Radkonstrukteure den Erbauern der Pyramiden in nichts nachstehen.

In Wirklichkeit ist diese Fahrradrechnung natürlich Humbug. De Jager hatte mit einem Computerprogramm nach zufälligen Übereinstimmungen zwischen physikalischen Konstanten und Teilen seines Rads gesucht, die sich mit

8) Buchkritik von Klaus Richter bei www.buchkritik.at vom 20.9.2002
9) Gero von Randow: *Mein paranormales Fahrrad.* Rowohlt, Reinbek 1998

einer einfachen Formel ausdrücken ließen. Da er dabei über 83.000 Formel-Kombinationen durchprobierte, wurde er zwangsläufig einige Male fündig. Damit dürfte klar sein: Wenn selbst in einem Fahrrad per Zufall irgendwelche Botschaften zu finden sind, dann existiert auch der Pyramiden-Code nur in der Einbildung.

Allah auf dem Fladenbrot

Skurrile Formen hat längst auch die Suche nach göttlichen Code-Offenbarungen auf Alltagsgegenständen angenommen. Besonders oft findet sich offenbar der Name »Allah« auf den unterschiedlichsten Untergründen. Das Wort »Allah« ist in arabischer Schrift ein Gebilde mit mehreren Zacken nach oben (es gibt mehreren Varianten davon). Immer wieder sind findige Moslems in den letzten Jahren auf Strukturen gestoßen, in denen dieser Schriftzug scheinbar zu sehen ist. Angeblich haben sich schon Ungläubige durch derartige Wunder bekehren lassen.

Berichten zufolge fand sich der Allah-Schriftzug schon auf einem Fladenbrot, in einer Wolkenformation, in einer Wassermelone, auf einem Backblech, als Fleck auf einem Teppich oder einfach irgendwo in der Landschaft. Es gibt auch Pflanzen, die wie ein Allah-Schriftzug geformt sind, und selbst eine Gruppe von Bäumen zeigt eine entsprechende Ähnlichkeit. Solche und ähnliche Beispiele finden sich auf der Webseite www.islamcan.com.

Sogar die Ursache für den Tsunami in Südostasien konnte auf diese Weise geklärt werden. Satellitenaufnahmen zeigen den Allah-Schriftzug, der von Schaumkronen auf Wellen gebildet wird, auf einem küstennahen Gewässer in Sri Lanka. Das Foto wurde kurz nach dem Tsunami aufgenommen. Damit ist wohl bewiesen, dass die verheerende Katastrophe in Wirklichkeit eine göttliche Strafaktion war.[10]

Andere Objekte zeigen zwar nicht den Allah-Schriftzug, dafür ähneln sie einem Menschen, der in der für den Islam typischen Pose gen Mekka gewandt betet. Dazu zählen wiederum Bäume, aber auch Felsformationen. Sind diese Schriftzüge und Skulpturen ein Beweis dafür, dass Allah beziehungsweise Gott existiert und dass er den Menschen auf diese Weise etwas mitzuteilen hat? Selbst die meisten Moslems sind eher skeptisch. Vielmehr dürfte es sich bei diesen Vorkommnissen um Zufall handeln. Es ist jedenfalls anzunehmen, dass Allah bessere Möglichkeiten findet, sich den Gläubigen zu offenbaren.

Wo Moslems fündig werden, können einige Christen offensichtlich nicht nachstehen. Den Vogel abgeschossen hat zweifellos eine vermeintliche Abbil-

10) Jens Todt: *Allahs Schaumkronen*. Der Spiegel 5/2005

dung des damals neuen Papsts Benedikt XVI. (Joseph Ratzinger). Diese fand sich – man höre und staune – auf einem Schnitzel, das ein Zeitgenosse kurz vor der Papstwahl anbriet. Die Musterung auf den panierten Stück Fleisch hatte eine verblüffende Ähnlichkeit mit dem Konterfei des angehenden Pontifexes – das fand jedenfalls der besagte Zeitgenosse. Diese unerwartete Offenbarung veranlasste ihn dazu, das Ratzingerschnitzel sofort bei E-Bay zu versteigern. Sein Kommentar: »Ich bin überzeugt, dass diese Reliquie und das mit ihrer Entstehung verbundene Ereignis eine tiefere Bedeutung hat.« Selbstloserweise fügte er hinzu: »In einer gesonderten Auktion biete ich die Pfanne an, in der das Schnitzel zubereitet wurde.« Drei Tage vor Ablauf des Angebots stand das Höchstgebot für das Schnitzel bereits bei 371 Euro. Für welche Summen das Schnitzel und die Pfanne schließlich den Besitzer wechselten, ließ sich leider nicht mehr ermitteln.

Teuflische Strichcodes

Die seit den siebziger Jahren verbreiteten Strichcodes (siehe Abbildung unten) haben sich längst zu stillen Stars des Alltags entwickelt. Im Supermarkt erleichtern sie das Erfassen eines Artikels an der Kasse, und in der Industrie ermöglichen sie das schnelle Erfassen von Gegenständen. Wenn Sie nun allerdings denken, es gäbe nichts Harmloseres als einen Strichcode, dann täuschen Sie sich. Denn in Wirklichkeit ist in jedes Exemplar die Teufelszahl 666 einkodiert. Das jedenfalls behaupten einige fundamentale Christen.

4 008113 322206

Die drei überlangen Doppelstriche in einem Strichcode ähneln zusammen der kodierten Zahl 666. Eine teuflische Botschaft steckt trotzdem nicht dahinter.

Genau genommen ist die Teufelszahl nicht in jedem Strichcode zu finden, sondern nur in den Codes, die den Standards UPC, EAN, IAN und JAN entsprechen. Da diese jedoch einen Großteil der im Alltag eingesetzten Strichcodes ausmachen, müssen wir uns um den exotischen Rest nicht kümmern (offenbar war dieser Rest dem Teufel nicht wichtig genug). Strichcodes dieses Typs stellen Zahlen dar, wobei jede Zahl aus sieben senkrechten Strichen besteht, die weiß oder schwarz sein können. Stehen mehrere Striche gleicher Farbe nebeneinander, dann wird daraus ein dickerer Strich. Auf diese Weise kommen die charakteristischen Balkenmuster zustande. Die Kodierung ist so gemacht, dass jede Zahl durch zwei schwarze und zwei weiße Striche unterschiedlich dargestellt wird.

Blickt man auf einen Strichcode des UPC-Typs, dann fällt auf, dass dieser am Anfang, am Ende und in der Mitte jeweils einen Doppelbalken einheitlicher Breite aufweist. Der mittlere Doppelbalken trennt den Code in zwei Hälften. Die Darstellung der Zahlen durch die Striche ist in der linken und rechten Hälfte unterschiedlich (invertiert). Diese Unterscheidung hat den Vorteil, dass ein Strichcode auch auf dem Kopf stehend gelesen werden kann.

Schaut man sich die Doppelbalken genauer an, dann stellt man fest, dass sie fast genau so aussehen, wie die Kodierung der Zahl 6 in der linken Hälfte. So gesehen kommt tatsächlich auf jedem Strichpunkt dreimal die Zahl 6 vor. Liegt hier also ein teuflischer Fall von Steganografie vor? Hat der Teufel persönlich Milliarden von Gegenständen mit seiner Zahl markiert? Oder ist die Teufelszahl im Strichcode ein zynischer Scherz des UPC-Strichcode-Erfinders George Laurer? Die Antwort ist in allen Fällen eindeutig nein.

Zunächst einmal ähnelt der Doppelbalken zwar der 6, doch er ist mit ihr nicht identisch. Denn die beiden Trennstriche haben zwar die gleiche Breite und den gleichen Abstand wie bei der 6, doch der Platz links und rechts daneben ist schmaler. Die dreifache Sechs ist also in Wirklichkeit gar nicht vorhanden. Die dennoch existierende Ähnlichkeit ist schlicht Zufall. Als George Laurer nach einem geeigneten Trennzeichen suchte, wählte er die beiden senkrechten Striche. Dass diese mit etwas Phantasie die Zahl 666 darstellten, war ihm sicherlich nicht bewusst.

Spaßcodes

Die Unsitte, in allem und jedem nach versteckten Botschaften zu suchen, hat längst auch einige Witzbolde auf den Plan gerufen. Bereits in Kapitel haben Sie erfahren, dass Code-Skeptiker in *Moby Dick* und *Rotkäppchen* Null-Chiffren »nachgewiesen« haben. Der Physiker Cornelis de Jager fand sogar in seinem Fahrrad einen unerklärlichen Code (Kapitel). Solche Spaßcodes verdeutlichen, wie unsinnig manche angeblichen Code-Theorien sind.

Ein weiteres witziges Beispiel lieferte der US-Journalist Richard Morrock. Er suchte nach einem Code in der menschlichen Erbsubstanz, also in der DNA.[11] Dies erschien logisch, denn wenn schon die Bibel geheime Botschaften enthielt, dann sollte auch der Mensch als Krone der Schöpfung mit einem

11) Richard Morrock: *Decoding the Message of DNA*. Sceptical Briefs, September 2005

Code versehen sein. Die Suche erschien nicht einmal besonders schwierig, denn die DNA setzt sich aus langen Molekülketten zusammen, deren Glieder mit den Buchstaben C, A, G und T bezeichnet werden. Was läge näher, als mit diesen Buchstaben eine Nachricht zu kodieren?

In der Tat fand Morrock in der menschlichen DNA so ungewöhnliche Wörter wie TACT, ACT, CAT, GAT, GAGA, CACA, TATA und TAG. In die richtige Reihenfolge gebracht und durch ein paar Buchstaben ergänzt, ergibt sich daraus: »TAG the ACTor CAT with the GAT as CACA. TATA, TACT! Make 'em GAGA.« Dies bedeutet: Ein männlicher Filmstar (actor) mit einer Vorliebe für Revolver (gat) soll als Trottel (caca) bezeichnet (tagged) werden; dabei soll keine Rücksicht auf seine Gefühle (tact) genommen werden, und die Öffentlichkeit wird beeindruckt (gaga) sein. Tatsächlich hat sich diese Code-Prophezeiung bereits erfüllt, und zwar in Form des Michael-Moore-Films *Bowling for Columbine*, in dem der Ex-Schauspieler und Waffenlobbyist Charlton Heston lächerlich gemacht wird.

Ein weiterer Spaßcode stammt von dem französischen Informatik-Studenten Jean-Philippe Aumasson. Er verpasste sich das Pseudonym John Saaumson und veröffentlichte im (nicht ganz ernst gemeinten) *Journal of Craptology* einen Artikel über einen ominösen »Da RSA Code«.[12] Seine Überlegung: Wenn es einen Text gibt, in dem eine versteckte Botschaft zu finden ist, dann muss dies die bedeutendste Forschungsarbeit in der Geschichte der Verschlüsselungstechnik sein: die erstmalige Beschreibung des RSA-Verfahrens. In der Tat fand Aumasson bei seiner Analyse die Vorhersage eines Atomkriegs. Auch die Anleitung zum Knacken des RSA-Verfahrens ist offensichtlich in der Beschreibung kodiert enthalten.

Trotz der zahlreichen Paracodes gibt es übrigens immer noch Lücken. So hat sich meines Wissens bisher noch niemand an einem Harry-Potter-Code oder an einem Goethes-Faust-Code versucht. Falls Sie sich einen Namen machen wollen, sollten Sie sich an die Arbeit machen. Mit etwas Fantasie werden Sie sicherlich fündig werden.

12) John Saaumson: *The Da RSA Code*. Journal of Craptology, 2007

24 Paul ist tot – Paracodes in Popsongs

Ein bekanntes Lied der Beatles heißt *Lucy in the Sky with Diamonds*. Betrachtet man die Anfangsbuchstaben der Hauptwörter dieses Titels, dann ergibt sich die Buchstabenfolge »LSD«. Tatsächlich war die Droge LSD ein viel diskutiertes Thema, als der Song 1967 erschien, und daher wollten viele nicht an einen Zufall glauben. Der Liedtext scheint den Verdacht zu bestätigen, denn die darin beschriebene surrealistische Szene erinnert an einen LSD-Trip. Und schließlich lässt auch die psychedelisch geprägte Musik den Eindruck eines Drogenerlebnisses aufkommen.

Hatten die Beatles also ein provokantes Akrostichon in ihr Lied eingebaut? Vermutlich nicht. John Lennon, der das Lied geschrieben hat, wollte von einer versteckten Botschaft jedenfalls nie etwas wissen. Seiner Darstellung nach sollte der Text von *Lucy in the Sky with Diamonds* einfach nur ein Bild beschreiben, das Lennons damals vierjähriger Sohn Julian gemalt hatte. Als der Beatle seinen Sprössling fragte, was das Gekritzel darstellen solle, antwortete dieser: »Lucy im Himmel mit Diamanten.«

Paul ist tot

Die Irritationen um *Lucy in the Sky with Diamonds* waren harmlos im Vergleich zu dem Wirbel, den ein anderes Gerücht um die Beatles auslöste. Dieses kam 1969 auf und besagte: Beatles-Mitglied Paul McCartney sei drei Jahre zuvor bei einem Autounfall ums Leben gekommen, und ein Doppelgänger habe ihn ersetzt. Diese völlig unsinnige Geschichte wurde innerhalb kürzester Zeit äußerst populär und beschäftigte über Monate hinweg die Boulevard-Presse. Selbst seriöse Medien berichteten ausführlich darüber.

Da es zunächst keine ernsthaften Hinweise auf einen Todesfall oder einen geheimen Personentausch gab, suchten die Anhänger der »Paul ist tot«-Verschwörung nach verborgenen Belegen für ihre Vermutung. Sie gingen davon aus, dass die drei verbliebenen Band-Mitglieder ihre Anhänger mit Hilfe versteckter Nachrichten in Liedtexten und auf Plattenhüllen über das Unglück informiert hatten. Zahlreiche Zeitgenossen betätigten sich daher als Code-Sucher und wurden in vielen Fällen fündig – zumindest glaubten sie dies. Nach der Shakespeare-Bacon-Debatte hatte Großbritannien nun eine zweite Geheimbotschafts-Diskussion.

Die meisten vermeintlichen Hinweise auf McCartneys Tod fanden Verschwörungstheoretiker auf dem berühmten Cover der Beatles-Langspielplatte *Sergeant Pepper's Lonely Hearts Club Band*. Allerdings ist es nahezu unmöglich, dort keine verdächtigen Details zu finden, denn die Plattenhülle zeigt eine bunte Collage aus zahlreichen Fotos, in die sich so manches hineingeheimnissen lässt. Zu sehen sind neben den Beatles etwa 70 prominente Personen, unterschiedliche Gegenstände und vor allem viele Blumen. Im Vergleich zu Leonardo da Vincis *Abendmahl*, das bekanntlich ebenfalls geheime Botschaften enthalten soll, bietet das Sergeant-Pepper-Titelbild deutlich mehr Raum für Code-Interpretationen.

Fleißige Exegeten werteten schon das gesamte Bild als versteckten Hinweis auf McCartneys Tod – die Versammlung der Prominenten inklusive Blumenschmuck interpretierten sie als Beerdigungsszene. Dazu passte, dass Paul McCartney auf der Abbildung ein schwarzes Musikinstrument in den Händen hält, das angeblich den Tod symbolisierte. Von den vielen anderen Behauptungen, die damals kursierten, sei noch erwähnt, dass in der Collage zweimal ein weißer Austin Healey zu sehen ist. Dies ist das Automodell, in dem McCartney angeblich verunglückte.

Neben diesen eher allgemeinen Hinweisen fanden Verschwörungsfans auch einige Zahlen- und Buchstaben-Codes in dem detailreichen Sergeant-Pepper-Bild. So zeigt McCartneys linke Hand drei Finger, was ein Hinweis auf die drei noch lebenden Beatles sein könnte. Dieselbe Bedeutung hatten möglicherweise die drei Gitarrensaiten, die im unteren Bildteil zu erkennen sind. Die aus Blumen nachgebildete Gitarre sieht aus wie ein P, und mit etwas Fantasie kann man sogar das Wort »PAUL?« im Blumenmuster erkennen.

Doch es kommt noch besser. Spiegelt man die Wörter »LONELY HEARTS« an der Längsachse, dann ergibt sich mit etwas Vorstellungskraft eine Buchstabenfolge, die sich etwa so liest: »I ONE I X HE DIE«. Die zweite Hälfte dieser Botschaft (»HE DIE«) steht für »er stirbt«, womit logischerweise Paul McCartneys Ableben gemeint ist. Für den ersten Teil fanden Verschwörungsanhänger gleich zwei mögliche Interpretationen. Zum einen könnte »I ONE I« dreimal die Eins (und damit die drei verbleibenden Beatles) symbolisieren, während X für McCartney steht. Vielleicht ist aber auch das Todesdatum gemeint: »I ONE« stünde in diesem Fall für die Zahl 11 und IX für die römische Zahl 9. Am 9. November soll McCartney gestorben sein.

Andere Buchstaben sind gleich auf den ersten Blick zu erkennen. So ist im Inneren der Plattenhülle eine Abbildung der Beatles zu sehen, auf dem Paul McCartney eine Armbinde mit der Aufschrift »O.P.P.« trägt. Offiziell handelt es sich dabei um eine Manschette der Ontario Provincial Police (O.P.P.). Da der untere Teil des zweiten Ps verdeckt ist, lässt sich die Abkürzung auch als O.P.D. lesen. Diese Buchstabenfolge steht angeblich für »Officially Pronounced Dead« (Offiziell für tot erklärt). Auf der Rückseite formen Harrison, Lennon und Starr mit ihren Händen die Buchstaben L, V und E. Das fehlende O markierte angeblich die Lücke, die McCartneys Tod hinterlassen hatte.

Doch nicht nur die Langspielplatte *Sergeant Pepper's Lonely Hearts Club Band* enthielt vermeintliche geheime Hinweise. Gleiches galt scheinbar auch für das Beatles-Album *Abbey Road* aus dem Jahr 1969. Im Hintergrund der bekannten Zebrastreifenszene auf dem Cover dieser Platte ist ein Auto mit dem Nummernschild »LMW 281 F« zu sehen. »LMW« wurde von den damaligen Verschwörungstheoretikern mit »Linda McCartney Weeps« oder »Linda McCartney Widow« entziffert, auch wenn Linda und Paul McCartney erst 1969 heirateten. 281 F (zu lesen als »28 IF«) soll bedeuten, dass McCartney zur Zeit der Aufnahme 28 Jahre alt gewesen wäre, wenn (if) er noch gelebt hätte.

Doch nicht nur in Bildern, sondern vor allem auch in ihren Liedtexten versteckten die Beatles angeblich Hinweise auf den Tod McCartneys. Besonders auffällig ist dies im Lied *A Day in the Life*. Dort lautet eine Passage: »He blew his mind out in a car. He didn't notice that the lights had changed. A crowd of people stood and stared. They'd seen his face before. Nobody was really sure if he was from the house of Lords.« Dies ist angeblich eine Beschreibung des Unfalls.

Auch der Beatles-Song *Lovely Rita* soll einen versteckten Hinweis enthalten. Das Lied handelt bekanntlich von einer Politesse (meter maid) namens Rita. Die Worte »when I caught a glimpse of Rita« sollen darauf hinweisen, dass Paul McCartneys Unfall zustande kam, weil er einer Politesse hinterhersah. Die ebenfalls im Text vorkommende Frage »Where would I be without you?« hat demnach eine einfache Antwort: McCartney wäre noch unter den Lebenden, wenn es die Politesse nicht gegeben hätte.

Weil das alles noch nicht überzeugend genug klang, fahndeten Anhänger der »Paul-ist-tot«-Theorie sogar nach versteckten Hinweisen, indem sie Beatles-Lieder rückwärts abspielen. Dies war – so stellte sich im Nachhinein heraus – sogar der Auslöser der Verschwörungstheorie um McCartneys angeblichen Tod. Einem Fan in den USA war aufgefallen, dass eine Stelle in dem Beatles-Lied *Revolution 9* rückwärts wie »Turn me on, dead man« klang. Als er dies dem Moderator eines Radiosenders mitteilte, kam der Stein ins Rollen.

Es lässt sich allerdings nicht bestreiten, dass die angebliche Aufforderung in *Revolution 9* und alle anderen »Hinweise« nicht besonders überzeugend wirken. Die »Paul-ist-tot«-Theorie verschwand daher nach wenigen Monaten wieder in der Versenkung und ist heute nur noch historisch interessant. Die zahlreichen Botschaften, die Anhänger gefunden haben wollten, erwiesen sich wieder einmal als typisches Beispiel für einen Paracode. Genauso wie der

Bibel-Code, der Pyramiden-Code oder der Da-Vinci-Code existierte er nur in den Köpfen der Code-Sucher.

Rückwärts-Codes

Der »Paul-ist-tot«-Spuk war zwar schnell wieder vorbei, doch das Code-Suchen in Pop-Songs begann damit erst richtig. Vor allem kam es Ende der sechziger Jahre in Mode, Platten rückwärts abzuspielen und dabei nach versteckten Botschaften zu suchen. Als Erfinder dieser Spielerei gelten wiederum die Beatles. Es begann damit, dass John Lennon unter Marihuana-Einfluss ein Tonband falsch herum einlegte und vom Ergebnis reichlich beeindruckt war. Dies führte dazu, dass die Beatles in ihre 1966 erschienene Langspielplatte *Revolver* mehrere Rückwärtspassagen einbauten. Dabei handelte es sich um ein paar belanglose Sätze, beispielsweise um eine Textzeile des jeweiligen Lieds.

Drei Jahre später kam ein Beatles-Fan auf die Idee, auch das Lied *Revolution 9* rückwärts abzuspielen, wodurch die bereits erwähnte »Paul-ist-tot«-Verschwörungstheorie in Gang kam. Nun gab es kein Halten mehr. Rockmusik-Fans durchkämmten die unterschiedlichsten Songs nach Rückwärtsbotschaften und vermeldeten immer wieder Erfolg. Einige der Rückwärtscodes gab es tatsächlich. So enthält der Pink-Floyd-Song *Empty Spaces* den rückwärts eingespielten Hinweis: »Congratulations. You have just discovered the secret message.« Fast alle anderen Beispiele echter Rückwärtsbotschaften waren genauso banal, auch wenn fleißige Code-Sucher lieber Skandalöses zutage gefördert hätten.

Unvermeidlicherweise fanden Song-Exegeten auch zahlreiche Rückwärtsbotschaften, die eigentlich gar nicht existierten. Mehrere Lieder von den Beatles, Pink Floyd und AC/DC mussten als vermeintliches Code-Versteck herhalten. Die Lieder *Eldorado* vom Electric Light Orchestra (ELO) und *Snowblind* von Styx wurden sogar verdächtigt, mit rückwärts eingespielten satanischen Botschaften versehen zu sein. *Another One Bites the Dust* von Queen enthält angeblich sogar eine rückwärts gesprochene Aufforderung zum Rauchen von Marihuana. Manche Bands – etwa ELO und Styx – antworteten auf die Verdächtigungen mit tatsächlichen Rückwärtsbotschaften, die sie in spätere Lieder einbauten.

Angesichts dieser Code-Manie verwundert es kaum, dass irgendwann das Gerücht aufkam, Rückwärtsbotschaften hätten eine manipulative Wirkung. Angeblich war dies auch und gerade dann der Fall, wenn das Opfer gar nicht wusste, dass ein Lied eine rückwärts eingespielte Passage enthielt. Solche Ansichten vertraten Ende der siebziger Jahre vor allem fundamentale Christen, denen Rockmusik ohnehin ein Dorn im Auge war. Einige Prediger warnten ausdrücklich vor satanischen Rückwärtsbotschaften in Popsongs und organisierten in einigen Fällen sogar öffentliche Plattenverbrennungen. Zu einem Lieblingsobjekt derartiger Code-Hysteriker wurde Led Zeppelins *Stairway to Heaven*, das angeblich rückwärts eingespielte Passagen mit teuflischem Inhalt enthielt.

Einen späten Höhepunkt erreichte die Rückwärtsbotschaften-Diskussion im Jahr 1990. Damals sah sich die Heavy-Metal-Band Judas Priest mit einer Schadenersatzklage konfrontiert. Angeblich hatte ihre Musik mit Hilfe von rückwärts eingespielten Aufforderungen 1978 zwei US-amerikanische Jugendliche in den Selbstmord getrieben. Die Klage hatte jedoch keinen Erfolg. Zwar hatte die Band tatsächlich ein paar Rückwärtsbotschaften in ihre Lieder eingebaut, doch ein Zusammenhang mit den Selbstmorden ließ sich mit dem besten Willen nicht nachweisen.

Durch das Aufkommen der CDs war das Rückwärtsspielen von Musik zu diesem Zeitpunkt ohnehin bereits aus der Mode gekommen. Im Gegensatz zu einer Vinylplatte oder einem Tonband lässt sich eine CD nicht ohne Weiteres rückwärts abspielen. Längst hatte sich auch herumgesprochen, dass man mit einer Rückwärtsnachricht niemanden manipulieren konnte. Andernfalls wäre sicherlich die Werbung irgendwann auf diesen Zug aufgesprungen. Schon die Mitglieder von Judas Priest hatten im Rahmen des erwähnten Rechtsstreits auf diesen Sachverhalt hingewiesen. Ihr Argument: Würden Rückwärtsbotschaften tatsächlich funktionieren, dann hätten die Judas-Priest-Musiker statt einer Selbstmordaufforderung lieber eine Anregung zum Kauf weiterer Platten eingebaut.

Der Dickschädel-Blues

Bei Vorträgen zum Thema Esoterik beginne ich oft mit einer Geschichte wie der folgenden: »In den sechziger Jahren gab es eine bekannte Rockband namens ›Walker Brothers‹. Diese spielten im Jahr 1965 in <hier wird der Name der Stadt eingefügt, wo der Vortrag stattfindet>. Bei ihrem Aufenthalt lernten die Jungs ein deutsches Wort, das ihnen besonders gefiel: ›Dickschädel‹. Deshalb beschlossen sie, dieses Wort in ihren nächsten Song einfließen zu lassen, und zwar in Form des Ausdrucks ›Dickschädel-Blues‹.«

Im Anschluss an diese Worte spiele ich das Lied *The Sun Ain't Gonna Shine Anymore*. Dieses war der größte Hit der Walker Brothers und ist den Zuhörern in der Regel bekannt. Und tatsächlich: Nach der ersten Zeile »Loneliness is a coat you wear« folgt als zweite »A Dickschädel-Blues«. Damit das Publikum diese Passage auch richtig versteht, blende ich die beiden Wörter im richtigen Moment mit einer Powerpoint-Folie ein.

Der Effekt dieser Geschichte ist immer wieder erstaunlich. Kaum jemand im Publikum kann sich ein Schmunzeln verkneifen, denn das Wort Dickschädel-Blues ist deutlich zu hören. Haben sich die Walker Brothers tatsächlich einen Scherz erlaubt? Nein. Die ganze Sache ist frei erfunden, und den angeblichen Besuch der Band in der jeweiligen Stadt hat es nie gegeben. Die entsprechende Zeile heißt in Wirklichkeit auch nicht »A Dickschädel-Blues«, sondern »A deep Shade of blue«.

Leider ist mir nicht bekannt, wer sich diese witzige Geschichte ausgedacht hat. Ich bin durch den Zauberkünstler und Esoterikaufklärer Wolfgang Hund darauf gestoßen, der den Dickschädel-Blues in seinen Vorträgen häufig einsetzt. Kein Geheimnis ist dagegen, wie solche Falschinterpretationen zustande kommen. Schuld daran ist das menschliche Gehirn, das es sehr gut versteht, fehlende Informationen zu ergänzen und falsche herauszufiltern. In diesem Punkt ist unser Denkorgan sogar jedem Computer weit überlegen. Es handelt sich dabei um eine äußerst nützliche Fähigkeit, denn ohne diese Funktionen unseres Gehirns wären wir kaum in der Lage, Gesehenes zu erkennen oder Gehörtes zu verstehen. Leider schießt unser Gehirn jedoch manchmal über das Ziel hinaus und ergänzt beziehungsweise ersetzt Dinge falsch. Dadurch erkennen wir Dinge (zum Beispiel Wörter), die eigentlich gar nicht vorhanden sind.

Neben dem Dickschädel-Blues gibt es noch ein paar andere versteckte Botschaften in bekannten Pop-Songs – nebst zugehöriger Geschichte. Bekannt ist etwa die Legende um das Lied *Another Brick in The Wall* von Pink Floyd. Bei dessen Aufnahme soll ein deutscher Psychopath beteiligt gewesen sein, der ständig »Hol ihn, hol ihn unters Dach« rief. Tatsächlich fand man kurz vor der Aufnahme eine Leiche unterm Dach des Studiogebäudes. Der Kinderchor, der an der Aufnahme beteiligt war, war davon angeblich so beeindruckt, dass er die Zeile »Hol ihn, hol ihn unters Dach« in den Gesang einbaute. Daher heißen die zwei letzten Zeilen des Lieds deutlich hörbar »Hol ihn, hol ihn unters Dach. Another brick in the wall«. Natürlich ist auch diese Geschichte frei erfunden. Der richtige Text lautet: »All in all it's just another brick in the wall.«

Eine weitere bekannte Falschzeile stammt aus Roland Kaisers *Santa Maria*. Dort hören sich die Wörter »Schritt zu wagen« an wie »Schnitzelwagen«. Natürlich gibt es auch dazu eine passende Anekdote. Angeblich wurde Roland Kaiser erpresst und musste als Zeichen seines Einverständnisses für die Lösegeldzahlung das Wort »Schnitzelwagen« in einem Lied unterbringen. Augenscheinlich ist ihm das gelungen. Dabei war es sicherlich nicht einfach, ein derart unsinniges Wort in einen Text zu schmuggeln, der von einer Südseeinsel handelt.

In den letzten Jahren sind falsch verstandene Textzeilen vielerorts zu einer Art Folklore geworden, die zum Glück kaum noch jemand ernst nimmt. Mehrere Radiosender haben sich bereits des Themas angenommen. Unter Stichwörtern wie »Hitverhörer« oder »Dickschädel-Blues« lässt sich auch im Internet einiges finden. So lautet die erste Zeile des Lieds *California Dreamin* von The Mamas and the Papas nach neueren Informationen nicht etwa »All the leaves are brown«, sondern »Anneliese Braun«. Eine Freundin dieser Dame heißt übrigens Agathe Bauer und hat in einem Lied von SNAP ihren Auftritt. Für Uneingeweihte heißt das Lied *The Power*, und die entsprechende Stelle lautet: »I got the power«. Derweil fühlte sich ein Hörer des Senders Radio FFH bei *The Eye of the Tiger* von Survivor an seinen früheren Chef erinnert, der mit Nachnamen Deigert hieß. Der Hörer verstand an der entsprechenden Stelle immer: »Die Eier vom Deigert«.

Esoterik-Aufklärer wie der erwähnte Wolfgang Hund verwenden solche Geschichten gerne, um die so genannte Tonbandstimmenforschung auf die Schippe zu nehmen. Deren Zweck ist es, auf Tonbändern nach Botschaften aus dem Jenseits zu suchen. Manche »Forscher« haben auch schon über das Radio Mitteilungen von Verstorbenen erhalten. Der Inhalt dieser Nachrichten ähnelt meistens dem Dickschädel-Blues – er entsteht im Gehirn des Empfängers.

Zum Schluss will ich Ihnen noch mein Lieblingsbeispiel für eine falsch verstandene Textzeile vorstellen. Es stammt aus dem Lied *Sadness* von Enigma. Dieser Song aus dem Jahr 1990 beginnt mit der lateinischen Zeile »cum angelis et pueris«. Aber eigentlich klingt die Zeile eher wie: »Oh Anneliese popel nicht.« Eine passende Geschichte dazu können Sie sich selbst ausdenken.

Anhang A:

Systematische Übersicht über die Steganografie

Man kann die Steganografie in drei Teilgebiete aufteilen (siehe Abbildung unten):

- *Technische Steganografie*: Zur technischen Steganografie gehören alle Methoden, bei denen eine Nachricht aufgeschrieben wird (zum Beispiel auf ein Stück Papier) und im Wortsinne versteckt wird.
- *Linguistische Steganografie*: Diese bildet das größte Teilgebiet der Steganografie. Zur ihr gehören alle Methoden, mit denen man eine Nachricht versteckt, ohne sie direkt und ohne spätere Zusätze aufzuschreiben. Ausgenommen sind lediglich computerbasierte Methoden.
- *Digitale Steganografie*: Diese umfasst alle steganografischen Methoden, die mit dem Computer eingesetzt werden. Neben der computerbasierten Steganografie gehören die digitalen Wasserzeichen und Covert Channels in dieses Segment.

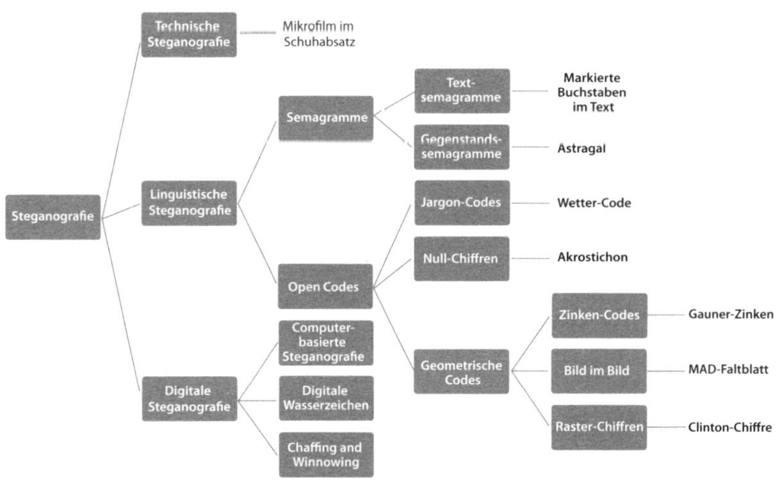

Die Steganografie gliedert sich in zahlreiche Teilgebiete.

Die linguistische Steganografie als vielfältigstes Teilgebiet lässt sich weiter unterteilen:

- *Semagramme*: Wenn es bei einer versteckten Nachricht nicht auf einen Text oder ein Zeichen an sich ankommt, sondern auf dessen Form, Position oder Markierung, dann spricht man von einem Semagramm. Je nachdem, wo ein Semagramm versteckt ist, spricht man von einem Textsemagramm, einem Bildsemagramm oder einem Gegenstandssemagramm.
- *Open Codes*: Bei einem Open Code ist in einer nicht geheimen Mitteilung eine geheime Nachricht versteckt, wobei es nicht auf die Form, Position oder Markierung von Nachrichtenbestandteilen ankommt.

Open Codes zerfallen wiederum in drei Teilbereiche:

- *Jargon-Codes*: Zu diesen gehören alle Methoden, in denen ein Wort, ein Satz oder ein Zeichen eine festgelegte Zweitbedeutung hat.
- *Null-Chiffren*: Bei einer Null-Chiffre zählen in einem Text nur diejenigen Buchstaben, die nach einer festgelegten Regel herausgesucht werden (beispielsweise jeder dritte Buchstabe oder jeder Wortanfang).
- *Geometrische Codes*: In diesem Fall zählen in einem Text oder auf einem Bild nur diejenige Teile, die beim Darüberlegen einer Schablone noch sichtbar sind. Im Falle eines Texts spricht man von einer Raster-Chiffre, bei einem Bild von einem Bild im Bild. Auch Gaunerzinken und andere Zinken-Codes gehören hierzu.

Anhang B:

Steganografie-Rätsel

Die folgenden elf Unterkapitel enthalten jeweils ein steganografisches Rätsel. Meist handelt es sich um einen Text oder ein Bild, in dem eine Nachricht versteckt ist. Der Schwierigkeitsgrad der Aufgaben steigt immer weiter an. Zusätzlich finden sich in diesem Buch zwei weitere Fälle von Datenschmuggel:

- Irgendwo im Text dieses Buchs ist ein Akrostichon versteckt.
- In einem Bild in diesem Buch ist eine Plagiatsfalle versteckt.

Die Lösungen für die beiden genannten und die elf folgenden Rätsel teile ich Ihnen gerne mit.

Schreiben Sie mir dazu bitte eine E-Mail (klaus.schmeh@dpunkt.de).

Rätsel 1

Codes lassen sich in jedem Text unterbringen. Das folgende Beispiel ist als Auftakt recht einfach:

> *Im Zweiten Weltkrieg war in* den *USA das Verschicken von Kreuzwor*trät*seln verbote*n. *Briefe – insbe*s*ondere solche, die die Vereinigten Staaten verließen oder dort*h*in geschickt wurden – gingen da*m*als über die Schreibtische der Zens*u*rbehörde, und diese sortierte nicht nur Kreuzworträtsel* g*rundsätzlich aus. So kamen auch internationale Fernschachpartien in den USA nach deren Kriegseintritt zum* Erl*iegen, da die Zensoren keine Schachzug-Mitteilungen mehr passieren* l*ießen. Gleiches galt für Kinderzeichnungen und Zeitungsausschnitte.*

Rätsel 2

Oder finden Sie in folgendem Gedicht eine versteckte Nachricht:

Akrostichon, Akrostichon, wie nützlich bist Du mir
Kein anderer Text im Text versteckt kann reichen das Wasser Dir
Reime, Metrik, Versmaß, ist alles nicht komplett
Ohne Dich, Akrostichon, wüsst ich nicht, was ich hätt

Sei mir ein Freund, Akrostichon
Teil mit mir Freud und Leid
Ich weiß doch, dass Du bist mir schon
Code in der Einsamkeit

Halte Dich nie ab davon
Ob nah, ob fern
Nie ohne Dich, Akrostichon

Rätsel 3

Die nächste geheime Botschaft ist in der Abbildung versteckt.

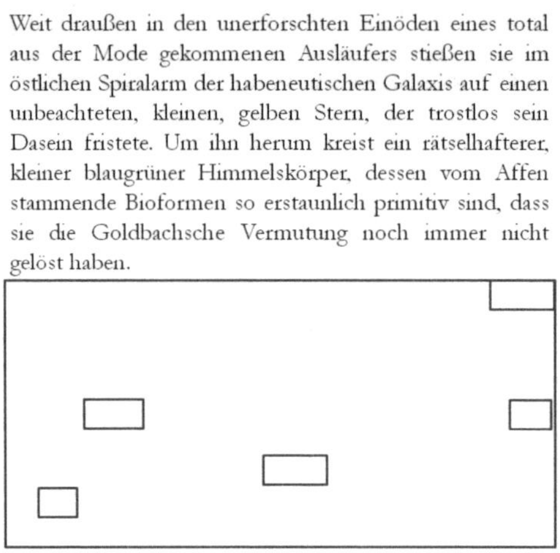

Rätsel 4

Es gibt Persönlichkeiten, denen ein kurzes Leben reichte, um unsterblich zu werden. Einige davon werden in der folgenden Liste genannt (davor steht jeweils das Todesalter). Finden Sie die Plagiatsfalle?

- 35: **Wolfgang Amadeus Mozart** (1756–1791), Komponist
- 34: **Heinrich von Kleist** (1777–1811), Dramatiker (*Der zerbrochene Krug*)
- 34: **Charlie Parker** (1920–1955), Jazz-Musiker
- 33: **Rudolf Diesel** (1880–1913), Konstrukteur, Erfinder des Dieselmotors
- 32: **Evita Perón** (1919–1952), argentinische Präsidentengattin, bekannt auch durch das Musical *Evita*
- 32: **Alexander der Große** (356–323 v. Chr.), erfolgreichster Feldherr der Antike
- 32: **Brian Epstein** (1934–1967), Entdecker und Manager der Beatles
- 31: **Franz Schubert** (1797–1828), Komponist
- 31: **Rudolph Valentino** (1895–1926), Hollywood-Star
- 30: **Jim Croce** (1943–1973), Pop-Sänger und Liederschreiber (*Time in a Bottle*)
- 28: **Bernd Rosemeyer** (1909–1938), Autorennfahrer
- 27: **Alexandra** (1942–1969), Schlagersängerin (*Zigeunerjunge, Mein Freund der Baum*)
- 27: **August Macke** (1887–1914), Maler
- 24: **Wilhelm Hauff** (1802–1827), Schriftsteller (*Lichtenstein*)
- 22: **Buddy Holly** (1936–1959), Rock'n'Roll-Sänger
- 20: **Johannes Bückler** (1783–1803), als »Schinderhannes« berühmt gewordener Räuber

Rätsel 5

Kennen Sie das Voynich-Manuskript? In Kapitel war die Rede davon. Die folgende Abbildung zeigt eine Seite dieses rätselhaften Buchs. Im Gegensatz zum Original enthält dieser Abdruck eine versteckte Botschaft.

Rätsel 6

Notenblätter eignen sich besonders gut zur Übertragung versteckter Nachrichten. Finden Sie die geheime Botschaft in der folgenden Abbildung?

Rätsel 7

Allmählich wird es etwas kniffliger. Welche Botschaft ist im folgenden Bild versteckt?

Rätsel 8

Codes lassen sich fast überall verstecken. Finden Sie in der folgenden Grafik eine verborgene Nachricht?

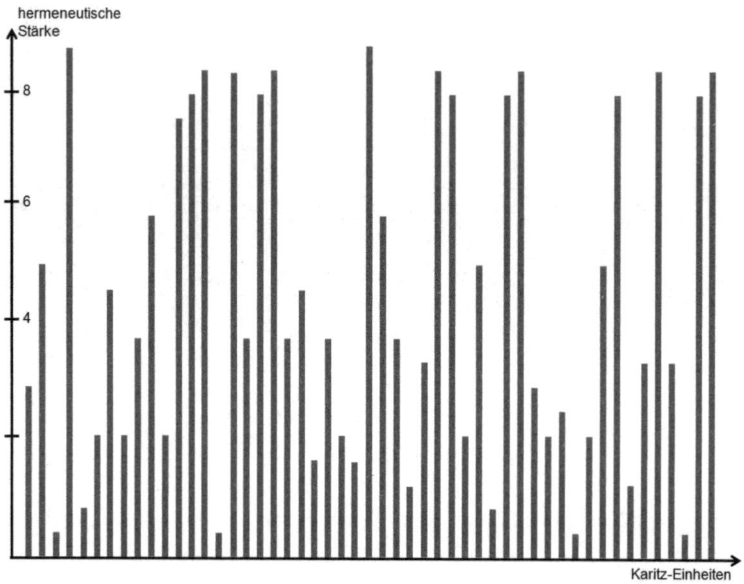

Rätsel 9

Kommen wir nun zu einem etwas schwierigeren Rätsel. Finden Sie die versteckte Botschaft im folgenden Text?

Im Jahr 1997 gab das Männermagazin Playboy eine interessante Neuerung bekannt. Nicht etwa, dass der Playboy-Hase seine Farbe änderte oder dass die Playmates plötzlich angezogen abgelichtet wurden. Vielmehr kündigte das Magazin an, fortan seine online abrufbaren Bilder durch so genannte digitale Wasserzeichen zu schützen. Anlass für diesen Schritt war die Tatsache, dass immer mehr Playboy-Fans Fotos aus dem kostenpflichtigen Mitgliederbereich kopierten und in Internet-Foren austauschten. Mit digitalen Wasserzeichen markiert waren solche Bilder leichter aufzufinden, was diesen Praktiken Einhalt gebieten sollte.

Rätsel 10

Es wird langsam schwierig. Was ist im folgenden Bild versteckt?

Rätsel 11

Richtig schwierig wird es zum Schluss. Finden Sie die versteckte Botschaft im folgenden Text:

*Im Zweiten Weltkrieg war in den USA das Verschicken von Kreuzworträtseln verboten. Bri~~e~~fe – insbesondere solche, die_die Vereinigten Staaten verließen oder ~~d~~orthin geschickt wurden – gingan damals ueber die Schreibtische der Zensurbehörde, und diese sortierte nicht nur Kreuzworträtsel grundsätzlich aus. So kamen auch internat**i**onale Fernschachpartien in den* ***U**SA nach deren Kriegseintritt zum ErIiegen, da die Zensoren keine Schachzug-Mitteilungen* ***m**ehr passieren ließen. Gleichas galt für Kinderzeich~~nu~~ngen und Zeitungsausschnitte.*

Index

C

D

E

F

M

N

O

P

Q

R

S

T

U

V

W

X

Z

Bildnachweis

Seite 2	Heinz Nixdorf MuseumsForum
Seite 10	FBI
Seite 16	The New Yorker
Seite 20	Klaus Schmeh
Seite 20	Public Domain
Seite 22	Public Domain
Seite 23	Public Domain
Seite 24	Spirou, Album 146, 1977
Seite 26	Public Domain
Seite 27	Spirou, Album 146, 1977
Seite 28	Klaus Schmeh
Seite 28	Klaus Schmeh
Seite 31	Public Domain
Seite 32	Heinz Nixdorf MuseumsForum
Seite 33	Heinz Nixdorf MuseumsForum
Seite 35	Dr. Heinrich Peyers
Seite 36	Dr. Heinrich Peyers
Seite 40	Klaus Schmeh
Seite 41	Public Domain
Seite 43	Klaus Schmeh
Seite 45	jude (Wikimedia Commons)
Seite 46	Klaus Schmeh
Seite 47	Klaus Schmeh
Seite 49	Martin Haase
Seite 50	Benjamin Drauth
Seite 55	FBI
Seite 59	Klaus Schmeh
Seite 60	Klaus Schmeh
Seite 61	Public Domain
Seite 62	Klaus Schmeh
Seite 67	Public Domain
Seite 70	Russell Dodge
Seite 72	Werbeplakat von Coca-Cola
Seite 73	Klaus Schmeh

Seite 74	TV Hören und Sehen 34/2008
Seite 75	MAD
Seite 78	Klaus Schmeh
Seite 82	Public Domain
Seite 88	FBI
Seite 94	Klaus Schmeh (mit Unterstützung des Museums für Kommunikation Frankfurt)
Seite 97	Aus: Pschyrembel Medizinisches Lexikon
Seite 106	Klaus Schmeh
Seite 107	Public Domain
Seite 109	Heinz Nixdorf MuseumsForum
Seite 123	Klaus Schmeh
Seite 129	Klaus Schmeh
Seite 133	Bernhard Angermayr
Seite 146	Aus: Die Naturwissenschaften 12/1965
Seite 158	Klaus Schmeh
Seite 176	Public Domain
Seite 188	Aus: Michael Drosnin: *Der Bibel-Code II: Der Countdown.* Wilhelm Heyne Verlag, München 2002
Seite 194	Public Domain
Seite 198	Aus: Adel Awadalla: *The Mystifying Codes of The Holy Quran.*Trafford Publishing, Victoria 2004
Seite 200	Abendmahl von Leonardo da Vinci
Seite 206	Wikimedia Commons
Seite 217	Klaus Schmeh
Seite 220	Klaus Schmeh
Seite 222	Public Domain
Seite 223	Klaus Schmeh
Seite 223	Klaus Schmeh
Seite 224	Klaus Schmeh
Seite 225	Klaus Schmeh